穿越

中国隧道及地下工程修建关键技术研究书系

# 浅埋软弱地层
# 超大断面隧道修建技术

徐向东　洪　军　龚彦峰
郭海满　孙宝亮　李树鹏

人民交通出版社股份有限公司
China Communications Press Co.,Ltd.

## 内 容 提 要

本书依托赣龙复线铁路新考塘隧道工程实践，系统总结了浅埋软弱地层中修建300m$^2$以上超大变断面隧道的理论基础、设计方法及施工关键技术。全书共分为8章，内容包括：概述、超大断面隧道修建技术现状及风险分析、结构选型设计、预支护设计、支护结构体系设计、施工过程力学分析、关键施工技术、结论及推广应用。

本书可供从事隧道及地下工程领域的科研人员、工程技术人员以及高等院校师生参考。

**图书在版编目(CIP)数据**

浅埋软弱地层超大断面隧道修建技术 / 徐向东等著.
北京：人民交通出版社股份有限公司，2025.3.
ISBN 978-7-114-20130-1

Ⅰ.TU929

中国国家版本馆 CIP 数据核字第 20255S3Z11 号

Qianmai Ruanruo Diceng Chaoda Duanmian Suidao Xiujian Jishu

**书　　名**：浅埋软弱地层超大断面隧道修建技术
**著 作 者**：徐向东　洪　军　龚彦峰　郭海满　孙宝亮　李树鹏
**责任编辑**：谢海龙
**责任校对**：赵媛媛
**责任印制**：张　凯
**出版发行**：人民交通出版社股份有限公司
**地　　址**：(100011) 北京市朝阳区安定门外外馆斜街 3 号
**网　　址**：http://www.ccpcl.com.cn
**销售电话**：(010)85285857
**总 经 销**：人民交通出版社股份有限公司发行部
**经　　销**：各地新华书店
**印　　刷**：北京建宏印刷有限公司
**开　　本**：787×1092　1/16
**印　　张**：11
**字　　数**：238 千
**版　　次**：2025 年 3 月　第 1 版
**印　　次**：2025 年 3 月　第 1 次印刷
**书　　号**：ISBN 978-7-114-20130-1
**定　　价**：95.00 元

# 前言 PREFACE

赣龙铁路、南龙铁路的修建，对进一步发挥福建省比较优势、促进海西经济区在东南沿海的崛起，完善沿海地区经济布局，推动海峡西岸其他地区和台商投资相对集中地区发展、加强两岸交流合作，推进祖国和平统一大业的战略部署，具有重大的经济意义和政治意义。

修建中受南龙铁路与赣龙铁路间联络线设置的影响，赣龙铁路新考塘隧道出口段形成“2 条正线 +1 条联络线”的格局。联络线与赣龙铁路右线线间距向隧道出口端逐渐加大，形成喇叭口渐变式三线铁路大断面隧道结构，长度 215m，隧道最大开挖宽度 30.26m，最大高度 16.94m，最大开挖断面面积达 396m$^2$。同时，隧道埋深浅、地下水发育、处于全风化花岗岩地层，为国内外罕见的浅埋软弱地层渐变段超大断面隧道。在此背景下，参建各方联合攻关，迎难而上，群策群力，确保了新考塘渐变段超大断面隧道的顺利实施，作者将修建过程中的设计施工关键技术归纳、总结并提炼写成本书，希望能给国内同行提供参考。

书中首次提出了适用于软弱富水地层中 300m$^2$ 以上超大断面隧道的 DWEA（靴型大边墙 Dilated Wall+ 加劲拱 Enhanced Arch）建造方法，形成了浅埋软弱地层超大断面隧道的成套设计技术；基于施工过程力学分析，提出了纵横向刚柔结合立体超前预支护体系和双层初期支护模式，实现了浅埋富水软弱地层超大断面隧道施工过程力学体系的安全转换；研发了由主副门架构成的超大体量、可变断面、与防水板台车一体化的二次衬砌台车，形成了浅埋全风化富水花岗岩地层超大变断面隧道成套施工工艺。

研究成果直接保证了赣龙复线新考塘隧道出口段渐变段超大断面隧道的成功修建，突破了在全风化花岗岩浅埋富水地层中修建超大断面隧道（最大开挖断面超过 300m$^2$）面临的关键技术难题，部分研究成果在西安至成都客运专线工程中得到推广应用。

本书共分 8 章，第 1 章由徐向东、洪军、龚彦峰、郭海满编写；第 2 章由徐向东、洪军、龚彦峰、孙宝亮编写；第 3 章由徐向东、洪军、龚彦峰、郭海满、江胜林、李树鹏编写；第 4 章由徐向东、龚彦峰、洪军、江胜林编写；第 5 章由徐向东、龚彦峰、洪军、孙宝亮、李树鹏、江胜林编写；第 6 章由龚彦峰、洪军、郭海满、李树鹏编写；第 7 章由孙宝亮、张倚逾、洪军编写；第 8 章由徐向东、龚彦峰编写。全书由徐向东整理、修改、统编和校核。

书中引用了部分国内外已有专著、文章、规范等的成果，在此向其作者及相关人士表示感谢。特别感谢赣龙复线铁路有限责任公司、中铁第四勘察设计院集团有限公司、中铁五局集团有限公司等单位对本书内容所涉及研究项目的支持与协助。

鉴于作者的学识水平有限，疏漏不妥之处在所难免，敬请读者批评指正。

作　者<br>2019 年 1 月于武汉

目录 CONTENTS

## 第3章 超大断面隧道结构选型设计……021



## 第4章 超大断面隧道预支护技术……029



## 第5章 超大断面隧道支护结构体系设计技术……046

# 第1章 概 述

*Construction Technology of Super Large Section Tunnel in Shallow-buried Soft Ground*

## 1.1 新考塘隧道概况

### 1.1.1 工程概况

赣州至龙岩铁路扩能改造工程位于江西省东南部、福建省西南部。西起江西省赣州市赣县，东至福建省龙岩市，途经江西省的赣县、于都县、会昌县、瑞金市，福建省的长汀县、连城县、上杭县、新罗区。线路全长250.2km，设计速度为200km/h，为客货共线双线铁路。新考塘隧道位于福建省龙岩市新罗区龙门镇境内，进口里程DK265+762，出口里程DK268+265，全长2503m，为赣龙铁路的重点控制工程之一。新考塘隧道DK265+762 ～ DK268+050段隧道内线间距为4.4 ～ 4.675m，DK268+050 ～ DK268+265段隧道为Ⅴ级围岩大跨影响段，赣龙至南三龙上行联络线道岔进入隧道，其在正线右线出岔，赣龙铁路隧道正线线间距为4.4m，赣龙正线右线与赣龙至南三龙上行联络线间距为0 ～ 10.216m。新考塘隧道的地理位置如图1-1所示。

隧道纵断面：隧道自进口至出口纵坡为12.8‰、12.6‰、11.52‰的下坡。

隧道平面：该隧道自进口至DK266+700.11位于左线曲线半径$R$=3500m的右偏曲线上，DK266+700.11至DK267+106.21位于直线段上，DK267+106.21至出口段位于左线曲线半径$R$=1600m的左偏曲线上，隧道内铺设有砟轨道，直线地段轨道结构高度为766mm。

新考塘隧道设置两座斜井。1号斜井位于线路前进方向右侧，与隧道左线中线交点里程DK267+400，斜井采用无轨运输双车道断面。斜井综合坡度为4.276%，井口里程XDK0+198，斜井斜长198.19m，与线路大里程方向平面夹角为70°，井身设置$R$=60m的圆曲线顺接，斜井出口施作长约350m的施工便道与既有机耕道连接。2号斜井位于线路前进方向右侧，与隧道左线中线相交于DK267+730里程处，斜井采用无轨运输单车道断面。斜井综合坡度为7.67%，井口里程X2DK0+162，斜井斜长162.56m。与线路小里程方向平面夹角为50°，斜井转折处采用$R$=60m的圆曲线顺接。

图1-1　新考塘隧道地理位置图

## 1.1.2 隧址区地层岩性及地质构造

新考塘隧道进口位于龙门镇连坑村范围内，出口位于龙门镇湖二村范围内，隧道洞身最大埋深188m，洞身最浅埋深为5m。隧道进出口均有乡间便道通过，交通较为便利，隧道进口与既有赣龙铁路相距约100m。隧址区属于中低山地貌，为构造剥蚀山地，测区内植被发育、灌木杂草丛生。洞身段地面最高高程为591m，洞身最低地面高程为420m，进口段自然坡度为25°～40°，出口段自然坡度为30°～45°。

### 1）地层岩性

隧址区地层主要为燕山期($\gamma_5^1$)花岗岩，此外零星分布有第四系坡残积层。具体如下：

（1）第四系填土($Q_4^{ml}$)：灰黄色，松散，潮湿，厚0～7.6m。

（2）第四系冲洪积层($Q^{al+pl}$)：粉质黏土，褐黄色，硬塑，厚1.4～6.0m。

（3）燕山期花岗岩（$\gamma_5^1$）：褐黄色，全风化呈土状，厚3.4～25.3m；强风化呈碎块状，厚0.5～26.5m；下为弱风化，浅灰色，中细粒结构，块状构造。

2）地质构造

通过对地质调绘、遥感解译、机动钻探和物探资料的综合分析，判定隧址区无地质构造。

### 1.1.3 隧址区水文地质

1）地表水

隧址区地表水不发育，里程 DK266+428 处有小溪沟，流量较小，主要受大气降水补给。

2）地下水

隧址区地下水类型主要为孔隙潜水、基岩裂隙水，主要受大气降水补给，向低洼处排泄。

（1）第四系坡洪积、残坡积层孔隙潜水

第四系孔隙潜水主要赋存于沟谷或坡地表层的粉质黏土层中，透水性差，以接受降水补给为主，水量较少，水位季节变化明显，其流向受地形条件控制，一般向地形低洼的垭口沟谷汇集、排泄。

（2）基岩裂隙水

基岩裂隙水主要分布于基岩裂隙中，富水性与节理裂隙的发育程度及性状有关，节理裂隙发育的岩体较为富水。

（3）地下水、地表水的补给、排泄关系和条件

地下水的补给、径流和排泄条件受地形、地貌、岩性和地质构造控制。宏观上看，地下水的径流方向基本与地表水一致，斜坡洼地地带为地下水的补给、径流区，河谷地带为其排泄区。地下水的水位由深变浅，富水性由弱变强。

大气降水、周边山地的基岩裂隙水、地表河流水是松散岩类孔隙水的主要补给源。其补给强度受地形降水时间和水位埋深等因素控制，若地势低平、岩土疏松，则透水性增强。大气降水一部分以地表片流形式流向沟谷河流，另一部分沿基岩裂隙下渗转变为地下水径流。

潜水的径流总体流向与地形基本一致。潜水径流顺边坡向径流呈线状，散点状排泄，切割较深的冲沟，途径短而畅通，交替积极，排泄方式主要表现为地表流和渗流，与地形条件关系密切，即由分水岭沿山坡向沟谷方向流动，很少见泉涌。

### 1.1.4 隧道围岩评价和分级

在考虑岩体质量等级、岩石力学性质基础上，综合自然风化、地质构造运动、埋藏深度、地下水、节理裂隙发育程度等各类因素，同时参照物探地震波法岩体反弹波速，高密度电法、EH-4 揭示电阻率，综合判定新考塘隧道的围岩分级见表 1-1。

新考塘隧道围岩评价和分级　　表 1-1

<table>
<tr><th>序号</th><th>里　程</th><th>长度（m）</th><th>围岩级别</th><th>工程地质条件</th></tr>
<tr><td>1</td><td>DK265+762 ～ DK265+920</td><td>158</td><td>Ⅴ</td><td>表层为 $Q^{el+dl}$ 粉质黏土，黄褐色，硬塑，厚 0 ～ 3m；下伏基岩为 $\gamma_5^1$ 中细粒花岗岩，全～弱风化，全风化呈砂土状，厚 20 ～ 25m，强风化呈碎块状，厚约 1m，以下为弱风化。洞身围岩多为全风化，局部为强～弱风化，弱风化基岩节理裂隙发育。围岩整体松散～破碎。DK265+790 ～ DK265+920 段岩石弹性波速为 4.65km/s。地下水主要为基岩裂隙水，较发育。DK265+760 ～ DK265+810 段因砖厂取土破坏局部山体，形成高陡边坡，部分垮塌，形成厚 3 ～ 5m 松散堆积体，堆积物多为粉质黏土、花岗岩全风化的垮塌物，松散，潮湿</td></tr>
<tr><td>2</td><td>DK265+920 ～ DK265+950</td><td>30</td><td>Ⅳ</td><td rowspan="3">沟谷浅埋段，中间为山间洼地，有一溪沟常年流水。DK265+920 ～ DK266+080 段最大涌水量 $Q_0$ 为 870m³/d，为强富水区。洞身围岩为 $\gamma_5^1$ 中细粒花岗岩，全～强风化。地下水发育，岩体破碎。岩石弹性波速为 4.75km/s。隧道洞身上面分布有房屋，易产生坍塌、冒顶</td></tr>
<tr><td>3</td><td>DK265+950 ～ DK266+100</td><td>150</td><td>Ⅴ</td></tr>
<tr><td>4</td><td>DK266+100 ～ DK266+240</td><td>140</td><td>Ⅳ</td></tr>
<tr><td>5</td><td>DK266+240 ～ DK266+340</td><td>100</td><td>Ⅲ</td><td>低山，地层上部为全风化的花岗岩，厚 20 ～ 30m。洞身围岩为 $\gamma_5^1$ 中细粒花岗岩，弱风化，青灰色，节理裂隙较发育，地下水较发育，岩质坚硬，岩体较破碎。DK266+180 ～ DK266 +370 段弱风化岩石弹性波速为 4.6km/s。隧道洞身上面分布有房屋，建议隧道设计和施工采取适当措施</td></tr>
<tr><td>6</td><td>DK266+340 ～ DK266+390</td><td>50</td><td>Ⅳ</td><td rowspan="3">隧顶上部为冲沟，冲沟有回填土，最厚约 8m。洞身围岩为 $\gamma_5^1$ 中细粒花岗岩，青灰色，弱风化，节理裂隙较发育，岩体破碎，地下水较发育，隧道中线左侧有一采坑，开挖形成陡坎，有一定偏压，易产生坍塌、冒顶，建议设计、施工时考虑其不利影响，采取适当措施。DK266+370 ～ DK266+480 段预测单位长度最大涌水量 $Q_0$ 为 8.18m³/（d•m），为强富水区。岩石弹性波速为 4.85km/s</td></tr>
<tr><td>7</td><td>DK266+390 ～ DK266+480</td><td>90</td><td>Ⅴ</td></tr>
<tr><td>8</td><td>DK266+480 ～ DK266+520</td><td>30</td><td>Ⅳ</td></tr>
<tr><td>9</td><td>DK266+520 ～ DK266+850</td><td>330</td><td>Ⅲ</td><td rowspan="3">洞身围岩为 $\gamma_5^1$ 中细粒花岗岩，青灰色～灰绿色，弱风化。地下水不发育，局部较发育。节理裂隙不发育，岩石坚硬，岩体较完整。岩石弹性波速为 4.7 ～ 4.75km/s</td></tr>
<tr><td>10</td><td>DK266+850 ～ DK267+060</td><td>210</td><td>Ⅱ</td></tr>
<tr><td>11</td><td>DK267+060 ～ DK267+350</td><td>290</td><td>Ⅲ</td></tr>
<tr><td>12</td><td>DK267+350 ～ DK267+395</td><td>45</td><td>Ⅳ</td><td rowspan="3">DK267+420 ～ DK267+640 段为山间沟谷浅埋段，最浅埋深约 8.0m，且有一定的偏压，DK267+450 ～ DK267+ 650 段预测单位长度最大涌水量 $Q_0$ 为 3.78m³/（d•m），为中等富水区。DK267+440 ～ DK267+ 730 段洞身围岩为 $\gamma_5^1$ 中细粒花岗岩，棕黄色、褐黄色，全风化，其余地段洞身围岩为强～弱风化，地下水较发育。岩体松散～较破碎，设计和施工时应加强支护和防排水，防止产生坍塌、冒顶等问题</td></tr>
<tr><td>13</td><td>DK267+395 ～ DK267+700</td><td>305</td><td>Ⅴ</td></tr>
<tr><td>14</td><td>DK267+700 ～ DK267+740</td><td>40</td><td>Ⅳ</td></tr>
<tr><td>15</td><td>DK267+740 ～ DK267+940</td><td>200</td><td>Ⅲ</td><td>低山，洞身上部土层和全风化层厚 20 ～ 35m，洞身围岩为 $\gamma_5^1$ 中细粒花岗岩，青灰色，弱风化，节理裂隙较发育，局部夹少量强风化，地下水较发育，岩体较破碎，岩石弹性波速为 3.9km/s</td></tr>
<tr><td>16</td><td>DK267+940 ～ DK267+970</td><td>30</td><td>Ⅳ</td><td rowspan="2">隧道出口为低山和谷地，其中 DK268+040 ～ DK268+150 段为谷地，埋深较浅，最浅埋深约 24m。DK268+000 ～ DK268+150 段预测单位长度最大涌水量 $Q_0$ 为 14.26m³/（d•m），为强富水区。洞身围岩多为 $\gamma_5^1$/ 中细粒花岗岩，褐黄色～灰黄色，全风化，部分为强～弱风化，围岩松散～破碎，应加强支护和防排水</td></tr>
<tr><td>17</td><td>DK267+970 ～ DK268+265</td><td>295</td><td>Ⅴ</td></tr>
</table>

# 1.2 超大断面隧道段工程特点

## 1.2.1 超大断面隧道段概述

赣龙铁路新考塘隧道出口段由于南(平)三(明)龙(岩)铁路与赣(州)龙(岩)铁路间联络线设置的需要,出口段形成了"2条正线+1条联络线"的格局,联络线与赣龙铁路右线的线间距从出岔点向隧道出口端逐渐加大,形成了喇叭口状三线隧道结构,涉及的范围为DK268+050 ~ DK268+265,总长度215m,其中DK268+260 ~ DK268+265段为明挖段,如图1-2所示。

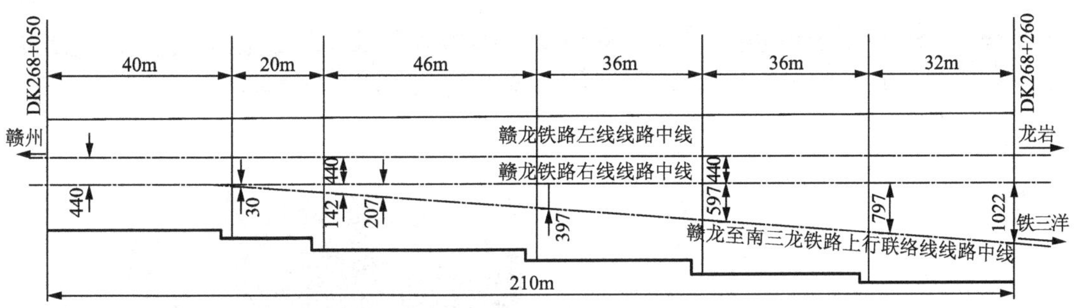


图1-2 新考塘隧道出口线路平面布置图

(注:图中尺寸除注明者外,余以厘米(cm)为单位)

新考塘隧道设计时速200km,为客货共线铁路双线隧道,出口段受联络线出岔影响,断面逐渐加大。隧道衬砌内轮廓根据《新建时速200公里客货共线铁路设计暂行规定》(铁建设函〔2005〕285号)中的"电力牵引铁路KH-200桥隧建筑限界"、各线线间距及其他各种因素综合考虑拟定。从设计、施工便利性和经济性等方面综合考虑,将大跨段结构分为6种衬砌断面形式,分别采用不同的超前支护措施、衬砌设计参数和施工工法。其中,DK268+228 ~ DK268+265段隧道净空断面最大宽度22.36m,净高14.22m,轨面以上净空面积200m$^2$。隧道最大开挖宽度30.26m,最大高度16.97m,最大开挖断面面积达396m$^2$。对比以往类似变截面燕尾段隧道,本隧道喇叭口状三线过渡段的最大跨度和最大开挖面积均超过以往,且本隧道以扩大段直接出洞,缺少小净距双洞阶段,从空间效应上来说,受力更为不利,为国内外罕见的超大变断面隧道。本书以最大跨度断面隧道为主,兼顾其余变断面段进行介绍。

## 1.2.2 超大断面隧道段工程地质

新考塘隧道超大断面段属于中低山地貌,为构造剥蚀山地,植被发育、灌木杂草丛生。地表水不发育,地下水类型主要为孔隙潜水、基岩裂隙水,主要由大气降水补给,向低洼处排泄。隧道出口大跨段位于低山谷地,埋深较浅,为5 ~ 40m,自然坡度为30° ~ 45°,预测单位长度最大涌水量为14.26m$^3$/(d·m),为强富水区,该段隧道基本处于全风化花岗岩层,洞身围岩主要为中细粒花岗岩，灰红色～灰黄色，全风化，部分为强～弱风化，围岩松散～破碎，工程地质条件差，按《铁路隧道设计规范》（TB 10003—2016）划分为Ⅴ级围岩，加之处于洞口段，围岩稳定性问题突出。新考塘隧道出口纵断面如图 1-3 所示，现场揭示的围岩状况如图 1-4 所示。

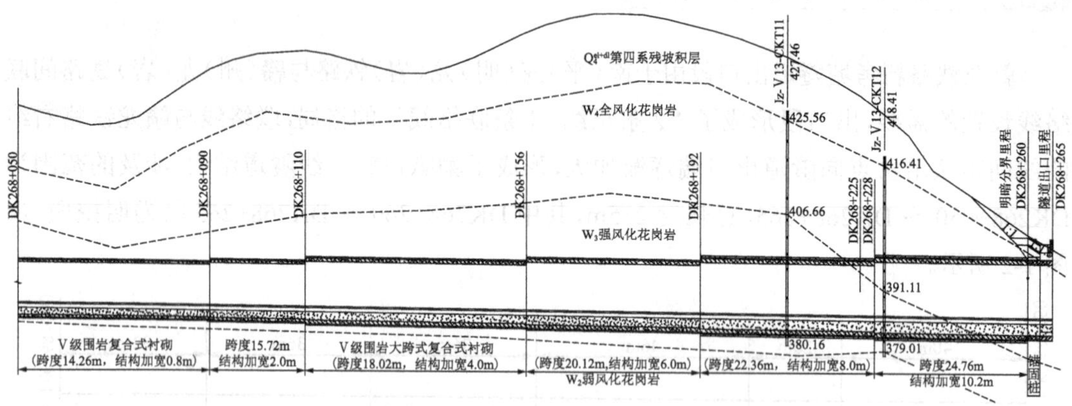


图 1-3　新考塘隧道出口纵断面图（单位：m）

a)　b)　c)　d)

图 1-4　现场揭示的围岩状况

## 1.2.3 超大断面隧道段工程特点

通过对新考塘隧道出口段的地形地质条件和拟定的结构断面进行分析，可知本隧道具有以下主要安全风险：

（1）隧道埋深浅、地质条件差、地下水发育，易坍塌破坏。

（2）隧道净空面积大，开挖为超大断面且位于渐变段上，大跨段落较长，初期支护受力大，变形控制困难，存在变形侵限、失稳及塌方风险。

（3）隧道需采取多次开挖支护，受力转换困难，支撑拆换安全风险大。

对于超大断面隧道，特别是在软弱围岩条件下修建的大跨大断面隧道，国内外几无现成的设计、施工经验可循，选择一种合理的施工方法及配套的支护体系，对顺利施工和保证施工安全具有十分重要的“战略”作用，因此需要科学地进行研究与探索。

## 1.3 本书主要内容

新考塘隧道出口段受联络线出岔影响，形成国内外罕见的超大变断面隧道，且位于出口富水软弱浅埋地层中，本书以该项目为工程依托，对浅埋软弱地层超大断面隧道修建技术进行介绍。在调研国内外超大断面隧道修建技术现状的基础上，首先提出渐变式大断面隧道的结构选型，然后分别从支护体系（含预加固）、施工工法与工艺、施工力学分析等方面入手，对全风化花岗岩浅埋富水地层超大断面隧道修建技术进行分析。

### 1.3.1 超大断面隧道修建技术现状及风险分析

地质条件是隧道修建中的关键控制因素。国内外已修建了一些超大断面隧道工程，这些工程一般选择位于围岩地质条件较好地层，施工风险较低。如：我国沿海铁路燕前2号隧道，最大开挖断面面积300m$^2$；重庆轻轨临江门车站，最大开挖断面面积421m$^2$；挪威耶维克地下冰球场，主洞室宽60m、长90m、高25m。

但是，目前在富水软弱地层修建超大断面隧道可供参考的实例仍然较少，同时限于认识水平和修建技术，过去大断面隧道设计存在过于保守、工法单一、工程造价高等问题。就理论和设计技术而言，国内对大断面隧道岩石力学性质和支护结构的机理研究滞后，尚无统一规定，同类工程在设计和施工方面差别较大。因此，有必要对目前超大断面隧道修建技术现状及施工风险进行分析，归纳总结出对大断面隧道有益的技术理论。

### 1.3.2 超大断面隧道结构选型设计研究

对于渐变式超大断面隧道，其开挖跨度及开挖断面面积逐渐增大，且断面形式更加扁平，在力学行为上有较大差别，在结构选型设计中应考虑以下问题：

（1）由于渐变断面并非是光滑过渡，就存在一个变化几次（即由几段不同断面组成）、每段多长的问题，这些都会影响设计、施工的便利性和经济性。在满足建筑限界及相关作业要求条件下，在技术可行、经济合理的范围内，如何优化渐变式断面形式。

（2）对于多种不同断面大小的特大跨度、超大断面隧道，降低高跨比会带来直接的经济效益，但断面更扁平，开挖后的应力重分布状态变差，增加了结构设计和施工的难度。

（3）相比于单、双线铁路隧道，衬砌厚度增大，需要对衬砌结构承载力的力学特征进行研究，以便确定合理的衬砌厚度。

### 1.3.3 超大断面隧道预支护技术

隧道开挖后，隧道的变形可分为三种实态：掌子面前方的先行位移、掌子面挤出位移、掌子面后方的位移 。这三种位移是同时发生的。在软弱围岩条件下，支护的主要目的就是抑制这些位移的发展，也就是抑制由这些位移引起的围岩松弛。在一般围岩条件下，围岩先行位移可以任其发生，不加以控制，但在软弱围岩条件下，其最大值，例如可以超过全位移的30% 以上，甚至达到 50% 或更大时，如不加以控制，则会成为掌子面拱顶部分坍塌以及发生大变形的主因，这是采用超前预支护（预加固）的原因。而初期支护主要是控制掌子面后方位移的技术对策。

在软弱地层或不良地质条件下修建隧道，需对地层采取改良或加固措施。根据所采取的措施对隧道周围地层特性及应力分布的影响，可分为地层改良法和保护法。改良法就是提高开挖面周围地层的土工特性，如土层加固、注浆、排水、冻结等；防护法就是防止土层参数降低到残余值，并使开挖面周围应力干扰达到最小的方法，如预切槽法、水平旋喷注浆法、管棚及开挖面预加固相结合的一些方法。本工程采用了多种形式的超前支护预加固技术，如掌子面水平旋喷技术、掌子面玻璃纤维锚杆加固技术、拱部水平旋喷注浆和长管棚超前支护技术等，对于这些技术的作用机理、参数设计优化等都是本书介绍的重点。

### 1.3.4 超大断面隧道支护结构体系设计技术

对于超大断面隧道，特别是在浅埋软弱围岩条件下修建超大断面隧道，选择一种合理的施工工法及相应的支护体系对于安全、经济、快速施工具有十分重要的意义。从当前的施工技术水平出发，钻爆法仍是隧道开挖的主要方法，特别是新奥法的发展表现出勃勃生机。然而新奥法实则法无定法，仅是一种隧道施工理念，并非一种具体的开挖、支护方式。对于超大断面隧道，应力求不拘泥于规范所设定的某些具体的条条框框，做到有所创新。这需要充分理解和掌握新奥法的精髓，从围岩稳定性理论分析、施工工法、支护技术及监控量测等全方位系统性地把新奥法的理念发展到超大断面隧道的修建技术上去。

对于新考塘隧道超过 $300m^2$ 的断面，首先考虑的还是化大为小，分部开挖（多部开挖）。如何划分值得研究优化，而如何分部又与采用什么样的支护体系密切相关。另一方面，隧道施工力学与过程相关，后续开挖部分与先期开挖部分相互影响，施工工序对支护结构最终受力状态会产生影响。因此，如何在确保安全的前提下，设计尽可能少的开挖分部与相对更优的开挖工序、尽可能少的临时内支撑以及如何确保拆除临时支撑后的超大断面隧道初期支护安全性等，都是需要迫切需要解决的难题。

### 1.3.5 超大断面隧道施工过程力学及控制技术

地下工程的施工过程是一个几何形状与材料特性逐步变化的不完整结构在时间和空间上承受不断变化的施工荷载的受力过程。目前，学术界已将这一涉及工程地质学、水文地质学、岩土力学、固体力学、结构力学、计算力学、控制理论等多门学科的交叉领域定义为一门新的学科分支——施工力学。这门新的学科主要特点是：其研究的对象及其环境是动态变化的，但它与一般动力学问题又有所不同，后者只研究荷载随时间变化问题，而前者研究对象的结构几何形状与材料特性也是动态变化的，因此研究内容更为复杂。与"过程"对应的是"状态"，隧道的状态设计方法认为，隧道是一次开挖完成，不考虑施工过程对松动区或松动荷载的影响。然而，对于当前大量出现的超大断面隧道，分块、多部开挖不可避免，采取不同的开挖方案，围岩中产生的塑性区以及变形量都有相当大的差异，每一步施工不仅对本阶段支护结构的稳定性有直接影响，而且对后续各阶段的中间支护结构和最终支护结构的受力状态均有不可忽视的持续作用。传统状态设计方法已经满足不了超大断面隧道的发展要求，"过程设计理论（或称过程相关性设计）"的出现改变了这种局面，提升了隧道设计水平。"过程相关性设计"的总体思路是，根据施工步骤计算开挖过程中每一步的隧道力学响应，最后根据相关物理量的包络线进行施工工法比选，以改进相应的支护系统设计。

过程相关性设计体现了系统科学的内容，即将隧道作为一个整体，其开挖步骤视为整体中的要素，对各个要素进行分析和研究，根据工程力学建立基本假设和抽象，通过分析各个要素，从而实现对隧道整体的研究，得到隧道整体的力学特征。它体现了系统科学中的由总到分、由分到总的设计原则。过程设计理念重点考虑了隧道施工过程的影响，因此更符合现场和实际情况。本书从数值模拟、模型试验、现场测试等多条途径研究施工过程的力学行为。

### 1.3.6 超大断面隧道关键施工技术

在软弱围岩中修建跨度超过 30m、断面面积超过 350m$^2$ 的隧道实属罕见，因此浅埋软弱地层超大断面隧道修建技术是一个系统工程，包括超前预支护的施工、开挖步序的实施、支护体系的施工等。然而，隧道工程的特殊性决定了其在整个工程建设过程中，勘察、设计和施工等诸环节相互交叉、反复，在此基础上形成了采取与隧道施工过程中的地质条件、力学动态等不断变化相适应的"信息化施工"。隧道工程中的信息化方法是一种连续的、管理的、整合的设计、施工控制、监控及反馈过程，它恰当地把设计修正纳入施工中和施工后，从而实现安全、经济的目标。工程中除了常规的拱顶沉降、水平收敛等必测项目外，还采用压力盒、表面应变计、钢筋计、混凝土应变计等不同类型的传感器进行围岩变形及结构内力监测，以保证施工安全，及时控制有害变形的发生，并根据量测数据反馈，指导施工，及时优化施工方法和支护参数。

# 第2章

# 超大断面隧道修建技术现状及风险分析

*Construction Technology of Super Large Section Tunnel in Shallow-buried Soft Ground*

随着我国经济持续发展，综合实力的不断提升及高新技术的不断应用，我国隧道及地下工程得到了前所未有的迅速发展。一方面在公路及市政行业，经济的迅猛发展，城市规模的不断扩展，物流行业、外卖行业等新兴交通运输产业的兴起，致使人们对交通量有着前所未有的强烈需求，因此逐渐出现了四车道及以上超大断面隧道；另外在铁路行业，随着铁路路网建设不断向山区发展，由于受地形的限制，某些铁路支线或铁路站场不得不延伸入山体内形成多线隧道或车站隧道，也形成超大断面隧道。本章就超大断面隧道的修建技术现状及风险进行详细阐述。

## 2.1 超大断面隧道修建技术现状

### 2.1.1 超大断面隧道建设现状

国外一些发达国家非常重视大断面高速公路隧道的建设，瑞典、挪威、奥地利、韩国、日本等在发展公路隧道技术方面处于领先地位。如20世纪90年代建成通车的英法海峡隧道，分叉处断面开挖宽度达21.2m，开挖断面为252m$^2$；1995年修筑的恩格贝格山岭隧道开挖面积达265m$^2$；1992建成的日本帷子河隧道，最大开挖宽度20.6m；西班牙Madrid隧道，开挖跨度达20m；意大利Borzoli洞室是Genoa-Volm铁路的连接洞室，开挖断面

160 ～ 338.5m$^2$；葡萄牙 A9-Carenque 隧道，跨度约 20m，开挖面积 173m$^2$。韩国在 20 世纪 80 年代后期，进行了大规模的以汉城（现更名为首尔）为中心的四车道高速公路改扩建为八车道高速公路工程，因此出现了四车道高速公路大断面隧道，其中最早完工的是 1992 年开始建设的清溪隧道，左右线平均长度为 500m，开挖断面积 186.42m$^2$，按隧道内衬砌轮廓线计算，净宽为 17.94m，拱高为 9.785m，采用三心圆扁平拱式断面。韩国在建和竣工的四车道大跨度公路隧道，均采用新奥法施工。

我国从 20 世纪 60 年代开始在铁路系统修建断面面积超过 100m$^2$ 的大断面隧道，其中断面面积在 200m$^2$ 以上的有 5 座，内（江）昆（明）铁路曾家坪 1 号隧道进口段 269m 为三线隧道，最大开挖宽度为 20.68m，最大开挖高度为 13.83m，高跨比为 0.669。20 世纪 80 年代以前修建的大断面铁路隧道，从修建技术上来看，没有认真考虑和研究施工方法与衬砌结构之间、结构的受力特点和地质适应性的关系，施工方法单调、衬砌过厚，有时厚达 2m 以上。在断面拟定上，净空过高，拱部富余量较大，另外过于强调二次衬砌的作用，对初期支护的作用认识不足。80 年代以后随着隧道技术的发展，逐渐强调根据结构的受力特点和地质条件的变化来设置断面形式。2012 年开通运营的六（六盘水）沾（沾益）铁路复线上的乌蒙山 2 号隧道四线车站段开挖跨度达到 28.42m，开挖面积 354.3m$^2$，两项指标当时均为同类隧道的世界之最，设计时将预应力锚索引入铁路隧道，实现“以索换撑、以索代撑”，以减小拆除临时支撑的风险。

公路系统修建大断面隧道起步较铁路系统晚，始于 21 世纪初。2001 年我国建设第一条四车道隧道——贵州凯里大阁山隧道，隧道长 496m，断面开挖尺寸 21.04m×11.5m，为城市市政工程；2002 年 6 月，我国第一条四车道公路隧道——沈大高速大连韩家岭隧道开始动工，隧道长 521m，断面开挖尺寸 21.24m×15.5m，开创了我国四车道公路隧道建设的先河；2004 年 4 月，广州龙头山隧道的动工使得超大断面四车道公路隧道进入系统研究，隧道左线长 1010m，右线长 1006m，断面开挖尺寸 21.47m×15.6m；2005 年，厦门万石山隧道最大断面开挖尺寸 25.9m×11.94m，下穿既有钟鼓山隧道，是国内首座地下立交；2006 年底，青岛胶州湾海底隧道开工，是中国第二长的海底隧道，设有多处分岔段，是国内最早的大规模四车道公路隧道，最大开挖尺寸 28.2m×18.6m，至今都少有隧道能逾越；2007 年，沪蓉西高速湖北宜昌市与恩施州交界处八字岭隧道、庙垭隧道和漆树槽隧道顺利完工，三者均为四车道分岔隧道，是国内最早的四车道分岔隧道案例。2008 年，福建泉厦高速扩建工程大帽山隧道开始动工，该工程在原分离式双向四车道隧道中间新建一个四车道隧道，并将原两车道右洞原位扩建为四车道，是国内首座四车道公路隧道原位扩建工程；2009 年，福州机场高速罗汉山隧道设计为双向八车道连拱隧道，开挖跨度达到 41.36m，是国内最大的连拱隧道；2014 年，深圳东部过境高速连接线工程开工建设，在塘排山和谷对岭下设置有两处“Y”形地下分岔隧道，其中莲塘分岔隧道段最大开挖断面 30m×18.4m，断面面积 430m$^2$，是目前国内断面最大的公路隧道，也是国内第一座真正意义上的地下互通立交。

此外，修建跨度超过 15 ～ 25m、高度超过 20m 的大断面水电洞室中积累了挖掘大断面隧道的一些经验，但这些地下洞室一般都是选择在较好的山体中建设的。

## 2.1.2 超大断面隧道施工工法现状

日本、德国等一些发达国家在大断面隧道施工工法方面的研究起步较早。早在1981年，德国在慕尼黑地铁施工中首创CD法（中隔壁法），并成功应用了双侧壁工法、眼镜工法等先进施工方法。1984年，日本也将CD工法应用于大断面扁平状的真米公路隧道施工中。1995年，开挖面积达265m$^2$的恩格贝格山岭公路隧道则采用了3层7步暗挖复合衬砌施工方法。日本东名高速公路改造工程中的隧道加宽施工中，也广泛采用了双侧壁导坑法、上下短台阶法、上半断面一次封闭法、CD法、CRD法（交叉中隔墙法）等多种施工方法。

我国在大断面隧道施工工法方面的研究起步则较晚，但在隧道的开挖方法研究上也取得了一定的成绩。已建成的贵州大阁山四车道公路隧道，采用侧壁导坑先墙后拱法；城市地下立交典型工程青岛胶州湾海底隧道大断面段采用七种断面分段扩大过渡，工法选用双侧壁导坑法；福州市二环路金鸡山隧道原位扩建施工中，采用回填+CRD法施工，其创新之处在于利用原隧道衬砌结构作为临时支撑。

表2-1为国外部分典型大断面隧道施工案例；表2-2为国内部分典型大断面隧道施工案例。

国外大断面隧道施工实例

表2-1

| 隧道名称 | 所属国家 | 设计参数 | 地质条件 | 工法简述 |
| --- | --- | --- | --- | --- |
| 英吉利海峡隧道跨线洞室 | 英国段 | 开挖断面240m$^2$ | 不详 | 双侧壁导洞—上导洞—核心土开挖法 |
| 赫斯拉奇2号公路隧道 | 德国B14号公路 | 开挖断面15.75m×12.05m | 埋深12～25m，地下水丰富，土层为粉砂岩断层破碎带 | 上台阶两侧导洞—核心顶部—核心下部—下台阶及仰拱一次开挖法 |
| 第二新神户隧道 | 日本神户市内公路 | 开挖宽度20m，高9.37m | 不详 | 全断面或台阶法推进主洞断面后，向两侧扩挖，开挖下半断面 |
| 帷子河隧道 | 日本 | 开挖断面20.6m×12.6m | 不详 | 管棚预加固的双侧壁导坑法 |
| 兰茨格地下车场 | 德国 | 开挖断面为18.9m×16.4m | 不详 | 格子架、盆锚网预加固，双侧壁导坑法 |
| A9-Carenque隧道 | 葡萄牙 | 跨度约20m，开挖断面173m$^2$ | 地质条件差，埋深浅，岩石为单斜灰岩，含黏土夹层 | 拱顶导洞开挖和双侧壁导坑法 |
| Borzoli洞室 | 意大利Genoa—Volm铁路 | 开挖断面160～338.5m$^2$ | 岩石强度低，上覆盖层220m | 采用双侧壁导坑法 |
| 某防空洞 | 瑞典 | 开挖宽度32.4m，高度12.9m | 岩石性质较好，局部有软弱层 | 中央导坑向两侧扩宽—分层爆破下台阶法 |
| 新武冈隧道 | 日本国道3号线 | 开挖宽27m，高17m，面积378m$^2$ | 强度很小的均质火山灰堆积物 | 先台阶法施工两侧壁导坑，然后修筑靴型支座；再台阶法开挖核心部分 |
| Ceneri隧道 | 瑞士 | 最大开挖跨度24m，高度17m，面积290～350m$^2$ | 下穿高速公路路堤，路堤上部地层为填土，下部坡脚为岩石 | 拱部及边墙采用水平旋喷超前支护；先墙后拱，先施工两侧导洞和大墙脚；再台阶法开挖核心部分 |

国内大断面隧道施工实例 表 2-2

| 隧道名称 | 线路名称 | 设计参数 | 工法简述 |
|---|---|---|---|
| 梅林隧道 | 厦深铁路 | 最大开挖宽度为 23.12m，最大开挖高度为 18.92m | 双侧壁导坑法 |
| 燕前 2 号隧道 | 温福铁路 | 最大开挖宽度为 23.12m，最大开挖高度为 16.40m | CD 法施工 |
| 狗磨湾隧道 | 襄渝铁路 | 开挖断面 20.5m×13m，扁平率 0.366，三线隧道 | 钢拱架—锚网喷预加固后的双侧壁导坑法，12 步成洞 |
| 曾家坪 1 号隧道进口三线车站段 | 内昆铁路 | 开挖宽度 20.68m，高度 13.83m，洞身穿越块石土，三线车站隧道 | 主要为双侧壁导坑法 |
| 青山隧道车站交汇段 | 内昆铁路 | 洞内交汇段最大开挖宽度 19.22m，高度 13.11m，Ⅳ 级软岩 | CD 法施工 |
| 邓家湾 1 号隧道进口三线车站段 | 内昆铁路 | 最大开挖宽度 19.08m，高度 13.64m，Ⅲ～Ⅳ 级泥砂岩互层 | 上半断面台阶法 |
| 乌蒙山 2 号隧道出口四线车站段 | 六沾复线 | 最大开挖宽度 28.42m，高度 17.4m，Ⅳ～Ⅴ级泥岩、页岩夹砂岩 | 复合双侧壁撑索转换工法 |
| 大阁山隧道 | 贵州城市隧道 | 最大开挖宽度达 22m | “多分部、小断面、弱爆破、强支护、紧衬砌”及双侧壁导坑法，预裂微震爆破 |
| 金州隧道 | 沈大高速 | 单洞四车道，净宽 19.44m，净高 9.475m | 上下台阶法 |
| 莲花山公路隧道 | 广东江鹤高速公路 | 最大开挖宽度 23.4m，高度 8.17m，双向四车道 | 全断面开挖左右主洞，中墙岩柱跳槽开挖 |
| 相思岭隧道 | 福建福泉高速公路 | 开挖宽度 23.67m，高 7.05m，双向四车道 | 洞口段采用三导坑开挖，主洞全断面开挖 |
| 浆水泉隧道 | 京沪高速济南连接线 | 开挖宽度 19.51m，高度 13.06m，双向八车道 | CD 法及岩墙钢架组合支撑分部开挖法 |
| 青岛胶州湾海底隧道 | 青黄海底连接线 | 开挖宽度 28.2m，高度 18.6m | 主要为双侧壁导坑法 |
| 马尾扩建隧道 | 福州市福马路 | 开挖宽度 19.3m，高度 13.3m | 主要以 CRD 工法为主 |

截至目前，在富水软弱地层修建超大断面隧道可供参考的工程案例仍然较少，尤其与新考塘隧道开挖面积在同一个级别（300m$^2$ 以上）的交通隧道就更少。就理论和设计技术而言，国内对大断面隧道围岩力学性质和支护结构的机理研究滞后，尚无统一规定，同类工程在设计和施工方面差别比较大。下面重点详细介绍给本工程以设计思路启迪的几座国内外软弱地层超大断面（300m$^2$ 以上）隧道工程的实例。

### 1）瑞士 Ceneri 山底隧道

隧道北洞口下穿高速公路路堤，路堤上部地层为填土，下部坡脚为岩石。受 Camorino 铁路枢纽影响，Ceneri 隧道以约 30° 角斜下穿 5 车道国家高速公路。下穿段埋深约 10m，长度约 40m。该隧道标准横断面宽 19.8m，高 13.9m，最大开挖跨度 24m，高度 17m，开挖面积 290 ～ 350m$^2$。其主要技术措施有：

（1）拱部及边墙采用水平旋喷超前支护。

（2）按照先墙后拱法的顺序，先行施工两侧小导洞（约 60m$^2$）和大墙脚。

（3）施作拱部初期支护，台阶法开挖拱部（约 160m$^2$）、中台阶和仰拱（约 140m$^2$），如

图 2-1 所示。

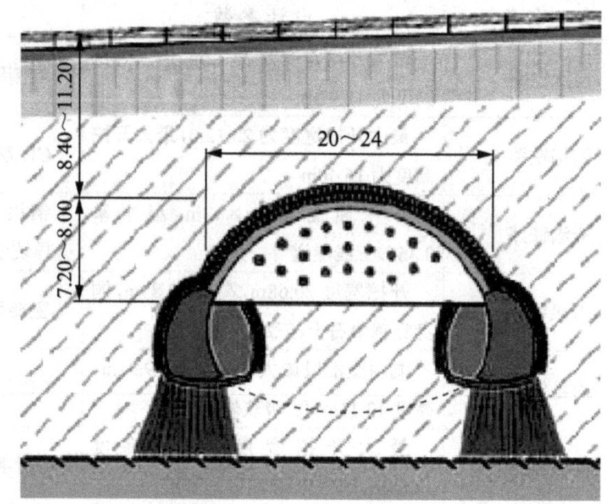


图 2-1 瑞士 Ceneri 隧道下穿高速公路断面图(尺寸单位:m)

这种方法的优势在于:先施工大墙脚,可以有效控制上部初期支护竖向位移;水平旋喷桩超前加固和掌子面加固改善了地层条件,有利于地层稳定;监控系统能够监控整个开挖过程中上面路基的沉降,可及时调整支护措施。



## 2)日本国道 3 号线新武冈隧道

该隧道在由一座双车道隧道分修为两座双车道隧道的过程中,也出现了超大开挖断面,如图 2-2 所示。隧道最大开挖宽度 27m,高度 17m,开挖面积达到了 378m$^2$。新武冈隧道地层为强度很小的均质火山灰堆积物,施工采用了先台阶法施工两侧高 10.5m、宽 7.5m 的侧壁导坑,然后在边墙部位外侧修筑拱部初期支护钢筋混凝土靴型支座;再台阶法开挖隧道上部台阶,施工上台阶拱部初期支护;然后分别开挖下台阶及仰拱,施作仰拱初期支护,最后整体浇筑拱墙二次衬砌。

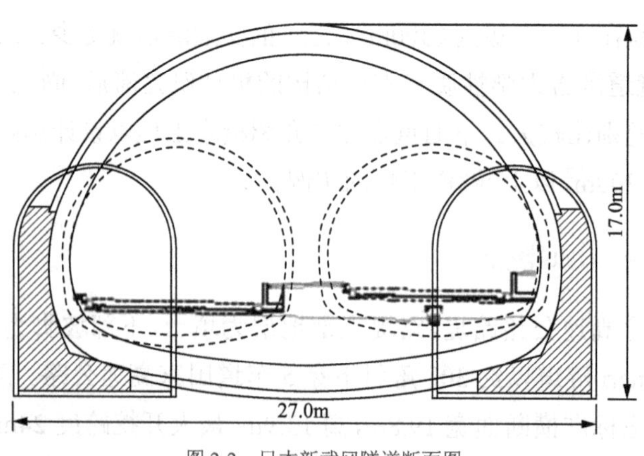


图 2-2 日本新武冈隧道断面图

## 3)六沾复线乌蒙山 2 号隧道

2012 年开通运营的六沾复线乌蒙山 2 号隧道四线车站段,开挖跨度达到 28.42m,开挖面积 354.3m$^2$。地层主要为泥岩、页岩夹砂岩为主的Ⅳ、Ⅴ级围岩。该隧道采用的主要技术措施：

(1)以索代撑，采用长锚索和长锚杆锚固围岩，减少掌子面临时支护。

(2)采用复合双侧壁法施工，两侧边墙小导洞先行开挖，先墙后拱法施作初期支护。

(3)加强边墙基础，采用混凝土大墙脚，有效控制大断面开挖中的竖向位移。

(4)掌子面中部采用三台阶法开挖，便于施工，如图 2-3 所示。

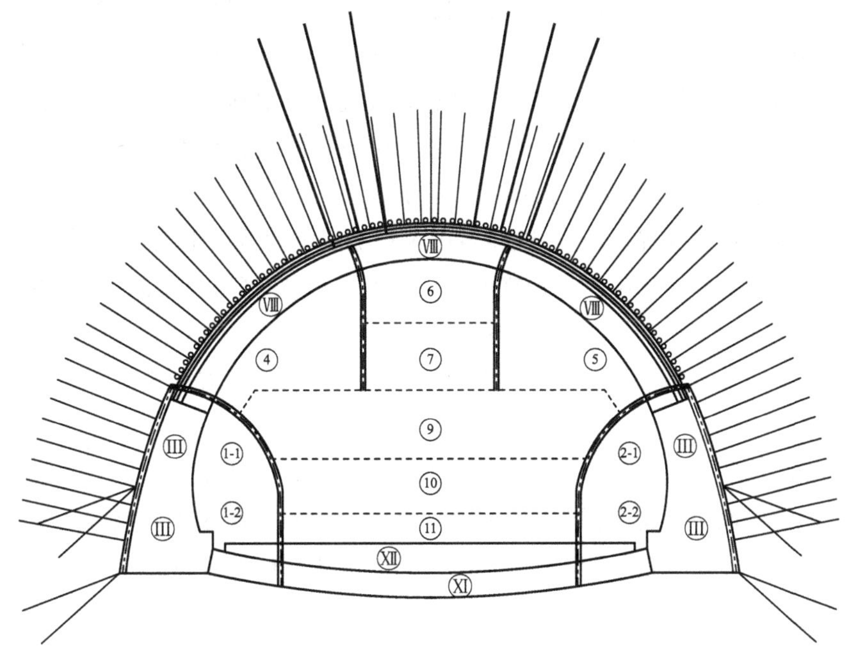


图 2-3　乌蒙山 2 号隧道四线车站段断面图

从上面三座软弱地层超大断面隧道的工程实例，可得出下面几点经验：

(1)宜先开挖两侧小导洞，施作拱部初期支护混凝土扩大基础。

(2)拱部可采用分部开挖，中下部可采用台阶法开挖。

(3)宜采用较强的超前支护措施，防止上部地层变形破坏，对掌子面、大墙脚基础宜进行地层改良。

## 2.1.3 超前水平旋喷支护技术现状

### 1)国外运用与研究现状

日本和欧美等国是研究开发水平旋喷注浆加固技术较早的国家，高压喷射注浆（High Pressure Jet Grouting）技术是 20 世纪 60 年代后期起源于日本的。日本最早发明了单管法（Chemical Churning Pile or Pattern，CCP），当时的旋喷直径仅为 0.3 ～ 0.35m。随后在 20 世纪 70 年代中期，日本在单管旋喷的基础上又相继开发出二重管法（Jumbo Special

Grouting，JSG)，其旋喷直径 0.5 ～ 1.0m；三重管法（CJG)。20 世纪 80 年代开始日本开始研究较大直径旋喷桩和能控制桩形的工法，如 SSS-MAN 工法、RJP 工法、九重管(MJS)工法。

意大利的隧道及地下工程的施工技术比较发达，水平旋喷技术的开发应用在欧洲处于领先地位。他们把高压喷射注浆法和静态注浆、冻结法和机械预切槽等并列为隧道围岩加固的基本方法。最典型做法是沿拱部外缘用水平钻孔旋喷柱体相互搭接形成拱棚，在它的保护下开挖上部断面。用台阶法施工时，为提高拱脚地层的强度，在坑道内两侧倾斜打入钻孔，将旋喷柱体连接成墙体。从意大利的工程实践得知，在砂粒土和中细砂地层，水平旋喷质量良好，固结体平均抗压强度达 18 ～ 19MPa，接近 C20 等级混凝土。在水平旋喷柱体相搭接形成的旋喷拱棚的保护下，通过对开挖过程中设置的拱肋受力量测表明，其受力极小，说明旋喷拱棚的刚度很好，承受住了山体的压力。

由于水平旋喷技术的优良特点，欧美各国也积极的将其使用于工程建设当中，特别是针对隧道围岩的加固工程。德国波恩地铁的一段区间隧道，在通过松散未固结、渗透率平均为 8mm/s 的砾石及不均匀泥沙层，平均埋深为 3.5m，顶部还有一条污水管通过，为控制地面深陷并确保污水管的安全，采用旋喷注浆结合新奥法施工，获得良好效果。但旋喷同时也引起了地面隆起问题。

美国于 20 世纪 80 年代初期首次应用旋喷技术并获得成功，由于此项技术价廉及对各种土壤的普遍适用性而在美国得到广泛应用。华盛顿地铁在海军工厂以东区间隧道修建过程中采用大范围水平旋喷注浆，使土压平衡盾构得以从百年前修建的砖和素混凝土结构的下水道下方通过。

瑞士某一区间段的地铁在修建的过程中，遭遇了一段松散破碎的冰碛石带。该松散破碎的冰碛石带使得原来采用的隧道机械掘进工程法无法施工，最后改为水平旋喷注浆对地层进行预支护，成功地通过了松散破碎带。他们采用旋喷压力为 40 ～ 80MPa，旋喷柱体长 16m，相邻两旋喷段搭接 2m。

#### 2）国内运用与研究现状

为了更好地应对我国工程建设中不断出现的复杂的岩土加固问题，我国也于 20 世纪 80 年代中期开始了水平旋喷注浆加固技术的研究和应用。

中国铁道科学研究院于 1987 年在内蒙古乌兰浩特附近轻亚黏土层进行水平旋喷试验。先进行工艺试验确定旋喷参数，用 7 根水平旋喷柱组成拱棚。试验结果表明，在 12MPa 压力下平均柱径 387mm，压力 20MPa，柱径可达 580mm，固结体强度为 2.8MPa，拱棚厚度在 200 ～ 250mm 之间。浆液在高压射流作用下注入部分软土和土缝中，土体得到一定加固，取得了初步成果。石家庄铁道大学从 1994 年起开始了水平旋喷机研制和水平旋喷技术的研究工作。先后在硬砂质黏土地层和松散细砂地层作过 4 次水平及倾斜旋喷工艺试验及一系列测试，取得大量研究成果。与徐州机械厂联合设计制造出的“TGD-50 型水平钻孔旋喷机”，可作竖直至上的钻孔并旋喷。它不仅可用于隧道超前加固，而且可用于路基、边坡加固、基坑壁施作土锚杆等。该机分别于 1998 年 12 月和 1999 年 10 月在神延线撒哈拉茹隧道风积沙地层及宋家坪隧道洞内浅埋偏压段作超前加固，一举获得成功。开挖后的变形及压力量测结果表明，加固效果良好，初步显示了该工法的优越性。

深圳地铁一期工程大剧院—科学馆区间段也运用了水平旋喷超前支护技术。孟凤朝、仝学让、薛模美分析了水平旋喷桩的加固原理及特点、通过试验对水平旋喷超前预加固技术及施工方法进行了一定的研究和运用。该段地铁施工处于流塑状砂质黏性土层，试验中分别采用了小导管和水平旋喷技术进行加固，结果表明水平旋喷桩桩间咬合良好，单桩直径大于 400mm，固结体强度高，开挖后洞室稳定，拱顶和掌子面渗水量显著减少，起到了较好的超前支护作用。水平旋喷采用喷射压力 20 ～ 25MPa，桩长 10 ～ 15m，成桩直径 500mm。水平旋喷桩在施工过程中能够经过钻孔、高压喷射注浆在拱顶形成固结体拱棚，并挤密压实固结体周边地层，从而提高洞室稳定性，使土体开挖和初期支护时不易坍塌，可避免涌泥、涌砂，提高施工安全性，控制地表下沉，而且水平旋喷桩的造价仅是大管棚的 2/3。因此，水平旋喷桩预支护施工工法是地铁暗挖隧道穿越砂层和流塑状砂质黏性土层的理想方法，应该进一步推广应用。

北京长安街天安门东—大华区段地下热力管线隧道开挖工程中，运用了水平旋喷超前支护技术。王海彦通过工程的实际运用，运用水平旋喷超前支护技术有效减小隧道周围土体的位移，成功的穿越了粉土、中粗砂、卵石层及粉土层等地层。隧道开挖宽度为 6.4m，高度为 5.8m，覆盖层厚度为 7m，距周围重要楼房为 7m 左右。隧道掌子面支护拱部采用水平水泥旋喷桩，桩长 15m，每段纵向搭接 2m，直径为 300mm，桩中心距为 250mm，水平桩互相咬合 50mm，形成水泥土拱棚。注浆压力为 15 ～ 20MPa。施工中通过对地表、拱顶及周边进行监测，水平旋喷工法有效地控制了地面变形及沉降。

张亮标、唐玉文运用水平旋喷桩（加筋）支护对北京地区草桥热力外线隧道暗挖进行了处理，取得了很好的加固效果。实践证明运用水平旋喷桩（加筋）支护技术能安全地通过浅埋暗挖隧道的含水砂层和软弱松散土质，能较有效地控制地面沉降，确保管线、构筑物及道路交通安全。杨箐轩、陆景慧、王银献、陈浩生等通过水平旋喷桩超前支护技术在长安复线热力工程中的应用，有效控制了地表沉降，保证了地下管线和相邻多层楼房的安全，取得了良好的经济效益和社会效益。该技术在北京地区类似的浅埋暗挖工程中具有较大的推广应用前景。在隧道拱顶埋深浅、管线密集，尤其是穿越软弱围岩，工程地质条件复杂，土层含水率高时，水平旋喷桩比常规的超前钢管管棚注浆具有更强的适应能力，止水加固、控制沉降方面具有比较明显的优势。在类似工程的设计施工中可以将水平旋喷桩超前支护和小导管注浆超前支护两种方法相结合，优势互补，用小导管弥补水平旋喷桩的不足和施工缺陷，可以达到更佳的超前支护效果。

水平旋喷技术也运用于铁路隧道的超前加固工程中，刘晓曦等结合神延铁路撒哈拉峁隧道风积沙段的施工，通过水平旋喷预支护技术的试验分析认为在松散地层洞口段开挖进洞前，用旋喷拱作预支护后再行开挖进洞，可以保证地层稳定。水平旋喷预支护拱为撒哈拉峁隧道在洞口极其松散地质条件下顺利进洞提供了有力的保证。水平旋喷桩比管棚法施工节省时间，可提高工效 2 倍以上，造价仅是管棚法的 2/3。与传统的小导管注浆法比较能有效地控制加固范围。

新意法的出现大大推动了水平旋喷技术的发展。新意法又称岩土控制变形分析法（ADECO-RS 法），是 20 世纪 70 年代中期由意大利的 Pietro Lunardi 教授在研究围岩的压力拱理论和新奥法施工理论的基础上提出的。该方法是通过对岩体分类来确定超前支护措施和支护参数的设计方法，其核心思想是通过调节超前核心土的强度和刚度（主要通过超前预加固，采用较多的是水平旋喷和掌子面超前锚杆）来控制岩体的变形。2006 年我国铁路系统相关施工单位开始接触新意法隧道施工技术，经过长达 5 年的基础理论学习研究与准备，在原铁道部和兰渝铁路公司的支持下，2011 年由中铁瑞威公司和意大利土力公司联合在兰渝铁路桃树坪隧道进行了中国首次隧道核心土加固变形控制法应用试验研究，并取得成功。针对该隧道位于未成岩富水粉细砂层的实际情况，采用新意法首先对软岩隧道开挖轮廓周边旋喷加固并施作大管棚形成超前预支护帷幕结构，随即采用高强的水平旋喷桩超前加固、掌子面玻纤锚杆的束缚变形、锁脚旋喷桩的锚固、二级降水措施，以上各种措施的采用使得未成岩富水粉细砂层得到了预加固和排水固结，提高了围岩的稳定性，实现了软岩隧道施工技术领域的创新和突破。



### 2.1.4 超大断面隧道施工力学研究现状

对于超大断面隧道，由于开挖面积达到 300m$^2$ 以上，施工不可能一次成洞，施工方法必须采用开挖和支护交错进行的分部开挖法或台阶法，那么围岩必然会经历一个多次扰动的过程，因此围岩的荷载释放规律、渐进性破坏过程是关注的重点。

隧道受到的荷载主要指隧道开挖过后，由于开挖造成扰动所产生松动的部分岩土体受到其自重或者构造应力影响下产生的对隧道的地层压力，包括主要荷载（地层压力、结构自重等）、附加荷载（局部落石、灌浆压力）、特殊荷载（爆炸荷载、地震等）。围岩压力是指由于开挖后产生临空，开挖空间周围的岩土体对隧道结构及洞壁围岩产生的作用力。显然“荷载”的概念是广于“围岩压力”的，但限于附加荷载的偶然性，特殊荷载的特殊性，以及结构自重的确定性，实际上对围岩荷载的研究更多的是对围岩压力的研究。对于围岩荷载释放，位移释放率和应力释放率可在一定程度上反映，但最直观的还是荷载释放率，即受到开挖影响损失掉的围岩压力值与初始围岩压力的比值。

#### 1）围岩荷载释放研究

李术才团队以兰渝铁路两水隧道为工程背景，通过室内模型试验模拟了台阶法支护开挖、台阶法和全断面毛洞施工的全过程，得到了全断面法施工和台阶法施工围岩荷载释放规律，全断面法施工围岩荷载释放主要集中在掌子面前后两个循环，台阶法施工围岩荷载释放不同部位受开挖分部影响较大，并未呈现统一的规律，并且提出隧道断面围岩整体荷载释放过程存在 3 个典型变化阶段，即掌子面附近荷载集聚区、前方荷载弱集聚区和掌子面后方荷载释放区，对基于全断面法施工和台阶法施工情况下的超大断面隧道围岩荷载释放规律做了深入研究。赵然等依托济南绕城高速、京沪高速济南连接线龙鼎隧道，采用数值模拟分析了裂隙密集带对超大断面隧道围岩变形和塑性区分布的影响，研究了半步 CD 法施工隧道围岩空间荷载释放演化规律，得出隧道开挖后距离掌子面小于 5m 范围内，围岩荷载释放率较低。刘聪等以京沪高速济南连接线港沟隧道穿越断裂破碎带区域为依托工程，开展模型试验研究，试验模拟了台阶法，CD 法和双侧壁导坑法三种工法，通过对试验开挖过程中位移变形和围岩应力变化的实时监测，得到位移变形大致可分为“缓慢增加→急剧增大→稳定状态”3 个过程；应力变化可分为“应力积聚→应力释放→稳定状态”3 个阶段。

#### 2）围岩渐进性破坏研究

中国科学研究院武汉岩土力学研究所以大帽山大断面隧道群为工程背景，结合现场声波监测和数值模拟，详细研究推进式往复爆破作业的双侧壁导坑法施工的大断面隧道的围岩累积损伤范围，结果表明：小进尺、多频爆破会加大岩体损伤程度，大进尺、少频爆破会加大岩体损伤范围，因此合理进尺对围岩损伤十分重要；上断面爆破施工一般使岩体内的裂纹被激活，下断面爆破致中夹岩墙产生类墙体的振动，使岩体变松散滑动，围岩内部位移显著增大。徐前卫等以深圳市东部过境高速公路连接线工程为背景，针对谷对岭“Y”形喇叭口大断面分岔隧道，通过模型试验和数值模拟对双侧壁导坑法施工的超大断面隧道围岩的渐进性破坏过程、岩体内部变形和应力变化规律进行了研究，结果表明：软弱隧道围岩的破坏始于拱腰以下的岩体，而后自拱腰向上继续扩展成拱，拱顶上方 0.95$B$（$B$ 为隧道跨度）范围内的岩体变形受到隧洞开挖影响，但最终塌落成拱的高度为 0.55$B$。王者超以八字岭分岔隧道为工程背景，通过对其大跨段的现场监测发现：大跨段围岩多次受到施工扰动影响，变形过程较为复杂，表现出明显的施工动态响应特性。张庆松等以沪蓉西高速公路庙垭隧道为工程背景，对大拱段围岩变形、支护体系受力和爆破震动进行现场监测，多次爆破使得围岩不断处在自身应力状态调整过程中，围岩劣化是个长期过程，在 30 天后发生质变，掌子面出现夹泥、渗水等不良地质现象，围岩变形速率变大，随后呈现加剧趋势。

由以上研究可知，围岩的荷载释放和渐进性破坏表现出明显的动态施工力学特性。一方面荷载释放和渐进性破坏过程较为复杂，受施工扰动明显；另一方面受施工工法影响很大，但仍有规律可循：

（1）围岩劣化是个长期过程，围岩力学性能会经历潜伏期、爆发期和稳定期三个状态，潜伏期表现在围岩变形增加、应力集聚；爆发期表现在围岩变形剧增、应力释放。

（2）上部围岩开挖是影荷载释放的集中时期，也是围岩破坏的危险时期。

（3）小进尺、多频爆破会加大岩体损伤程度，大进尺、少频爆破会加大岩体损伤范围。总之，超大断面隧道的施工过程是一个极为复杂的动态加卸载力学过程，无论从相似材料模型试验还是数值模拟手段方面，对隧道不同开挖工法进行施工过程力学演变规律的研究还需要进一步的探索和深化。

## 2.2 超大断面隧道施工风险分析

对于开挖面积超过 300m$^2$ 以上的超大断面隧道，难以全断面开挖成洞，因此在施工时一般将大断面化大为小，分层分块开挖、逐步形成隧道设计体形，并尽快地沿开挖轮廓形成封闭或半封闭的承载结构，再开挖核心部和仰拱。在开挖时间上就有分期开挖过程，每一个施工分期对应不同的开挖顺序，这就意味着围岩对应一种暂时加载方式。由于在施工期间不断变化着洞形和加载方式，不仅影响施工期间围岩的应力、破坏区、洞周位移，而且影响洞体成型后的应力分布、破损区大小以及洞周位移情况。此外，大断面隧道一般位于接近洞口段，围岩较差，比起选择在较好山体中建设的水电厂房等大型地下洞室，更易发生围岩失稳和隧道衬砌结构开裂与破坏现象。主要存在以下风险。

### 1）拱顶变形及坍塌风险

对处于埋深浅、地质条件差、地下水发育的超大断面隧道，因其开挖跨度一般超过 20m，施工时极易引起拱顶变形、甚至坍塌，因此选择合适的超前支护技术措施尤为重要。常规的超前支护措施包括超前锚杆、小导管注浆、大管棚等，但对于超大断面隧道不一定有效，因此需要结合工程实际情况，进一步研究高压水平旋喷超前支护技术，或多种措施相结合的复合超前支护技术，确保施工过程中的隧道整体稳定。

### 2）掌子面稳定风险

软弱地层中隧道掌子面稳定与否关系到整个隧道体系的安全，特别是对于超大开挖断面且具有一定富水的地层，掌子面稳定就更为重要。断面较小的隧道，为保证掌子面的稳定，常采用预留核心土、喷射混凝土封闭等措施，但开挖断面达到 300m$^2$ 以上，而且采用分层分块开挖，常规加固方法不一定能够套用，需进一步研发超大断面隧道的超前预加固支护体系。

### 3）临时支撑拆除风险

超大断面隧道需分层分块开挖、逐步形成隧道设计体形，为形成封闭或半封闭的承载结构体系，势必会增加大量的临时支撑结构，当整个断面开挖完成并在二次衬砌施作之前，需拆除临时支撑，此时受力转换复杂，拆除安全风险极大。因此需要结合现场施工情况，进一步研究临时支撑拆除的时机、拆除的步距等，确保施工安全。

# 第3章

# 超大断面隧道结构选型设计

*Construction Technology of Super Large Section Tunnel in Shallow-buried Soft Ground*

## 3.1 隧道建筑限界设计

### 3.1.1 隧道建筑限界拟定考虑的主要因素

列车在铁路隧道上行驶，必须有足够的空间，隧道建筑限界就是为了保证隧道内各种交通正常运行与安全，而规定的在一定宽度、高度范围内不得有任何障碍物侵入的空间。建筑限界是拟定隧道轮廓线的前提，隧道建筑限界是决定隧道净空尺寸的依据。因此，隧道建筑限界的确定，对隧道的设计来说至关重。影响建筑限界的主要因素包括以下方面：

（1）机车车辆限界。根据《标准轨距铁路机车车辆限界》（GB 146.1—1983），对于蒸汽、电力和内燃机机车及各种车辆的上部限界、下部限界，和通过自动化、机械化驼峰车辆减速器（制动或工作位置）的货车下部限界及通过自动化、机械化驼峰车辆减速器（缓解位置）的调车机车下部限界均有不同。

（2）线别及设计速度。位于不同线别的隧道，如单线、双线、三线甚至四线，其建筑限界显然是不一样的。对于同样线别，其设计速度目标值不一样，隧道建筑限界亦不一样。

（3）电气化接触网悬挂设备布置的要求。

（4）隧道内通风、照明、通信、警告信号及色灯信号等附属设备安装要求。

本项目根据《新建时速 200 公里客货共线铁路设计暂行规定》(铁建设函〔2005〕285 号)中电力牵引铁路桥隧建筑限界(KH-200)的要求,确定隧道建筑限界,进而拟定隧道衬砌内轮廓。

## 3.1.2 渐变式隧道建筑限界的拟定

赣龙至南三龙上行联络线道岔进入新考塘隧道,其中道岔影响段里程为 DK268+050 ~ DK268+265,随着联络线道岔引出隧道,其与正线右线线间距呈现为一个渐变式的增长,受渐变线间距和道岔设置结构的复合式加宽的影响,其联络线与正线隧道建筑限界相对位置关系如图 3-1 ~图 3-6 所示。

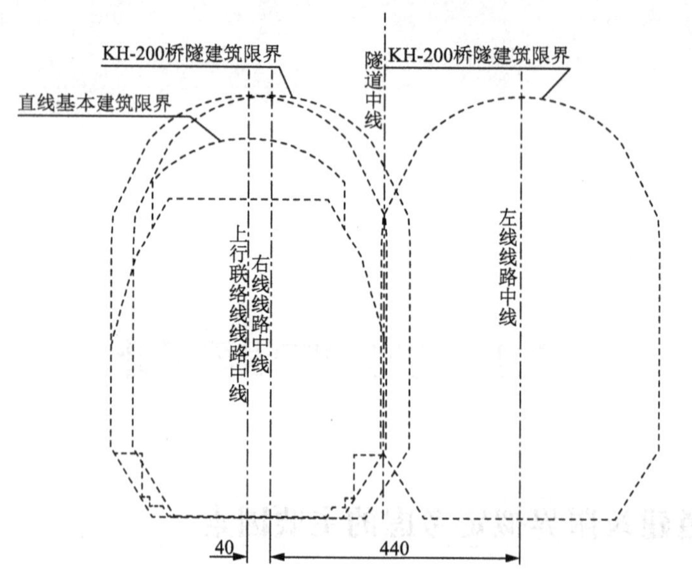


图 3-1 DK268+050 ~ DK268+090 段隧道建筑限界相对位置关系示意图(尺寸单位:cm)

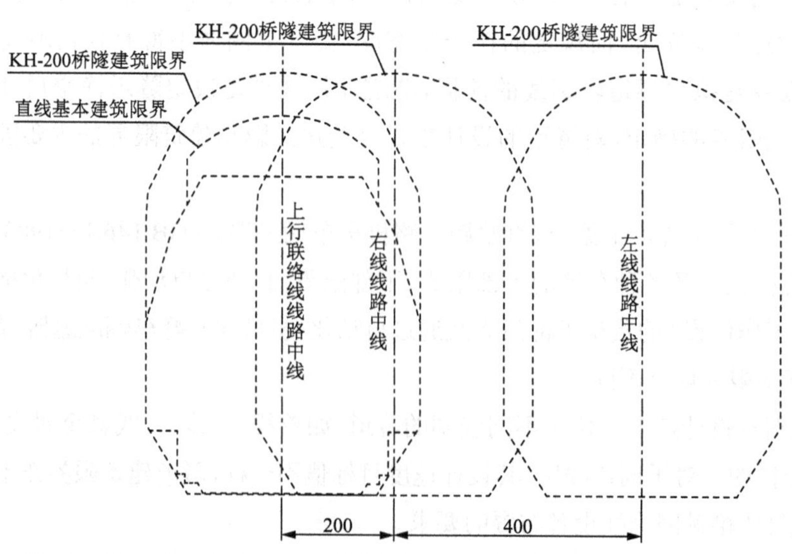


图 3-2 DK268+090 ~ DK268+110 段隧道建筑限界相对位置关系示意图(尺寸单位:cm)

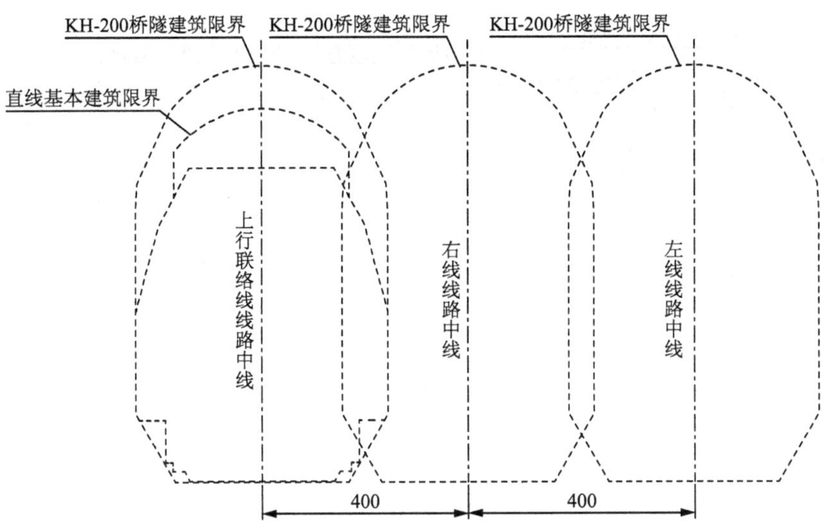


图 3-3　DK268+110 ～ DK268+156 段隧道建筑限界相对位置关系示意图(尺寸单位:cm)

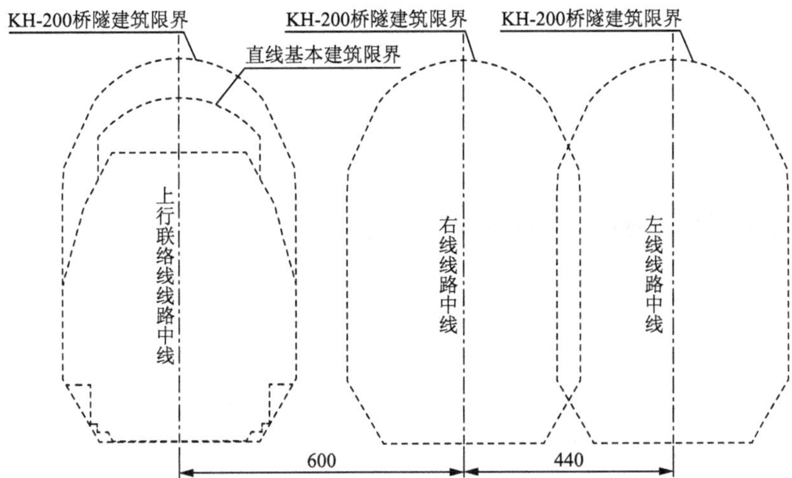


图 3-4　DK268+156 ～ DK268+192 段隧道建筑限界相对位置关系示意图(尺寸单位:cm)

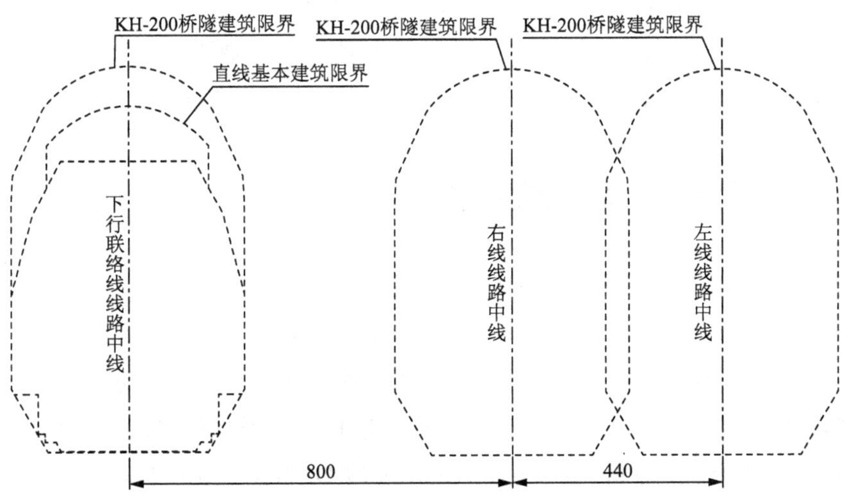


图 3-5　DK268+192 ～ DK268+228 段隧道建筑限界相对位置关系示意图(尺寸单位:cm)

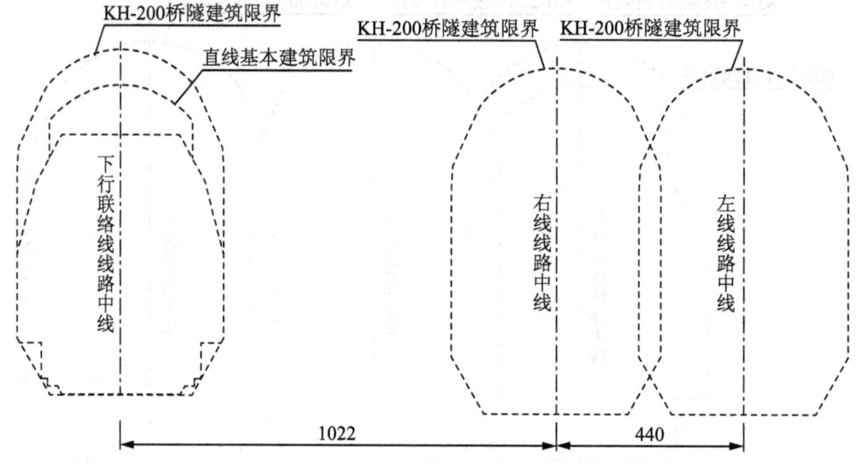


图 3-6　DK268+228 ～ DK268+265 段隧道建筑限界相对位置关系示意图(尺寸单位:cm)



# 3.2　隧道衬砌内轮廓设计

## 3.2.1　分段加宽衬砌断面设计思路

赣龙铁路至南三龙铁路上行联络线道岔进入新考塘隧道，其中道岔影响段里程为 DK268+050 ～ DK268+260（不包括 5m 明洞），随着联络线道岔引出隧道，其与正线右线线间距呈现为一个渐变式增长，受渐变线间距和道岔设置结构的复合式加宽的影响，其联络线与正线隧道建筑限界相对位置逐渐发生变化。因此隧道衬砌内轮廓根据《新建时速 200 公里客货共线铁路设计暂行规定》（铁建设函〔2005〕285 号）中的“电力牵引铁路 KH-200 桥隧建筑限界”、各线线间距及其他各种因素综合考虑拟定。

从设计、施工便利性和经济性等方面综合考虑，将大断面隧道段结构分为 6 种衬砌断面形式，逐级加宽，分别采用不同的超前支护措施、衬砌设计参数和施工工法。

## 3.2.2　分段衬砌断面内轮廓的拟定

能否合理选取相应的结构加宽值对隧道衬砌结构进行分段（或称分节），是新考塘隧道顺利修建的一个核心技术点。考虑渐变线间距和道岔设置结构复合加宽（该段联络线位于缓和曲线上，需考虑道岔本身的加宽）的影响，并将由于净空断面变化而改装二次衬砌台车的间隔控制在约三循环二次衬砌长度（即每段按约三循环的二次衬砌长度计算，约为 3×12m=36m）。基于以上分析，将该隧道大跨渐变段 DK268+050 ～ DK268+260 共分 6 段，每段衬砌断面形式(加宽与对应的线间距，内净空参数等)设置见表 3-1。

新考塘隧道衬砌结构加宽与线间距设置一览表　　表 3-1

| 序号 | 里程段落 | 赣龙左线与赣龙右线间距（m） | 赣龙右线与南三龙铁路上行联络线间距（m） | 隧道内轮廓底部宽度（m） | 考虑线间距变化和道岔设置的结构复合加宽值（m） | 轨面以上净空面积（$m^2$） |
|---|---|---|---|---|---|---|
| 1 | DK268+050 ～ DK268+090 | 4.400 | 0 ～ 0.304 | 11.9 | 0.4 | 85.16 |
| 2 | DK268+090 ～ DK268+110 | 4.400 | 0.304 ～ 1.415 | 13.5 | 2.0 | 101.01 |
| 3 | DK268+110 ～ DK268+156 | 4.400 | 1.415 ～ 4.000 | 15.5 | 4.0 | 122.29 |
| 4 | DK268+156 ～ DK268+192 | 4.400 | 4.000 ～ 6.000 | 17.5 | 6.0 | 142.21 |
| 5 | DK268+192 ～ DK268+228 | 4.400 | 6.000 ～ 8.000 | 19.5 | 8.0 | 169.76 |
| 6 | DK268+228 ～ DK268+265 | 4.400 | 8.000 ～ 10.216 | 21.8 | 10.3 | 200.02 |

在隧道两侧设置贯通的救援通道后，救援通道宽 1.25m，高 2.2m，外侧距线路中线 2.2m。为便于对照加宽值，将正常双线隧道内轮廓以及渐变段的 6 段衬砌内轮廓如图 3-7 ～图 3-13 所示。

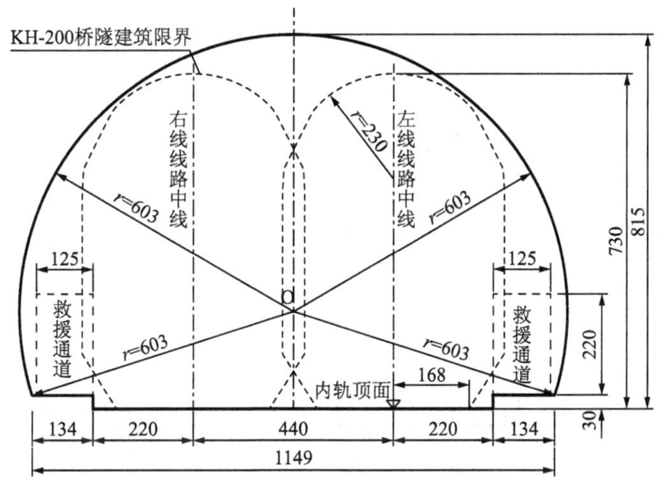


图 3-7　正常双线隧道内轮廓（尺寸单位：cm）

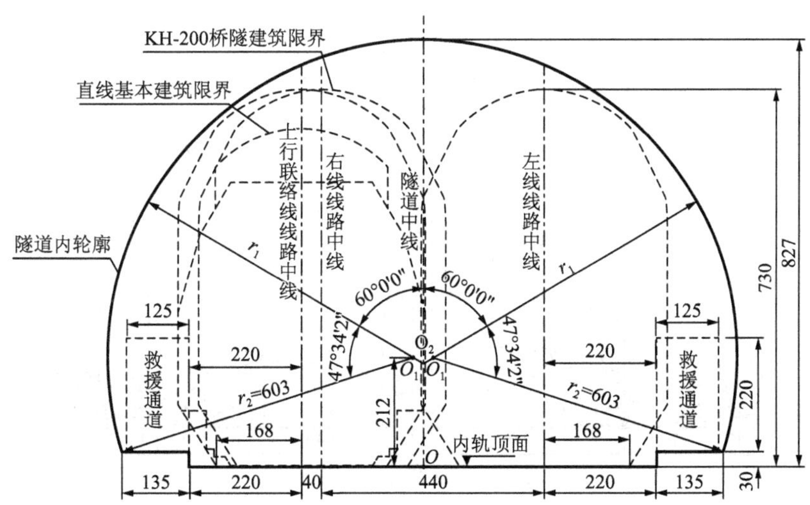


图 3-8　DK268+090 隧道内轮廓（加宽 0.8m 断面，尺寸单位：cm）

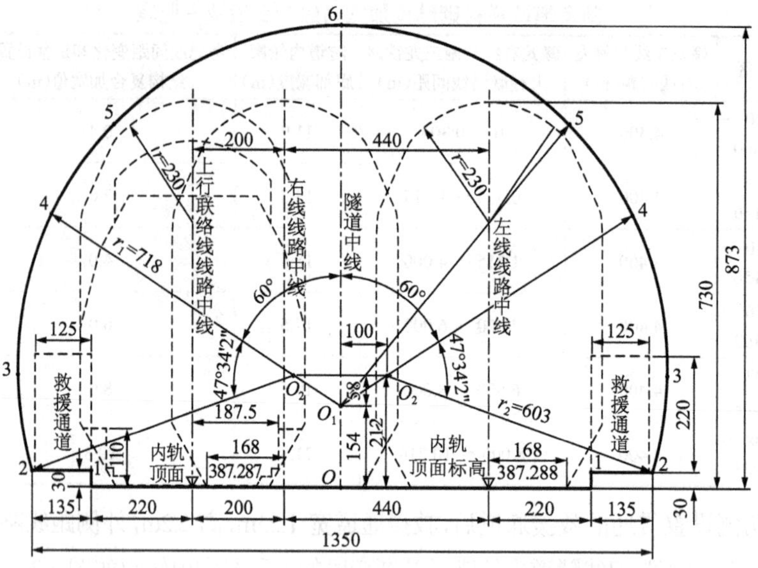


图 3-9　DK268+110 隧道内轮廓(加宽 2m 断面,尺寸单位:cm)

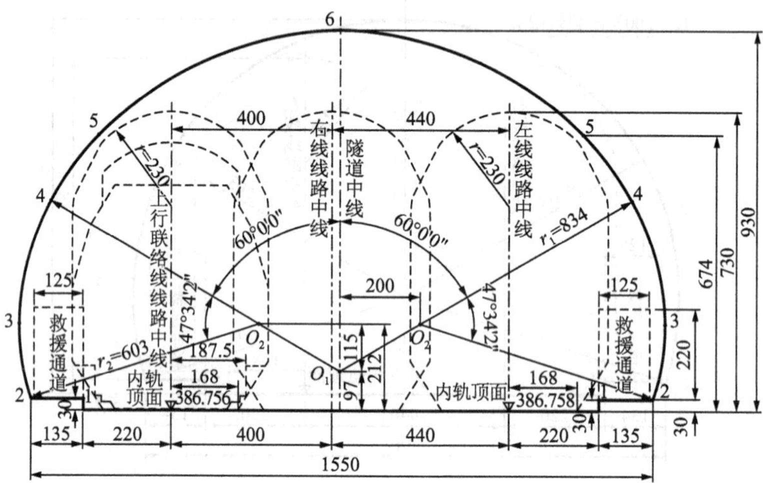


图 3-10　DK268+156 隧道内轮廓(加宽 4m 断面,尺寸单位:cm)

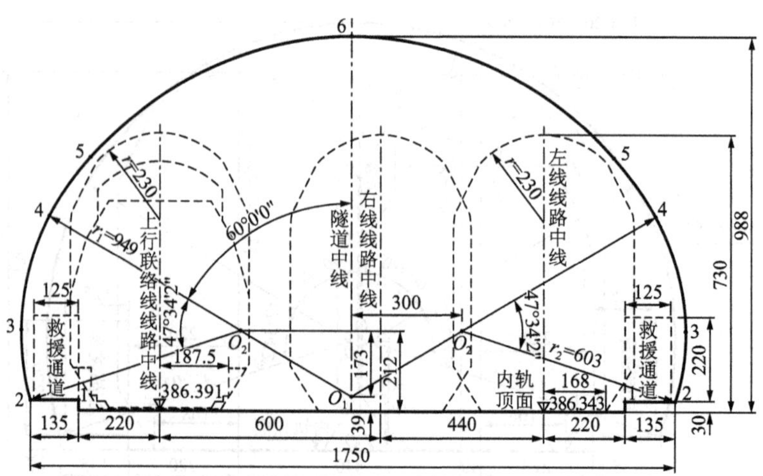


图 3-11　DK268+192 隧道内轮廓(加宽 6m 断面,尺寸单位:cm)

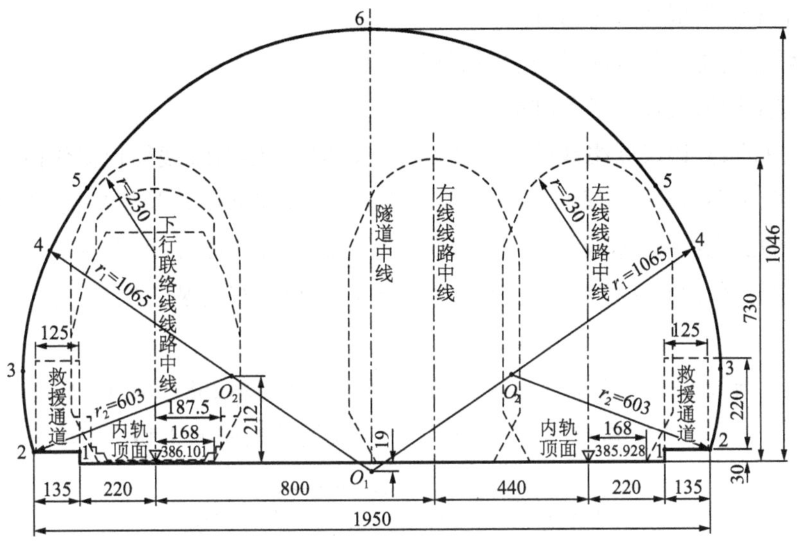


图 3-12　DK268+228 隧道内轮廓(加宽 8m 断面,尺寸单位:cm)

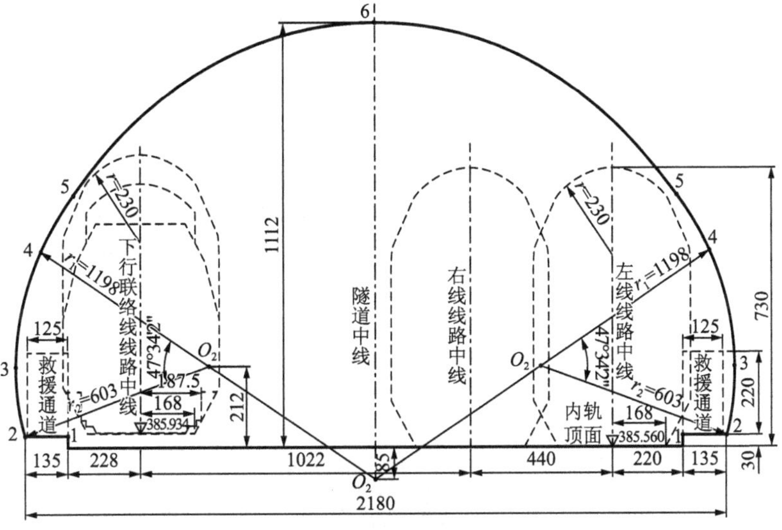


图 3-13　DK268+265 隧道内轮廓(加宽 10.3m 断面,尺寸单位:cm)

## 3.3　超大断面隧道形式选定

在拟定 DK268+050 ～ DK268+260 道岔影响段隧道衬砌内轮廓时主要考虑了以下因素:

(1)隧道建筑限界。

(2)股道数及线间距。

(3)隧道设备空间。

(4)预留技术作业空间。

（5）机车车辆类型及其密封性。

（6）缓解空气动力学效应必需的断面积。

（7）轨道结构形式及其运营维护方式。

值得注意的是，该段联络线位于缓和曲线上，其与正线右线线间距变化值与里程变化值不是线性对应关系，在根据线间距值在拟定衬砌结构分段时，除需考虑上述因素外，还需考虑道岔本身的加宽；另因本段施工工序烦琐，考虑施工的需要，将每次由于净空断面变化而改装二次衬砌台车的间隔控制在三板衬砌的长度，减少台车拼装的次数，有效地提高了施工工效。

最终新考塘隧道道岔影响大断面段 DK268+050 ～ DK268+260 共分 6 段，考虑了仰拱设置后的不同加宽段内轮廓对比图以及施工后的现场效果如图 3-14 所示。

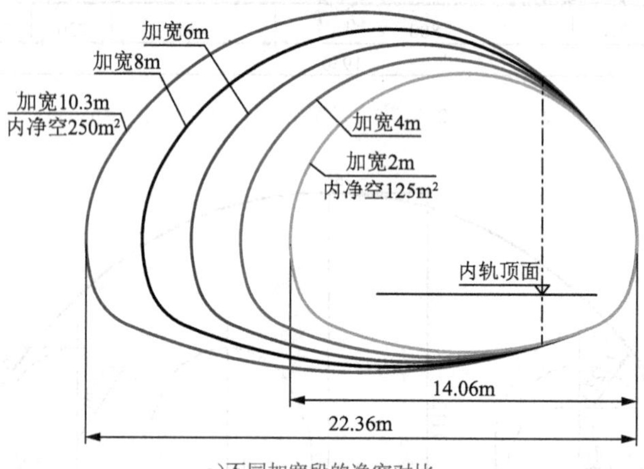


a）不同加宽段的净空对比

b）变断面隧道的现场施工效果

图 3-14　变断面净空设计图

# 第 4 章

# 超大断面隧道预支护技术

*Construction Technology of Super Large Section Tunnel in Shallow-buried Soft Ground*

## 4.1 纵横向刚柔结合立体超前支护体系的提出

新考塘隧道 DK268+228 ～ DK268+260 段隧道净空断面最大宽度 22.36m，净高 14.22m，轨面以上净空面积 200m$^2$。隧道最大开挖宽度 30.26m，最高开挖高度 16.97m，最大开挖面积达 396m$^2$。该段里程处于浅埋出口段，洞身围岩主要为中细粒花岗岩，灰红色～灰黄色，全风化，部分为强风化～弱风化，围岩松散～破碎，工程地质条件差，地下水类型主要为孔隙潜水、基岩裂隙水，水位较高，按《铁路隧道设计规范》（TB 10003—2016）划分为 V 级围岩，围岩稳定性问题突出。针对此项工程特点，提出了一种纵横向刚柔结合立体超前支护体系，即：在隧道侧壁导洞洞顶采用水平旋喷桩、拱部拱顶采用“超前长管棚 + 双层水平旋喷桩”、掌子面拱部采用水平旋喷加固、掌子面核心土部分采用玻纤锚管。

纵横向刚柔结合立体超前支护体系具体如图 4-1 所示。图中①部在隧道拱部拱顶采用“横向多层柔性 $\phi$500 水平旋喷桩 + 纵向刚性 $\phi$180 大管棚”；②部侧壁导洞洞顶采用“$\phi$500 水平旋喷桩 +$\phi$42 小管棚”；③部掌子面拱部采用 $\phi$500 水平旋喷超前加固；④部掌子面核心土部分采用玻纤锚管超前加固。

纵横向刚柔结合立体超前支护体系不同以往简单地使用单种超前支护形式，该结构体系着重强调多种超前支护形式联合使用，全方位多部位实施，刚性柔性相结合。具体体现在：

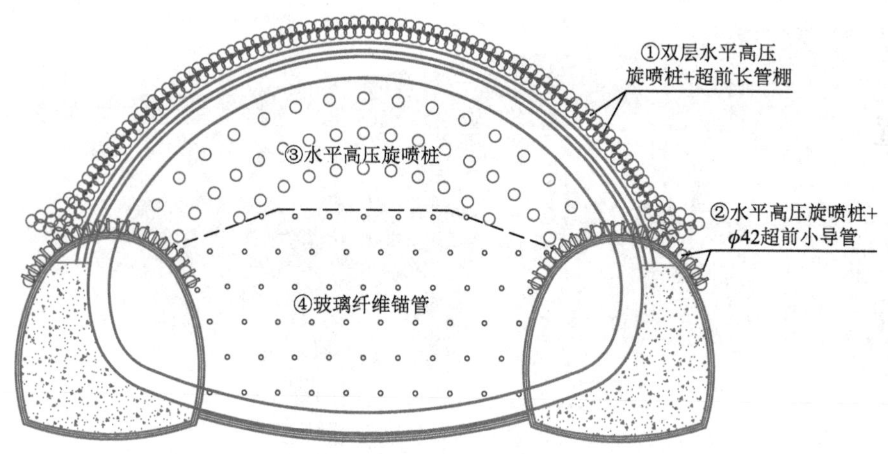


图 4-1　纵横向刚柔结合立体超前支护体系

（1）拱部洞顶的“ϕ180 大管棚 +ϕ500 双层水平旋喷桩”超前支护。其中，纵向支护主要以刚性长管棚为主，其特点是纵向刚度大、具有纵向悬臂梁（纵抬梁）和支护棚架的预支护效应，形成纵向空间效应，为下部开挖创造了洞顶纵向稳定支护体系；横向支护主要以双层柔性旋喷桩为主，旋喷施作方便、相互咬合成环，从而形成横向柔性拱，能有效承担上部压力并通过密集多孔旋喷形成扩大拱脚分散压力，同时能有效阻隔洞顶汇水下渗以防软化围岩。将纵向刚性大管棚和横向柔性旋喷桩巧妙结合，能有效发挥各自的支护力学特性，也有效克服单独支护的受力缺陷，两者协同工作，刚柔相济、互为补充，能更好地适应复杂地层环境，形成良好的预支护效果。侧壁导洞洞顶的“ϕ42 小管棚 +ϕ500 水平旋喷桩”超前支护与之同理，更多的是考虑水平旋喷的隔水作用，小管棚的超前支护作用，仅靠水平旋喷支护，易出现开裂现象。

（2）掌子面超前加固。按新意法的理念，变形分为预收敛变形、挤出变形和收敛变形。掌子面超前加固直观看似控制掌子面挤出变形，实则同时对预收敛变形和收敛变形都是有约束作用的。拱部的水平旋喷桩和核心土部分的玻纤锚管都是掌子面超前预加固常用的形式，只是在加固强度上有差异。考虑到核心土部分施工时拱部初期支护已经形成，且该部分开挖会形成倾斜掌子面效应，有利于稳定；此外也有下部围岩好于上部的考虑，综合认为上部水平旋喷和下部玻纤锚管的设计是合理的。

以上多层次预支护体系实现了整体和局部的有机结合，在不同的空间段和时间段协同工作，一方面加固了围岩，有效控制围岩的竖向位移、横向位移和纵向位移；且由于洞顶和掌子面稳定性大大增加，可减少开挖分部，同时有效减少临时支撑的使用，提高开挖效率，有利于合理加快施工进度。

为进一步研究超大断面隧道纵横向刚柔结合立体超前支护体系的机理及支护效果，以下内容从分析浅埋软弱地层的隧道变形特征入手，引出拱顶（含拱部、侧壁导洞）超前支护和掌子面（含拱部、下部核心土）预加固两类辅助工法分别加以介绍。

# 4.2　浅埋软弱地层开挖隧道围岩变形特征及常用预支护方法对比分析

## 4.2.1 浅埋软弱地层开挖隧道的围岩变形特征

新意法，也称岩土控制变形分析（ADECO-RS）施工工法，是意大利人 Lunardi Pietro 在研究围岩的压力拱理论和新奥法施工理论的基础上提出的，该工法被意大利公路及铁路领域广泛采用并纳入规范，现在主要欧洲国家的大型隧道项目施工也广泛采用此工法。因此也被称为“新意大利隧道施工法”，以隧道掌子面为界可将隧道围岩变形在空间上分为三部分：掌子面前方的超前变形（或称预收敛变形）、掌子面的挤出变形、掌子面后方变形（或称收敛变形），如图 4-2 所示。为实现变形控制的科学与高效性，有必要对上述三部分变形的形成机制及发展规律进行研究。

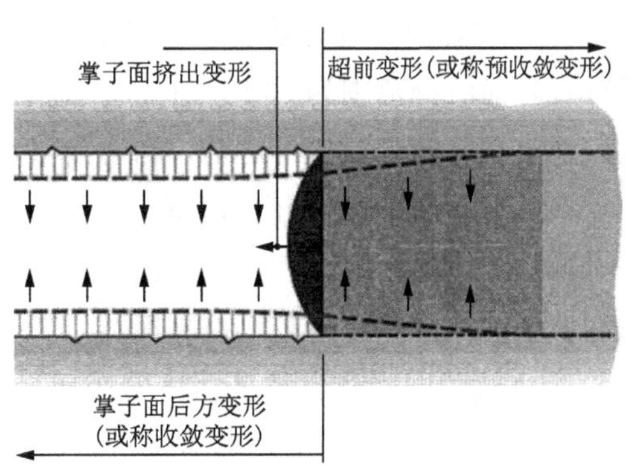


图 4-2　隧道开挖地层变形二维示意图

### 1）掌子面变形分析

（1）掌子面前方的超前变形（预收敛）

对于该超前变形关注重点的一个是变形范围，一个是变形大小。一般来讲超前变形（主要关注的也就是超前沉降）的范围随着掌子面的掘进而不断向前推进，最大值发生在掌子面处。在较好围岩或者周边对变形要求不高的条件下，地层的超前沉降可以不加控制，但是当在浅埋超浅埋软弱围岩中，超前沉降超出一定范围时，可能引起掌子面拱部局部坍塌甚至大塌方，特别是在富水条件下，可能性将显著增大，常需进行围岩的预支护（加固）。

（2）掌子面的挤出变形

隧道开挖过程中，掌子面发生挤出是客观存在的，以往也有工程实践通过预留核心土对其进行抑制，而由于掌子面仅需临时短暂的稳定，也即安全储备要求没那么高（除了长时间停工时），该变形在以往长期不被重视。掌子面挤出变形作为隧道卸载的直接响应，是掌子面稳定性评价的重要指标。与掌子面超前沉降类似，较好围岩条件下掌子面挤出变形较小，不会影响掌子面的稳定性，而当遇到软弱地层，特别是富水时，掌子面极可能因挤出变形过大而失稳，此时必须采取措施对其加以控制，目前常用的预留核心土法开挖即为控制手段之一，然而当该手段不能满足掌子面稳定或者变形控制要求时，需要对掌子面及其前方一定范围内进行预加固。

（3）掌子面后方变形

一般来讲，围岩变形多发生在掌子面后方，根据以往经验，掌子面后方变形约占总变形量的 70% 左右，而我们通常监测到的变形量也即此变形，其特点是初始阶段变形速度较大，量值也较大，而后期变形速度及量值均较小。目前，工程中采用初期支护控制掌子面后方的变形，根据掌子面后方地层变形的特点可知，对围岩的控制主要是控制围岩的初始变形，即初期支护必须要有较好的初始强度，并及时施作，尤其是软弱围岩地层中。

### 2）变形特征

浅埋超浅埋软弱围岩隧道由于本身的物性指标低，围岩变形有别于物性指标比较高的隧道，其变形常表现出以下特征：

（1）软弱围岩隧道掌子面超前变形的范围更大。一般而言，对于物性指标高的坚硬围岩隧道，超前沉降范围为（0.5 ～ 1）$D$（$D$ 为隧道当量直径），而对于物性指标低的软弱围岩隧道，超前沉降范围至少可达 $2D$，当遇到富水或流变地层，超前沉降范围可更远。

（2）软弱围岩隧道超前沉降占总沉降比例更大。一般对于坚硬围岩隧道，超前沉降比例一般在 20% 左右，而软弱围岩可达 30% 以上，部分地层甚至可达 50% 以上，若不进行超前控制，超前沉降即可能超出控制标准。

（3）软弱围岩隧道掌子面挤出变形显著。且隧道开挖断面大小对该变形影响相比硬岩更突出。因此在软弱围岩隧道中进行超大、特大断面开挖，掌子面失稳可能性更大，一般需进行掌子面预加固或划分更多开挖分块。

综上，浅埋软弱围岩隧道变形存在超前沉降和掌子面变形均显著的特征，工程中需要针对其变形特征采取相应的控制措施减小围岩变形，以控制隧道施工安全风险。以下分别对拱顶超前支护和掌子面超前预加固两类辅助工法在本工程中的应用加以研究。

新意法认为，隧道的稳定性与拱效应的形成是密切相关的。而拱效应能否形成以及形成拱效应的位置，决定了隧道的稳定情况。其中拱效应的形成和位置可以通过岩体开挖的变形响应来判断。隧道的成拱类型有三种，见表 4-1。

拱效应分类　　表 4-1

| 拱效应类别 | | 变形响应 | 稳定情况 | 分　类 |
|---|---|---|---|---|
| 拱效应接近开挖轮廓 | | | 稳定 | A |
| 拱效应远离开挖轮廓 | | | 短期稳定 | B |
| 不能形成拱效应 | | | 不稳定 | C |

按照新意工法原理分类浅埋软弱围岩对应为C类，即无法形成拱部效应，为保证隧道围岩稳定必须进行预支护（加固），而且受水的影响很大，尤其是动力水的影响。因此，一般采用超前拱部预支护形成拱部效应（尽量达到A类效果），同时采用合理方法加固核心土以进一步控制地层变形。

### 4.2.2 常用预支护、预加固工法对比分析

目前，拱部预支护手段主要有注浆小导管、管棚、水平旋喷桩等，掌子面加固手段多为水平旋喷桩与锚杆（有时结合注浆），包括金属、木、竹、玻璃纤维锚杆等。根据加固结构与围岩相互作用可将上述手段分为预支护与预加固两类，预加固侧重对地层物性指标的提高，保证围岩在应力释放过程中不发生失稳或变形过大，如常规注浆、锚杆等；预支护侧重预加固结构的支护功能，即加固区物性指标提高至一定程度后，具有良好的支护功能，因此加固结构的刚度一般远大于周边围岩，比如长大管棚、水平旋喷桩等。对目前几种典型隧道预支护（加固）进行了技术对比分析，各自的优缺点及其适用条件见表4-2。

典型预支护（加固）技术对比分析　　表4-2

| 加固手段 | | 优点 | 缺点 | 适用条件 |
|---|---|---|---|---|
| 预加固 | 注浆 | 灵活、简便、可选方法多 | 均匀性难以保证，加固刚度较小，易造成浆液浪费，部分地层注浆难度大 | 地下水流动性小，孔隙较大的砂土或破碎地层 |
| | 锚杆 | 灵活、简便、不需专门设备 | 柔性大，整体刚度小，正面金属锚杆影响开挖 | 地下水较少的破碎、软弱围岩 |
| 预支护 | 注浆小导管 | 施工速度快，施工机械简单，工序转换方便 | 加固范围有限，注浆效果难以保证，基本不具备止水功能，循环次数多 | 有一定自稳能力的地层，且无重大风险源 |
| | 注浆管棚 | 整体刚度大，支护效果好，防塌功能显著；一次性施作长度大 | 施工精度控制要求较高，注浆效果难保证，止水功能弱 | 围岩压力较大，对围岩变形及地表沉降有较严格要求的软弱、破碎围岩隧道工程中 |
| | 水平旋喷桩 | 效率高，无须成孔，钻孔旋喷一体；质量优，状体强度高，有较好的防塌防渗功能 | 抗弯抗剪能力差；施工控制难度大；浆液回流损失率高；遇障碍物难以处理 | 适用于黏性土、砂类土、淤泥等软土地层，尤其适合富水无自稳能力地层中 |

由表可知，各预支护（加固）方法均有各自的优缺点和适用性，实际工程中应根据具体情况选择合适的预支护（加固）方法，或者结合两种甚至多种预支护（加固）手段，以达到工程的安全、快速、合理、经济等要求。

在某些极度不良地质条件下，管棚、水平旋喷桩等洞周预支护手段可保证隧道拱部稳定，却难以满足掌子面的稳定。为达到围岩稳定及变形控制，并实现机械化的全断面开挖，常需结合掌子面加固。此时，常规的预留核心土、喷射混凝土等手段显然难以满足要求，而需要考虑注装、锚杆、旋喷桩等更强的措施。

# 4.3 “高压水平旋喷 + 超前管棚”复合超前支护技术

## 4.3.1 水平旋喷桩预支护的力学机理分析

这里主要对水平旋喷桩作为拱顶超前支护形式的力学机理进行分析，区别于作为掌子面超前预加固措施。

在横向上，由于水平旋喷桩加固圈沿隧道轮廓外环形分布，隧道开挖后围岩应力重新分布，调整为切向压应力为主，形成拱效应。如图 4-3 所示，主应力矢量清晰显示水平旋喷加固层具有拱的受力特性。因此，水平旋喷桩作用机理在横向上表现为拱效应。

图 4-3　主应力矢量图

在纵向上，从图 4-4 所示的竖向位移云图可以看出，水平旋喷桩加固层表现为梁效应，承担一定的上覆荷载，在隧道卸荷作用下，难免出现一定范围的受拉区。

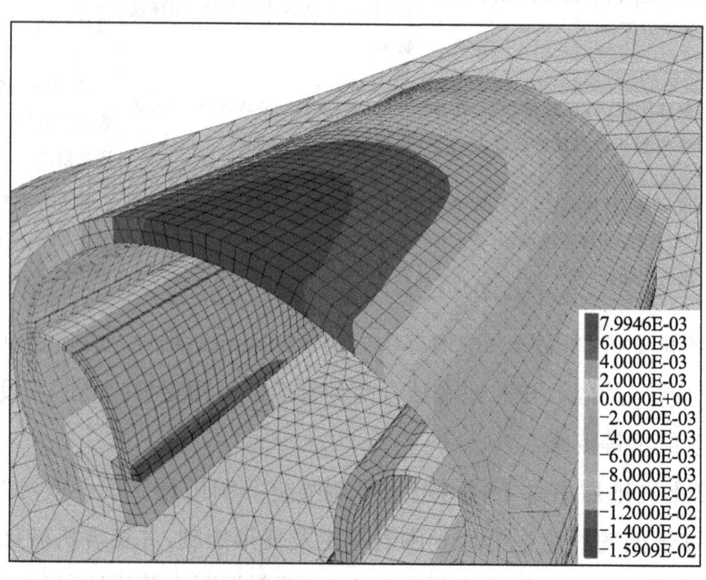


图 4-4　竖向位移云图

综上所述，水平旋喷预支护结构横向为受压拱，而纵向为受弯梁，空间为梁拱结构。因此，在保证水平旋喷预支护结构自身稳定的前提下，沿隧道轮廓外环形分布的水平旋喷预支护可发挥良好的梁拱支护效应，保证隧道稳定性。

### 4.3.2 水平旋喷技术的缺陷及对策

#### 1）水平旋喷技术的缺陷

受地质条件、材料特性及施工工艺所限，水平旋喷技术存在一些不可避免的缺陷：

（1）作为预支护结构，在隧道开挖时承担很大一部分上覆土压，尤其在浅埋软弱地层；另一方面由于旋喷桩的隔水作用，在富水地层中，还需承担一定水压；因此，水平旋喷桩体承受较大荷载。

（2）若遇软弱围岩隧道掌子面失稳、大进尺、支护不及时等特殊情况，水平旋喷桩因其抗拉及抗剪能力差而破坏的可能性较大，且因其材料的脆性使得破坏常表现为大范围的突发，增大预防及处理工作的难度。

（3）受工艺所限，常面临“空桩”、咬合不均、纵向上桩径变化等缺陷，桩体抗拉性极差，甚至有人认为设计中可不考虑桩体抗拉强度，但是水平旋喷桩不可避免承受拉应力。

#### 2）克服缺陷的对策

受上述原因影响，水平旋喷预支护的应用受到了一定的制约，因此业内也提出了多种对策来克服上述缺陷。一般从以下三方面进行入手：

（1）从施工工艺上进行改进，尽量避免“空桩”、咬合不均的现象，提高水平旋喷桩的施工质量。

（2）结合其他预支护（加固）手段共同进行预支护，以提高旋喷桩的抗拉（剪）强度，如在旋喷桩内部或者下方插入钢管或者钢筋（束）。

（3）通过其他施工方面的措施控制减小旋喷桩的受力。

在目前既有的水平旋喷桩施工工艺前提下，工艺的改进短期内难以实现，而其控制水平的提高受人员素质影响较大，可控性不高，因此多考虑水平旋喷桩与其他预支护手段相结合而形成组合结构，或者通过掌子面加固手段改变其受力状态来克服上述缺陷。

### 4.3.3 水平旋喷与管棚复合预支护结构

从支护能力分析，水平旋喷形式有较好的表现。因此在水平旋喷预支护时，围岩及初期支护变形、初期支护内力均可以较好地控制。由此可知，若桩体抗拉能力良好，仅采用水平旋喷进行预支护，可有效控制围岩及初期支护变形。而采用水平旋喷与管棚复合预支护结构，对围岩及初期支护变形控制效果的提高并不显著，对初期支护内力改善也无很大作用；

增设管棚的目的主要是改变水平旋喷结构的受力，规避水平旋喷桩在荷载作用下发生开裂而影响止水功能，甚至出现脆性断裂而失稳的风险。

水平旋喷预支护横向上表现为拱效应，而在纵向上则为梁效应，在隧道卸荷作用下，出现一定范围的受拉区。而管棚加固机理为纵向梁效应，两者复合可组成具有三维梁拱效应的组合结构。在同等条件下，该结构可降低水平旋喷桩的拉裂可能，提高加固区自身的稳定性，从而可提高水平旋喷桩的加固效果，尤其是其在富水地层中的止水效果。

基于上述研究成果，新考塘隧道 DK268+228 ～ DK268+260 段拱顶采用 “双层 $\phi$500 水平旋喷桩 +$\phi$180 大管棚” 复合预支护形式。即拱部拱顶设置双层水平高压旋喷桩，在两层之间内嵌超前长管棚，通过两种形式的联合使用，增加支护刚度，提高纵向梁作用；且在拱脚处增加旋喷桩，形成大拱脚，增大拱脚承载能力，防止拱部超前支护结构整体下沉。侧壁导洞洞顶采用“单层 $\phi$500 水平旋喷桩 +$\phi$42 小管棚”复合预支护形式。

# 4.4 掌子面超前预加固技术



## 4.4.1 掌子面预加固对拱顶掌子面超前支护的改善作用分析

通过水平旋喷桩与管棚复合预加固手段可以一定程度上克服水平旋喷桩的缺陷，除此之外，亦有采用拱顶水平旋喷超前支护与掌子面预加固复合措施来改善水平旋喷受力状态的做法，其加固前后的受力模式如图 4-5 所示。

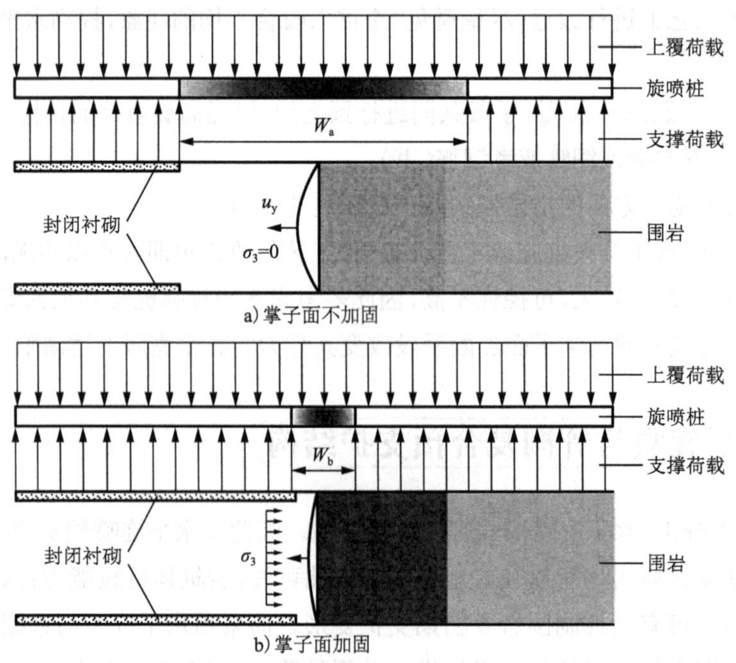


图 4-5 掌子面加固前后旋喷桩受力模式示意图

当对掌子面进行加固后，一方面提高掌子面前方围岩的物性指标，相当于在掌子面上施加了一个附加应力，从而减小掌子面前方围岩的扰动程度，提高了其对水平旋喷超前预支护结构的支撑能力；另一方面掌子面加固后可进行全断面开挖或者说对于超大断面隧道可以减少开挖部，从而加快了支护结构的封闭，提高了掌子面后方支护能力，大大减小了水平旋喷结构的预支护范围，即 $W_a \gg W_b$。因此，掌子面加固可在有效减小掌子面挤出变形提高掌子面稳定性的同时，改变水平旋喷桩的受力模式，很大程度上也可以克服水平旋喷预支护结构的抗拉（剪）性能差的缺陷。

## 4.4.2 新考塘超大断面隧道掌子面预加固效果分析

### 1）掌子面预加固设计

新考塘隧道 DK268+228 ～ DK268+260 超大断面段掌子面预加固设计如图 4-6 所示。在掌子面拱部采用 $\phi$500 水平高压旋喷桩形式进行超前预加固；下部核心土部分采用超前玻璃纤维锚管，由于拱部土体的开挖卸荷、拱部支护结构的保护以及核心土相比拱部围岩有所改善，因此采用玻璃纤维锚管代替水平高压旋喷形式，且由于采用玻璃纤维材料，方便后续开挖破除。

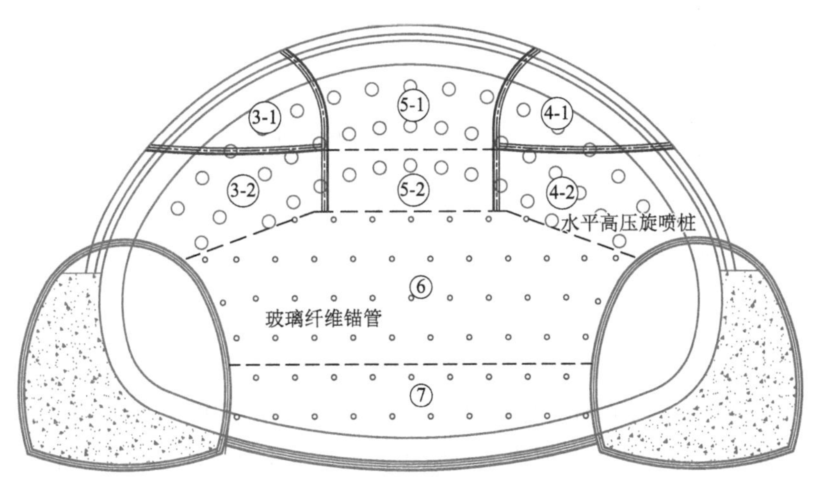


图 4-6　新考塘隧道 DK268+228 ～ DK268+260 段掌子面预加固设计

### 2）基于数值计算的掌子面预加固效果分析

基于上述预加固设计，这里选取图 4-6 中的⑤-1部位以及⑥部位掌子面作为分析对象，对比分析有无掌子面预加固条件下，掌子面的纵向位移、拱顶的竖向位移以及拱腰的水平位移计算结果，如图 4-7、图 4-8 所示。

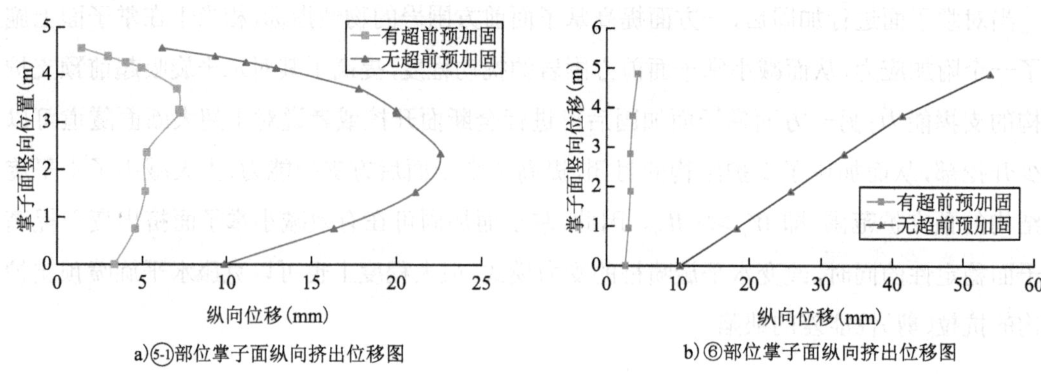


图 4-7　掌子面纵向挤出位移对比

由图 4-7 可以看出：在无掌子面超前预加固情况下，⑤-1部位掌子面最大纵向挤出位移达到了 22.6mm，而在掌子面超前预加固情况下的最大挤出位移只有 7.1mm，比无超前预加固的挤出位移减少了近 70%；而⑥部位掌子面更是从 52mm 减小到 5.3mm，减幅近 90%。说明在掌子面施作水平旋喷桩和玻纤锚管后，可以很好地控制掌子面纵向挤出变形；且对于中间核心土（周边界约束不明显，如果掌子面纵向位移呈锥形突出，则边界影响明显）控制效果甚于受边界影响的掌子面部分。



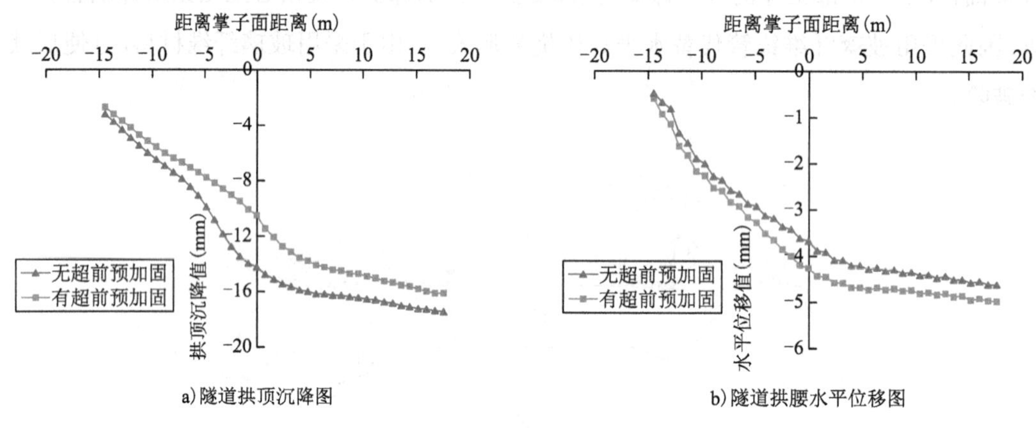


图 4-8　隧道拱顶沉降及拱腰水平位移对比

由图 4-8 可以看出：与无掌子面超前预加固相比，有掌子面超前预加固工况的拱顶位移有所减小，减小幅度较大的范围主要集中在掌子面前后 5m 范围内，最大减幅 30%；同理，拱腰水平位移减幅明显的位置也主要集中在掌子面前后 5m 范围内，最大减幅 14%，且由于超前预收敛得到控制，开挖后最终的位移发展也明显小于无掌子面预加固工况。说明在掌子面施作水平旋喷桩和玻璃纤维锚管后，可以很好地控制隧道横向位移（收敛变形）；且开挖后的变形值（收敛值）的减小幅度大于超前预收敛阶段，减幅最大部分主要集中在掌子面附近，即最易发生失稳的部位。因此可以认为掌子面预加固对隧道掌子面的径向刚度有提升，有利于施工安全。

对比分析掌子面预加固对掌子面挤出变形和隧道横向变形的影响，可以得出掌子面预加固对两种变形具有抑制作用，但对于掌子面的挤出变形尤为明显。

# 4.5 超大断面隧道超前预支护模型试验验证

为更好地说明不同超前支护形式的作用，以及对施工过程力学行为的影响，进行了物理模型试验研究。

## 4.5.1 试验方案设计

### 1）模型试验相似比

根据模型箱的尺寸和相似第一定理，拟定模型试验的相似比见表 4-3。

模型试验相似比设计 表 4-3

| 名　称 | 相　似　比 | 名　称 | 相　似　比 |
|---|---|---|---|
| 几何比 $C_l$ | 32 | 重度比 $C_\gamma$ | 1 |
| 应力比 $C_\sigma$ | 32 | 弹性模量比 $C_E$ | 32 |
| 黏聚力比 $C_c$ | 1 | 内摩擦角比 $C_\varphi$ | 1 |
| 应变比 $C_\varepsilon$ | 1 | 位移比 $C_u$ | 32 |
| 弯矩比 $C_M$ | 1048576 | 轴力比 $C_N$ | 32768 |

### 2）相似材料的选用及配制

初期支护由石膏和水配制而成，配比为：水∶石膏 =1∶1.2；采用喷涂施工。

二次衬砌由石膏和水配制而成，配合比为：水∶石膏 =1∶1.4；采用预制施工。

初期支护中的钢架、钢格栅采用等效刚度法，折算成石膏弹模或厚度进行模拟；一次初期支护采用 HW200 型钢钢架，间距 0.8m；二次初期支护采用 180 格栅钢架，间距 0.8m；侧壁导洞初期支护采用 I20a 型钢钢架，间距 0.8m。

一次初期支护等效弹性模量：

$$E_3 = \frac{E_1 I_1 + E_2 I_2}{I_3} = \frac{25\times\dfrac{0.8\times0.35^3}{12}+200\times4770\times10^{-8}}{\dfrac{0.8\times0.35^3}{12}} = 28.338\,(\text{GPa})$$

二次初期支护等效弹性模量：

$$E_4 = \frac{E_1 I_1 + E_2 I_2}{I_4} = \frac{25\times\dfrac{0.8\times0.25^3}{12}+200\times1598\times10^{-8}}{\dfrac{0.8\times0.25^3}{12}} = 28.068\,(\text{GPa})$$

侧壁导洞初期支护等效弹性模量：

$$E_2=\frac{E_cI_c+E_sI_s}{I}$$

$$=\frac{25\times\frac{0.8\times0.25^3}{12}+200\times2370\times10^{-8}}{\frac{0.8\times0.25^3}{12}}=29.550\text{(GPa)}$$

鉴于上述等效弹性模量接近，故都采用水∶石膏 =1∶1.2 的配比。拱墙锚杆采用 $\phi32$ 自钻式锚杆，长度为 6m，侧洞锚杆采用砂浆锚杆，长度为 3m。间距均为 1.5m×1.2m（环向 × 纵向）。按几何相似比 1∶32，模型锚杆采用 $\phi2$ 的铝丝近似模拟，拱部 18.75cm，导洞 9.375cm。拱顶超前支护和掌子面超前预加固均采用超前注射石膏水近似模拟。

### 3）试验工况设计

模型试验分别对以下三种工况进行模拟对比，重点研究拱顶超前支护和掌子面超前加固（注浆）的贡献率，具体见表 4-4。

模型试验工况设计　　表 4-4

| 工况号 | 工况描述 | 备注 |
|---|---|---|
| 1 | 有拱顶超前支护，有掌子面超前加固（亦有掌子面喷射混凝土） | 设计工法 |
| 2 | 有拱顶超前支护，无掌子面超前加固（但有掌子面喷射混凝土） | 实际施工采用 |
| 3 | 无拱顶超前支护，有掌子面超前加固（亦有掌子面喷射混凝土） | |



## 4.5.2 试验实施

### 1）测试内容（监测项目）

（1）地表位移及地中位移

在地表处，以模型中线为对称轴，对称等距布置 7 个测点（④～⑩），测点总体布置为中间密，两头疏。地中位移测量采用在洞顶上方布置 3 个测点（①～③），其中①、②、③号测点分别位于洞顶以上 5cm、10cm、20cm，如图 4-9 所示。图中数字为测点编号。均用差动式位移传感器量测。

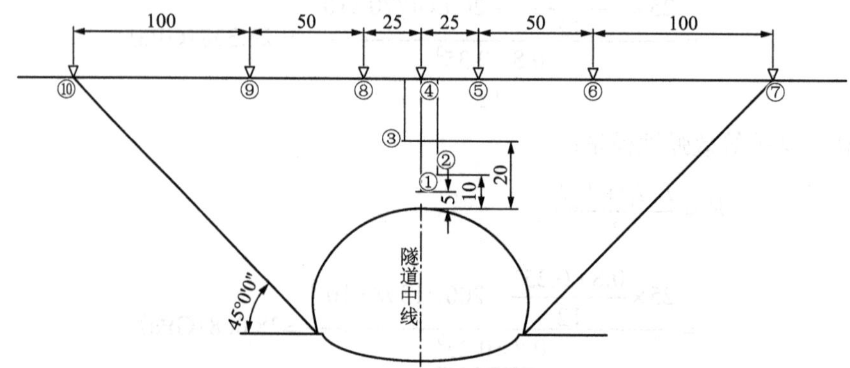


图 4-9　地表沉降和拱部地中位移监测点布置图（尺寸单位：cm）

(2)接触压力监测

分别在围岩与一次初期支护接触面、一次初期支护与二次初期支护接触面、二次初期支护与二次衬砌接触面布置微型压力盒进行监测。

### 2)试验用仪器及仪表

试验用的主要仪器及仪见表 4-5。

试验用的主要仪器及仪表　　表 4-5

| 名　称 | 型　号 | 规　格 | 数　量 | 备　注 |
|---|---|---|---|---|
| 应变采集仪 | 7V14，7V13 | 60×2 测点，60 通道 | 1 台 | — |
| 计算机 | — | — | 2 台 | 配合 7V14 用 |
| 差动式位移传感器 | — | 10 测点 / 台 | 1 台 | 含数显仪 |
| 千分表 | — | 量程 10mm | 5 块 | 含磁性表座 |
| 万能表 | — | — | 1 台 | 检测元器件是否可用 |

### 3)试验步骤

(1)试验前的准备:包括配置围岩相似材料,改造模型箱前挡板(用有机玻璃板,方便观察,切割开挖轮廓形状等),制作衬砌试件,制作测试地中位移的传递杆,制作各类锚杆,测试元器件及数据采集系统检查等,如图 4-10 所示。

a)围岩相似材料图

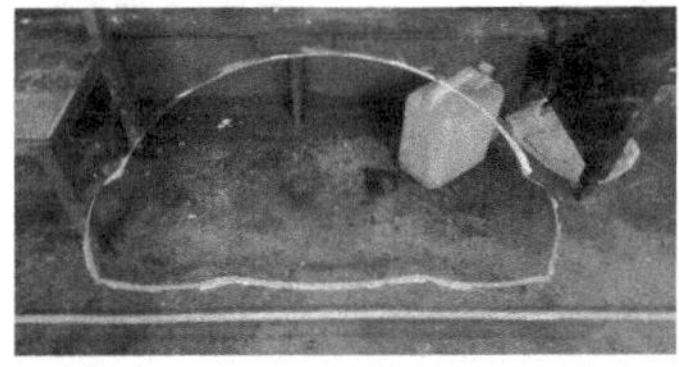

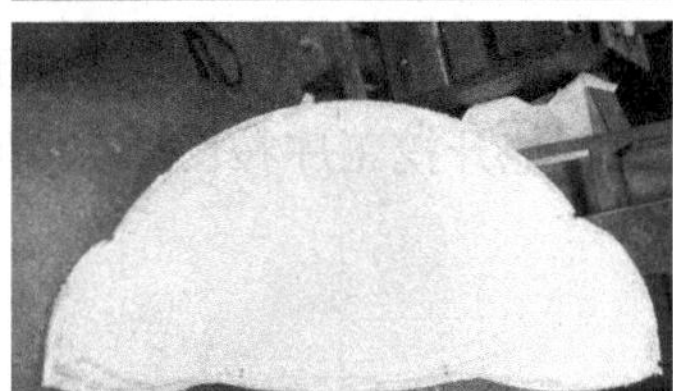

b)开挖洞室挡板制作

c)靴型大边墙与二次衬砌预制

图 4-10　试验前的准备工作

（2）模型的填装：填土及预埋地中位移计连接杆，如图 4-11 所示；地中位移计及地表位移计安装如图 4-12 所示。

a） b）

图 4-11 填土及预埋地中位移计连接杆

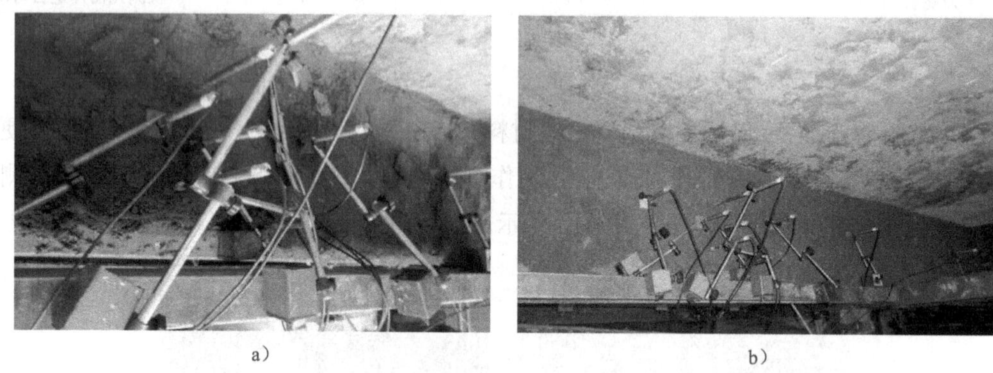

a） b）

图 4-12 地中位移计及地表位移计安装



（3）试验工序：需要说明的一点是，由于操作空间有限，图 4-6 中的③-1部和③-2部的横撑改用台阶法代替。其他开挖工序按图 4-13 所示步序进行开挖。

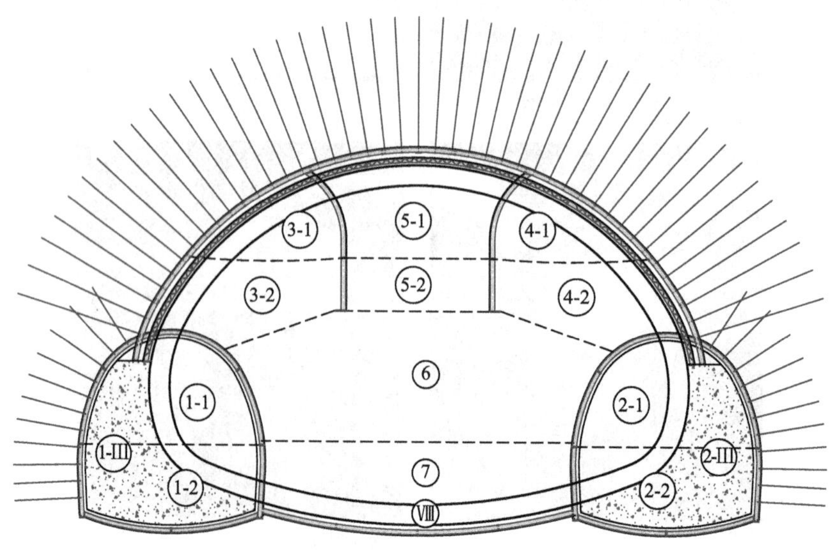


图 4-13 模型试验施工步序图

图 4-14 为部分试验过程照片。

a）试验开挖前

b）左导洞靴型大边墙施作

c）右侧导洞上台阶②-1开挖

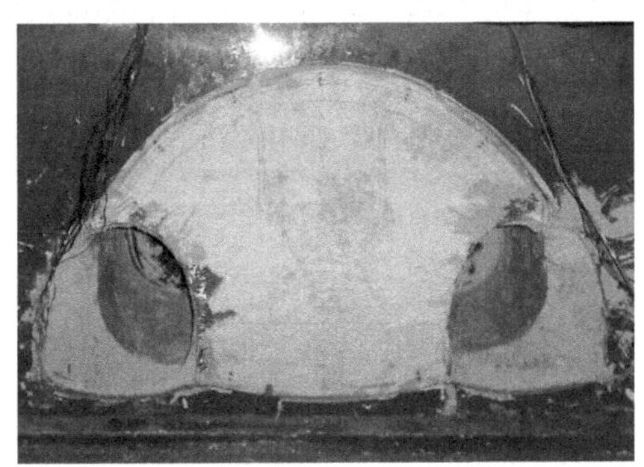

d）靴型大边墙施作完毕

e）掌子面注浆加固

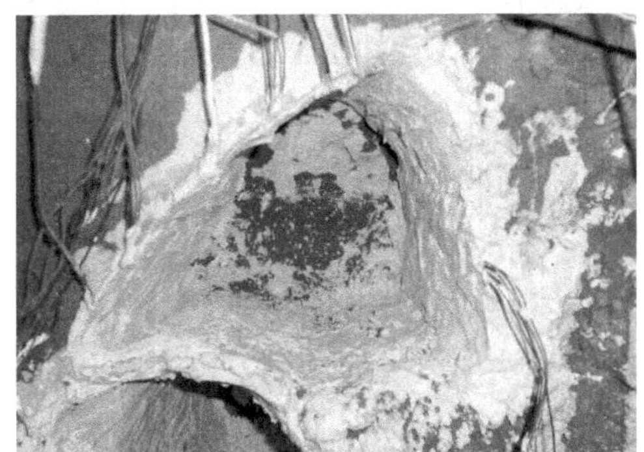

f）拱部左侧开挖

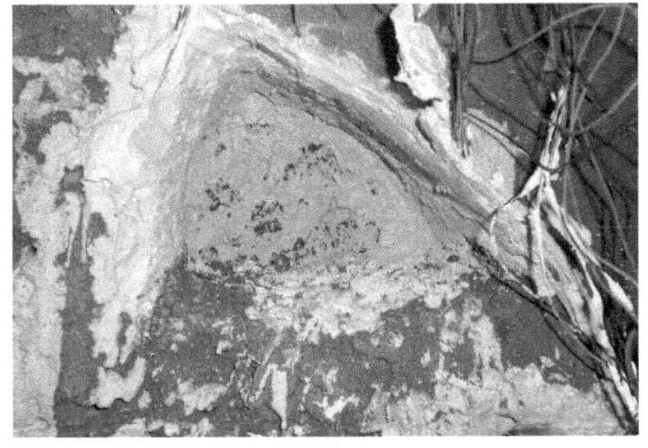

g）拱部右侧上台阶开挖

h）拱部中间上台阶开挖

图 4-14

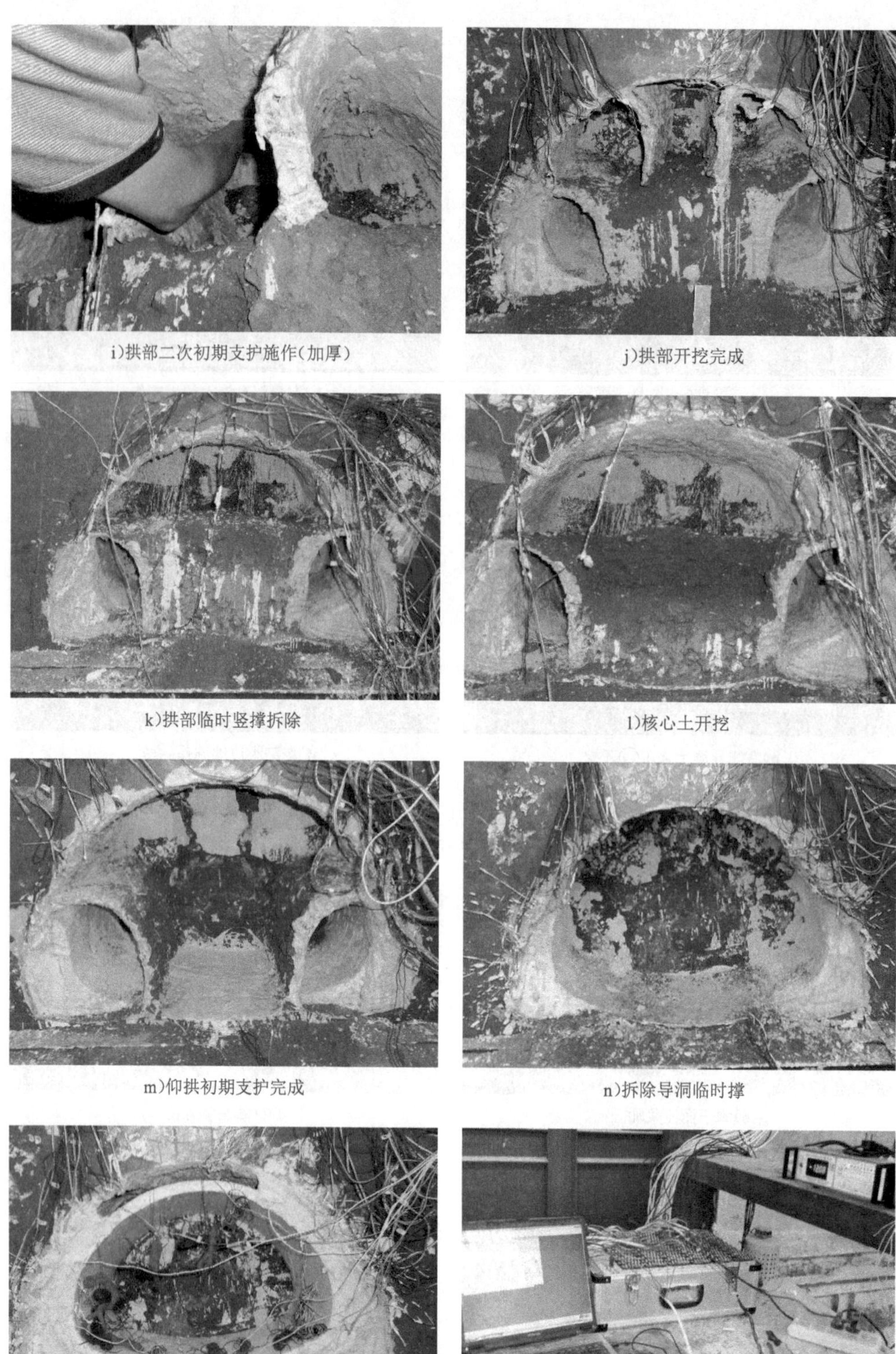

i)拱部二次初期支护施作(加厚)　j)拱部开挖完成

k)拱部临时竖撑拆除　l)核心土开挖

m)仰拱初期支护完成　n)拆除导洞临时撑

o)二次衬砌施作　p)数据采集与观测

图 4-14　部分试验过程照片

## 4.5.3 试验数据分析

三种试验工况下的最终横断面地表沉降槽如图 4-15 所示。相应的地表沉降最大值列于表 4-6（为表述统一，表中数据为基于模型试验数据外推到现场可能沉降值，即按 1∶32 的几何相似比设计，表中数据为试验数据乘以 32）。

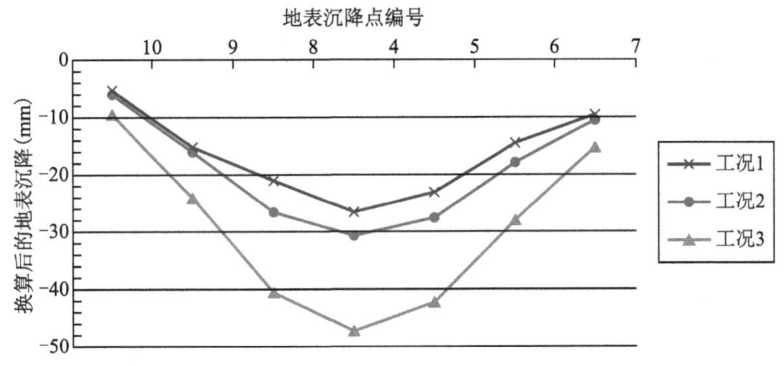


图 4-15　三种工况的最终横断面地表沉降

三种工况的地表最大沉降值　　表 4-6

| 工　况　号 | 工况描述 | 最大沉降值（mm） |
|---|---|---|
| 1 | 有拱顶超前支护，有掌子面超前加固（亦有掌子面喷射混凝土） | 26.56 |
| 2 | 有拱顶超前支护，无掌子面超前加固（但有掌子面喷射混凝土） | 30.72 |
| 3 | 无拱顶超前支护，有掌子面超前加固（亦有掌子面喷射混凝土） | 47.36 |

注：表中数据为由模型试验数据外推到现场的可能沉降值，即模型数据乘以 32。

从图 4-15 及表 4-6 中可以看出：三种工况沉降规律基本类似，地表最大沉降均出现在隧道拱顶正上方（地表沉降测点 4）。假定以工况 1 沉降最大值为基准，工况 2 与工况 3 最大沉降分别增加 15.7% 和 78.3%；也即拱顶超前支护对地表沉降的控制作用强于掌子面超前加固，当然这里也有掌子面喷射混凝土的作用一直未解除的影响。从控制最大变形的角度来看，拱顶超前支护结构不可或缺，其施作与否，直接影响围岩及隧道结构稳定性。而在有掌子面喷射混凝土的辅助下，掌子面预加固的作用并没有表现得很突出。而在实际施工时，考虑到现场地下水问题在导洞开挖时已经明显下降，且据此实验结果亦认为工况 1 与工况 2 的变形量值都是可以接受的，故相比设计工法，可取消掌子面的超前水平旋喷加固。

# 第 5 章

# 超大断面隧道支护结构体系设计技术

*Construction Technology of Super Large Section Tunnel in Shallow-buried Soft Ground*

根据第 4 章的隧道衬砌断面分段方法，施工工法及支护参数设计亦按照加宽 10.3m、8m、6m、4m、2m 段分别考虑（0.8m 段可按常规双线段考虑）。

## 5.1 加宽 10.3m 段超大断面隧道施工工法选择及支护参数设计

### 5.1.1 “靴型大边墙 + 加劲拱”复合工法（DWEA 工法）的提出

根据新考塘隧道出口加宽 10.3m 段的地形地质条件和断面特点，支护体系及施工工法设计主要考虑了下列因素：

（1）尽量减少隧道开挖和支护拆换对地层的扰动。

（2）拱部初期支护的稳定是控制隧道沉降变形的关键，保持拱脚稳定至关重要。

（3）由于隧道断面跨度很大，应设置强有力的支护措施防止初期支护变形。

基于上述因素，借鉴国内外工程经验，在新奥法理念的基础上，提出一种新型工法：DWEA 工法（“靴型大边墙 + 加劲拱”复合工法），即：在软弱基底中通过扩大隧道支护墙脚形成靴型大边墙（Dilated Wall），为上部结构提供稳定基础，同时强化与仰拱的连接；采用双层初期支护复合的加劲拱部结构（Enhanced Arch），减小拱部拆撑带来的受力结构体系转换风险，满足拆撑后的超大跨无内撑结构受力要求，防止拱部失稳；在拆撑后的超大跨无内撑结构支护下，大刀阔斧地开挖剩余部分，相比传统双侧壁导坑法（传统法一般要求竖撑落底），施工自由度大大增加，方便大型机械作业，加快了施工进度。

DWEA 工法（靴型大边墙 + 加劲拱复合工法）施工工序如图 5-1 所示。主要设计措施分述如下。

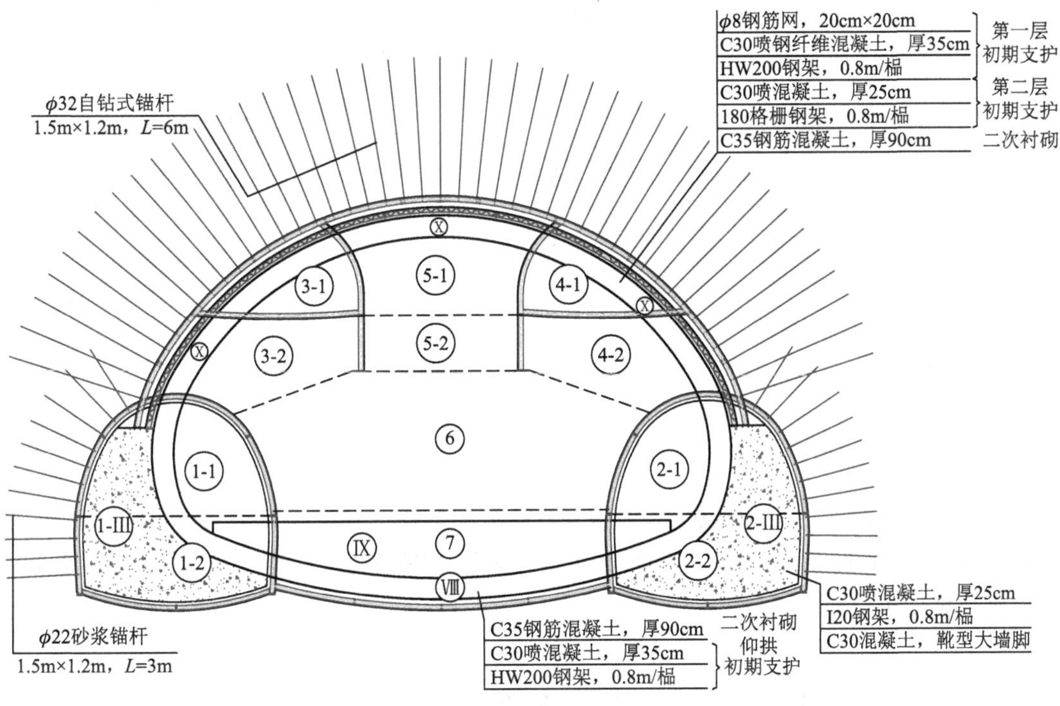


图 5-1　DWEA 工法（靴型大边墙 + 加劲拱复合工法）施工工序图

### 1）超前加固和掌子面加固设计

鉴于新考塘隧道出口大跨段位于全风化花岗岩地层，地下水发育，隧道埋深浅，隧道围岩稳定性差，设计采取了拱部双层 ϕ500 水平旋喷注浆和 ϕ180 长管棚超前支护。为保证掌子面稳定，设计了三排 ϕ500 水平旋喷注浆及间距 1.5m×1.5m 梅花形布置的 ϕ32 玻璃纤维锚杆加固措施。超前支护体系如图 5-2 所示。

### 2）靴型大墙脚设计

先施工两侧小导洞，构建拱部初期支护靴型钢筋混凝土基础。导洞断面宽 8.08m，高 8.84m，采用台阶法施工。导洞设置 25cm 厚 C25 喷射混凝土 +I18 型钢钢架支护，内部现浇靴型大墙脚钢筋混凝土基础。靴型大墙脚的内轮廓应与隧道二次衬砌边墙轮廓一致。

### 3）拱部初期支护多重支护设计

新考塘隧道出口段地层软弱破碎，设计采用了多重支护技术。首先采用双侧壁导坑法施工隧道上半断面，上半断面支护完成后，为保证初期支护稳定及变形要求，施作拱部第二层初期支护钢架和喷射混凝土。

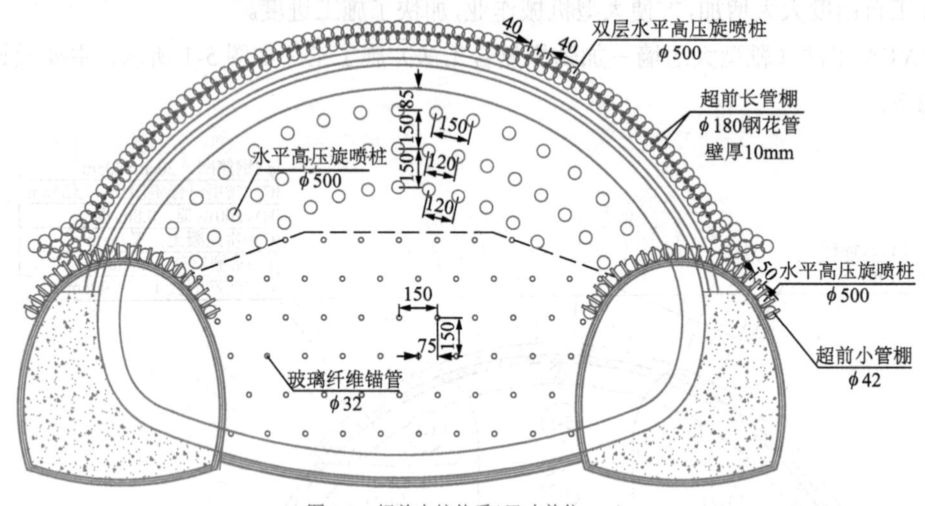


图 5-2 超前支护体系（尺寸单位：cm）



### 4）下半断面及二次衬砌施工技术

在拆除上半断面的临时支护后，采用台阶法分层开挖下台阶和仰拱，施作仰拱部位初期支护，浇筑仰拱混凝土衬砌；然后再拆除两侧导洞位于隧道内的初期支护，最后从下至上一次性灌注拱墙钢筋混凝土衬砌。

## 5.1.2 DWEA 工法开挖方法的优化与分析

由于隧道工程的受力状态具有应力路径依赖性（过程相关性），围岩的开挖稳定性分析和支护参数的优化研究都是在某一具体的施工工法的基础上进行的。随着隧道工程建设的发展，以及施工技术研究的深入和机械设备的不断更新，大断面隧道施工方法有了长足的进步。传统的挖掘方法已经基本淘汰，取而代之的是更快速、更安全、更有效、更利于围岩及掌子面稳定的大断面开挖掘进的多种施工新技术，如台阶法、CD 法、CRD 法、双侧壁导坑法、TBM 导坑法、预衬砌法、工作面长锚索法等。从当前的施工技术水平出发，钻爆法仍是隧道开挖的主要方法，特别是新奥法（New Austrian Tunnelling Method，简称 NATM）的发展表现出勃勃生机。新奥法作为地下工程施工的一种理念，并非一种具体的开挖方法，虽然问世仅半个世纪左右，但已在近几十年得到广泛的认可和普遍运用，给隧道工程施工带来了活力。对于超大断面隧道，我们应力求不拘泥于规范所设定的某些具体的条条框框，要有所创新。这需要我们充分理解和掌握新奥法的精髓，从围岩稳定性理论分析、施工工法、支护技术及监控量测等全方位系统性的把新奥法的理念发展到超大断面隧道的修建技术上去。

对于加宽 10.3m 的超大断面隧道，在提出“靴型大边墙 + 加劲拱”复合工法（DWEA 工法）后，整个断面如何开挖和支护，提出三种开挖方案，如图 5-3 所示。研究中采用 FLAC3D

有限差分软件，通过数值计算方法对三种工法的施工力学行为及变形进行对比分析，从而选择出较优的开挖方案。

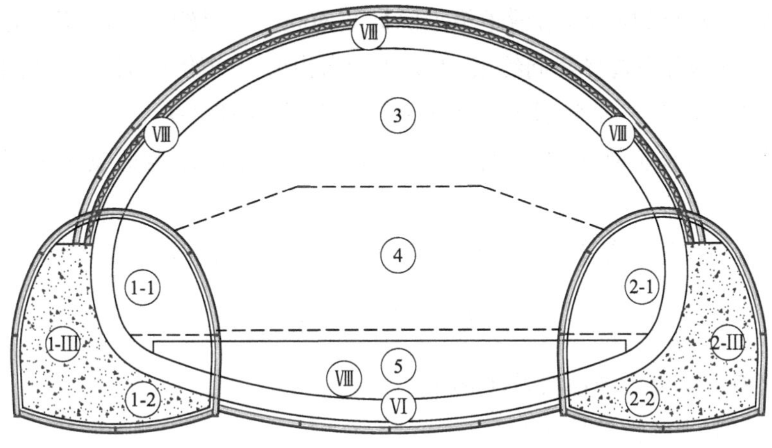


a）工法Ⅰ：靴型大边墙+加劲拱台阶开挖法

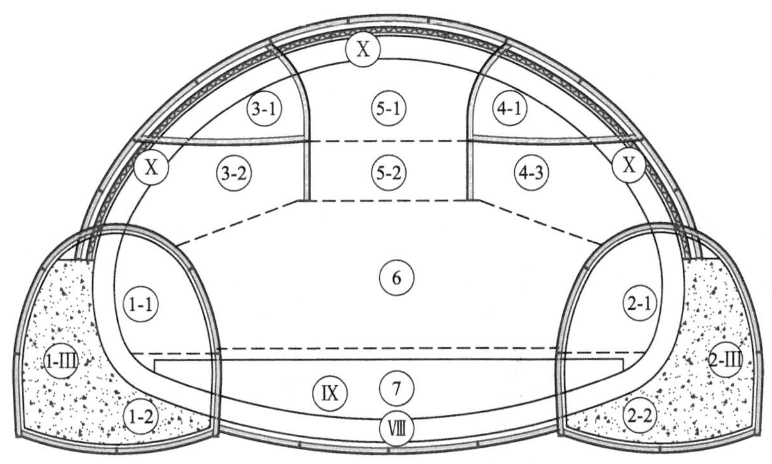


b）工法Ⅱ：靴型大边墙+加劲拱双侧壁临时横撑开挖法

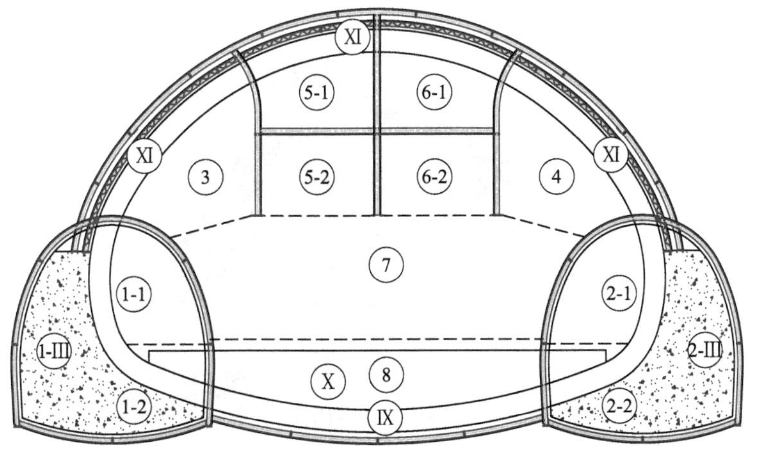


c）工法Ⅲ：靴型大边墙+加劲拱双侧壁临时十字支撑开挖法

图5-3 三种开挖工法示意图

## 1）数值计算模型

计算模型范围左、右各取100m，约合4$D$（$D$为拱部开挖跨度），仰拱下方取85m，拱顶以上取至地表，为减小边界效应，隧道模型纵向取60m。边界约束为前、后、左、右边界施加相应方向的水平约束，下边界竖向约束，上边界为自由面。初始应力仅考虑自重应力场的影响。地层采用服从莫尔—库仑屈服准则的弹塑性模型，初期支护、二次初期支护、二次衬砌均采用弹性实体单元，超前支护采用提高围岩参数的方式实现，临时支护采用shell结构单元模拟。

钢拱架的作用按等效方法予以考虑，即将钢拱架弹性模量折算给混凝土，其计算方法为：

$$E=\frac{E_cI_c+E_sI_s}{I} \tag{5-1}$$

式中：$E$——折算后混凝土弹性模量（GPa）；

$E_c$——原混凝土弹性模量（GPa）；

$I_c$——混凝土惯性矩；

$E_s$——钢材弹性模量（GPa）；

$I_s$——钢拱架惯性矩。

部分数值计算模型如图5-4所示。

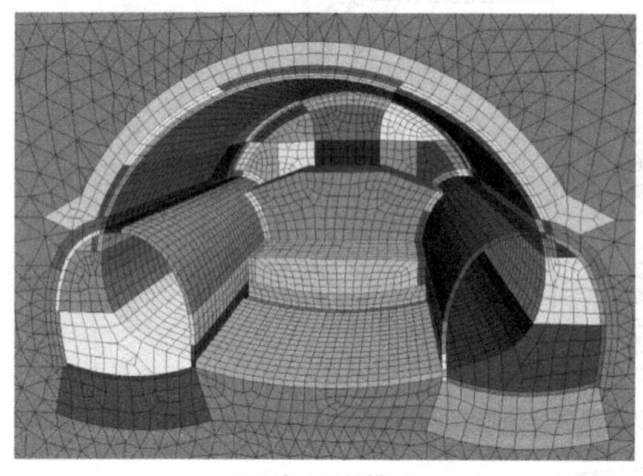

a）工法Ⅰ计算模型

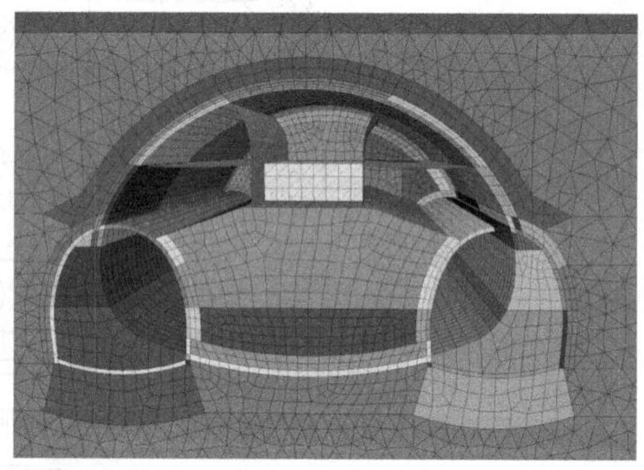

b）工法Ⅱ计算模型

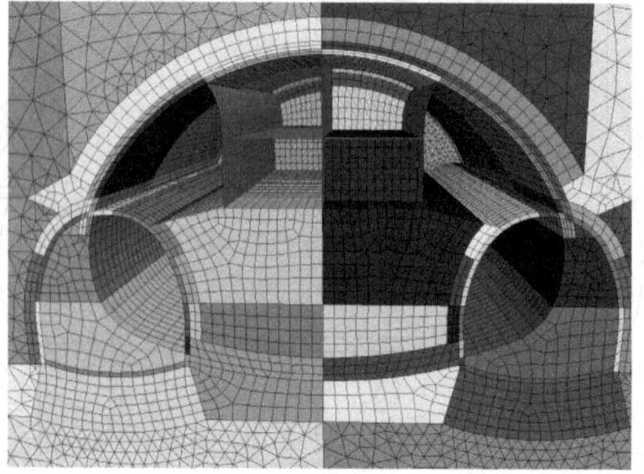

c）工法Ⅲ计算模型

图5-4　部分计算模型

### 2）数值计算参数

根据地质勘探资料和《铁路隧道设计规范》（TB 10003—2016），围岩和支护结构的计算参数见表 5-1。

围岩和支护结构的计算参数　　表 5-1

| 名　　称 | 重度（kN·m$^{-3}$） | 弹性模量（GPa） | 泊　松　比 | 黏聚力（kPa） | 内摩擦角 $\varphi$（°） |
|---|---|---|---|---|---|
| 围岩（全风化花岗岩） | 22 | 0.15 | 0.35 | 200 | 33 |
| 超前支护区等效围岩参数 | 24 | 4 | 0.35 | 50 | 40 |
| 靴型大边墙 | 23 | 31 | 0.2 | — | — |
| 基底加固区 | 24 | 4 | 0.35 | 50 | 40 |
| 仰拱填充 | 23 | 28 | 0.2 | — | — |
| 一次初期支护 | 22 | 28.34 | 0.2 | — | — |
| 二次初期支护 | 22 | 28.07 | 0.2 | — | — |
| 导洞初期支护 | 22 | 29.55 | 0.2 | — | — |
| 二次衬砌 | 25 | 32.25 | 0.2 | — | — |
| 临时支撑 | 22 | 49.4 | 0.2 | — | — |

### 3）计算结果及分析

为探究三种工法开挖条件下隧道变形及围岩应力分布特征，计算过程中共布置了三个监测断面，分别设置在离起始开挖断面 8m、16m、24m 处，具体布置如图 5-5 所示。

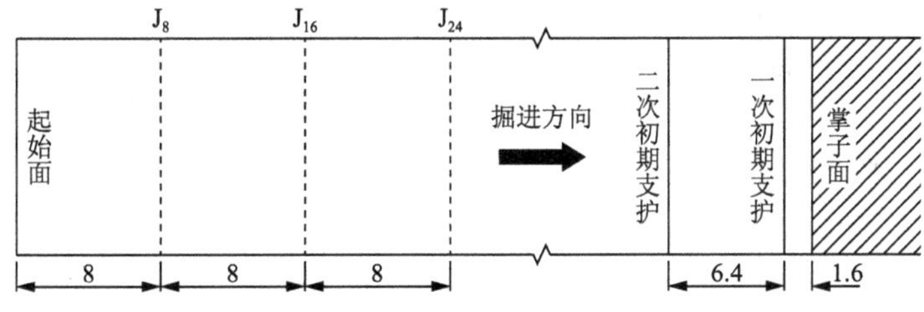


图 5-5　数值计算监测断面（尺寸单位：m）

（1）工法Ⅰ（靴型大边墙＋加劲拱台阶开挖法）

隧道正洞采用三台阶法开挖，导洞采用上下台阶开挖。台阶长度为 6.4m，每步开挖进尺为 1.6m。一次初期支护落后掌子面 1.6m，二次初期支护落后一次初期支护 6.4m。导洞支撑一次性拆撑 32m，二次衬砌一次性施作 9.6m。分别跟踪记录 3 个监测断面的拱顶沉降及水平收敛位移（拱部）随开挖过程的演变规律，如图 5-6、图 5-7 所示。

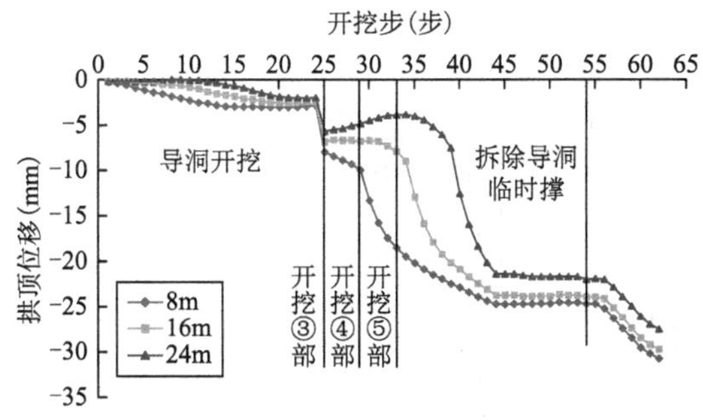


图 5-6　拱顶沉降随开挖步的变化曲线（工法Ⅰ）

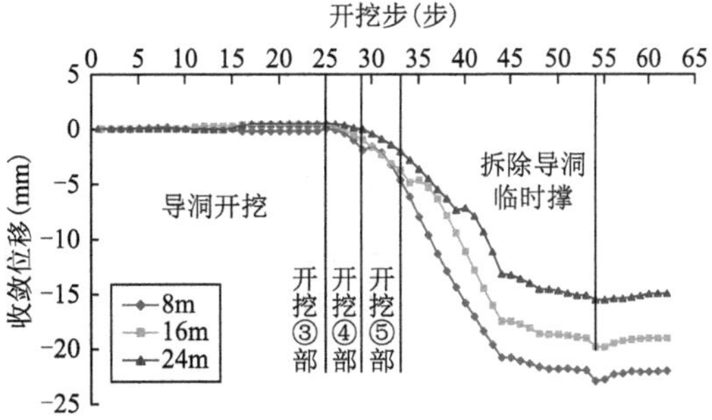


图 5-7　拱部水平收敛随开挖步的变化曲线（工法Ⅰ）

由图 5-6 可以看出，随着隧道开挖，拱顶位移值逐渐增大。在导洞开挖时（0 ～ 24 步），对隧道拱顶沉降的影响较小，变化缓慢。台阶法开挖正洞时，拱顶位移出现陡增，拱部掌子面通过监测断面时，岩柱解除，拱顶沉降迅速变大，而后随着支护结构施做，趋于稳定。拆除导洞临时支撑及二次衬砌施作亦对拱顶沉降产生一次小幅陡增过程。

由图 5-7 可知，隧道在导洞开挖时，拱部水平收敛不明显。而在正洞开挖时，由于一次性开挖体量很大，在支护结构作为一个整体受力的情况下，拱顶下沉引发拱脚朝向洞外变形。掌子面通过监测断面时，拱部水平位移变化量最大。随着支护结构施作完成，水平收敛位移趋于稳定，导洞临时支护拆除再次引起小幅增加。而在二次衬砌施作后，水平收敛位移基本稳定。

（2）工法Ⅱ（靴型大边墙 + 加劲拱双侧壁临时横撑开挖法）

主洞施工采用靴型大边墙 + 加劲拱双侧壁临时横撑开挖法，导洞分上下台阶开挖，台阶长度 6.4m，每步开挖进尺 1.6m。一次初期支护落后掌子面 1.6m，二次初期支护在⑤-1部开挖 6.4m 后施作。⑤-2部挖通后，主洞拱部临时支撑一次性拆除。导洞支撑一次性拆撑 32m，二次衬砌一次性施作 9.6m。跟踪记录拱顶沉降及拱部水平收敛随开挖过程的演变规律，如图 5-8、图 5-9 所示。

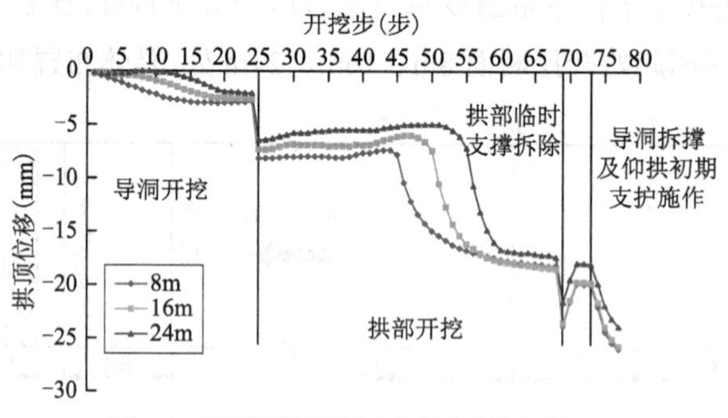

图 5-8　拱顶沉降随开挖步的变化曲线（工法Ⅱ）

由图 5-8 可以看出，随着隧道的开挖，拱顶沉降呈阶梯形增加。在导洞开挖时（0 ～ 24 步），拱顶沉降发展不明显。拱部开挖时，拱顶位移增幅最大，当支撑拱顶的岩柱被解除时，拱顶沉降大幅增加，随着支护结构及时施作，沉降趋于稳定。拱部临时竖撑拆除和导洞临时支撑拆除均引起沉降台阶式增加。距离起始断面 8m、16m、24m 的 3 个监测断面的最大拱顶沉降分别为 25.91mm、25.72mm、23.81mm。

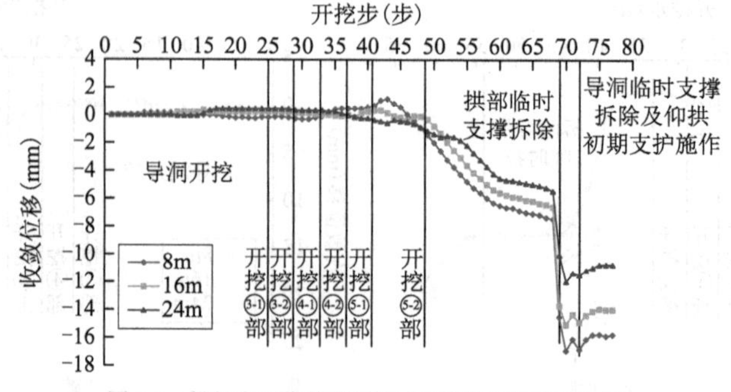

图 5-9　拱部水平收敛随开挖步的变化曲线（工法Ⅱ）

由图 5-9 可以看出，侧壁导洞的开挖对拱部水平收敛影响很小，且在开挖拱部左③、右④分块开挖时，收敛仍不明显，而在开挖拱部岩柱⑤后，收敛变形大幅增加，且在开挖⑤部之前，水平收敛是朝向隧道洞内变形，而当⑤部开挖之后，水平收敛开始朝向洞外变形。在掌子面通过监测断面后，收敛增幅最大。随着支护结构及时施作，收敛趋稳。拱部临时支撑拆除亦引起一次较为明显的收敛变形增加。距离起始断面 8m、16m、24m 的 3 个监测断面的最大收敛变形分别为 16.91mm、15.08mm、11.89mm。

（3）工法III（靴型大边墙 + 加劲拱双侧壁临时十字支撑开挖法）

主洞施工采用比工法II更多的分部开挖，增加了更为复杂强大的临时内撑。导洞采用上下台阶开挖，台阶长度 6.4m，每步开挖进尺 1.6m。一次初期支护落后掌子面 1.6m，二次初期支护在⑹-1部开挖 6.4m 后施作。拱部⑹-2挖通后，拱部临时支撑一次性拆除。导洞临时支撑一次性拆撑 32m，二次衬砌一次性施作 9.6m。跟踪记录拱顶沉降及拱部水平收敛随开挖过程的演变规律，如图 5-10、图 5-11 所示。

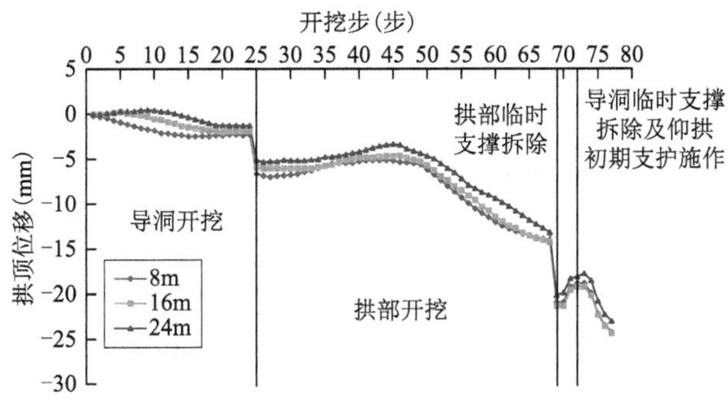


图 5-10 拱顶沉降随开挖步的变化曲线（工法III）

由图 5-10 可以看出，拱部开挖，尤其是中心岩柱⑤部、⑥部开挖、拱部临时内撑拆除是引起拱顶沉降的主要因素。相比工法Ⅰ、工法Ⅱ，本工法引起的 3 个不同里程的监测断面沉降值差异最小。最终沉降从大到小分别为 24.61mm、24.35mm、22.99mm。

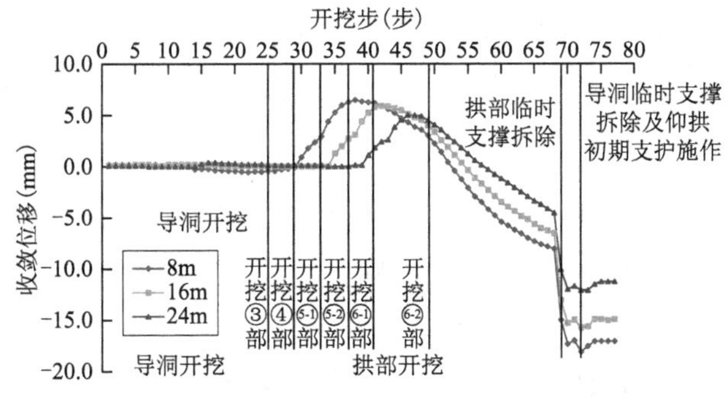


图 5-11 拱部水平收敛随开挖步的变化曲线（工法III）

由图 5-11 可知，隧道在导洞开挖时，拱部水平收敛很小，且朝洞外变形。③部和④部开挖后，水平收敛开始朝洞内发展，且在掌子面通过监测断面前后达到峰值。其后的⑤部、⑥部开挖引起水平收敛朝洞外发展，且使水平收敛值由正变负。拱部临时支撑拆除再一次引起收敛值有一个较大的增加。在强大的加劲拱部支护和大墙脚的作用下，其后的⑦部和⑧

部开挖、导洞临时支撑拆除、二次衬砌施作对水平收敛的影响均不明显。距离起始断面 8m、16m、24m 的 3 个监测断面的最大收敛变形分别为 18.03mm、15.87mm、12.04mm。

### 4)开挖方法选定

以距离起始开挖断面 16m 的监测断面数据为准,对比分析上述三种工法的拱顶沉降和水平收敛,如图 5-12、图 5-13 所示。

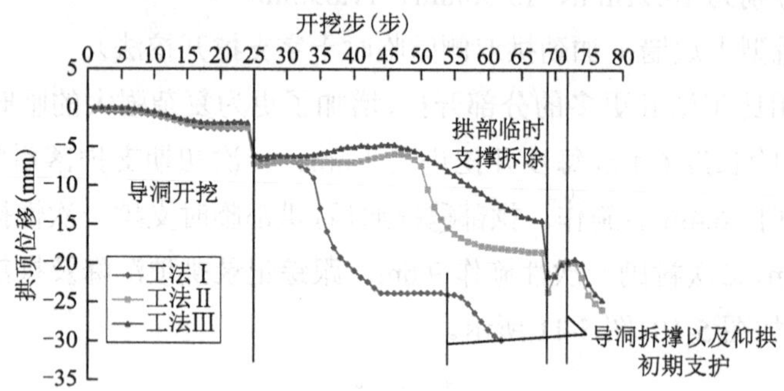


图 5-12　三种工法拱顶沉降随开挖步的变化曲线

由图 5-12 可以看出,3 种工法在导洞开挖时,由于条件一致,因此对拱顶位移的影响几乎相同。在正洞施工时,曲线有较大差别。工法Ⅰ的拱顶沉降值最大。工法Ⅱ和工法Ⅲ由于拱部初期支护的支护强度相当,拆撑后的拱顶沉降值接近,而在拆撑之前,工法Ⅲ沉降值明显小于工法Ⅱ,也即拱部拆撑引起的工法Ⅲ沉降增量比工法Ⅱ显著。因此工法Ⅲ的拆撑风险相比工法Ⅱ更大,最终两者的拱顶沉降几乎相同,工法Ⅲ略小。

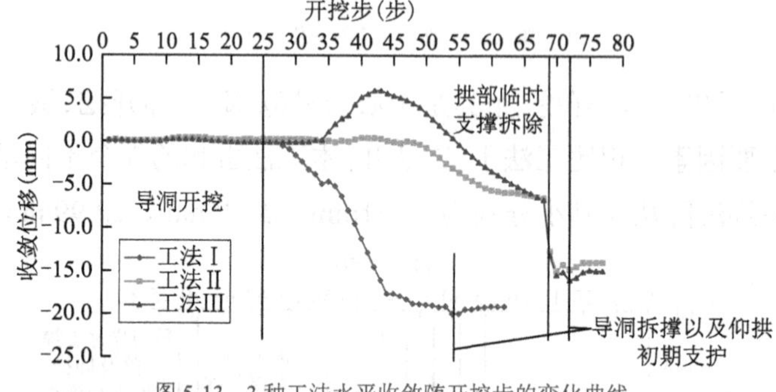


图 5-13　3 种工法水平收敛随开挖步的变化曲线

由图 5-13 可以看出,三种工法在导洞开挖时由于条件一致,因此对拱部水平收敛的影响几乎相同。在正洞施工时,曲线有较大差别。工法Ⅰ的收敛值在三种工法中最大。工法Ⅱ比工法Ⅲ有更小的最值。

3 种工法的大小主应力最值、位移最值等数据见表 5-2。

三种工法的围岩应力和位移最值汇总　　表 5-2

| 工法 | 最大竖向应力(MPa) | 最大主应力值(MPa) | 最小主应力(MPa) | 最大水平位移(mm) | 最大竖向位移值(mm) |
|---|---|---|---|---|---|
| 工法Ⅰ | −11.6 | 4.4 | −14.3 | −19.1 | −30.9 |
| 工法Ⅱ | −11.8 | 4.7 | −13.1 | −14.0 | −26.6 |
| 工法Ⅲ | −12.3 | 5.4 | −13.9 | −15.0 | −26.3 |

注:表中数据收敛位移为负,表示水平位移是扩散的;竖向位移为负,表示是沉降。

从表 5-2 数据可以看出，三种工法应力变化差别不大。工法Ⅰ的水平位移和竖向位移值为最大，工法Ⅱ与工法Ⅲ在控制最大变形位移值方面没有显著差异，但工法Ⅱ比工法Ⅲ使用了更少的临时支撑。

综上分析，新考塘隧道出口 10.3m 加宽段工法综合优选顺序：工法Ⅱ＞工法Ⅲ＞工法Ⅰ，选定工法Ⅱ为最终的施工工法，即靴型大边墙＋加劲拱双侧壁临时横撑开挖法。

## 5.1.3 DWEA 工法特点解析

DWEA 工法不同于以往常规的复杂条件下施工方法，如 CD 法、CRD 法、双侧壁导坑法等，该工法着重强调先墙后拱、稳定扩大基础、强化拱部等特点，抓住了施工中的关键技术要点，技术思路新颖，支护体系和施工方法具有创新性，主要体现在“靴型大边墙、双层初期支护、纵横向刚柔结合式立体超前支护体系”三个方面。

### 1）靴型大边墙

如图 5-14 所示，一方面考虑到地基承载力问题，另一方面根据拱部结构的受力特点（传力路径），同时参考以往的超大断面隧道案例，认为在边墙或者说墙脚有必要设置扩大基础。根据本研究最后设计的尺寸、形状（图 5-15），定义为靴型大边墙（Dilated Wall）。

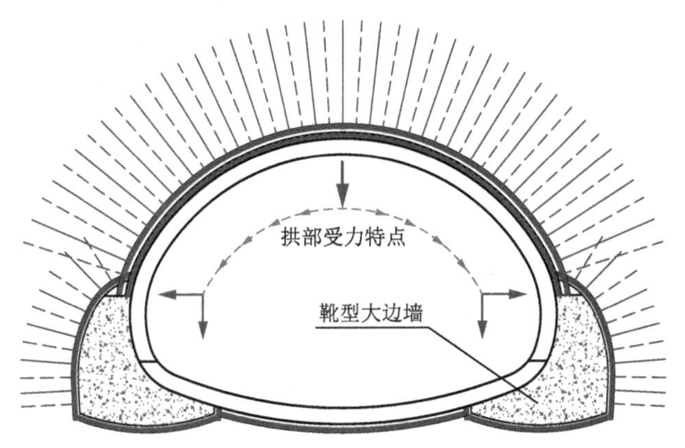


图 5-14　施工完成后的最终支护结构示意图

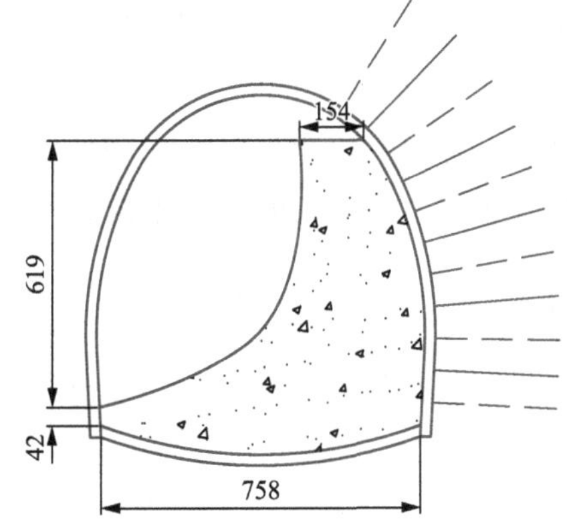


图 5-15　靴型大边墙的尺寸图（尺寸单位：cm）

拱部支护结构受力后，在拱脚处表现为较大的竖向压力和水平推力，而将拱部初期支护的拱脚固定于靴型大边墙之上，很好地解决了拱部初期支护的拱脚稳定性问题（即为上部结构提供了稳定基础）。一方面由于靴型大边墙本身体量大、稳固性好；另一方面无论在水平向还是竖向，都与周边围岩有较大面积的接触，分散受力。

此外，本工程的靴型大边墙不作为二次衬砌的一部分，二次衬砌仍然是整体浇筑，这样避免了靴型大边墙作为二次衬砌一部分可能带来的防水难题，同时强化了与仰拱的连接，如图 5-16 所示。

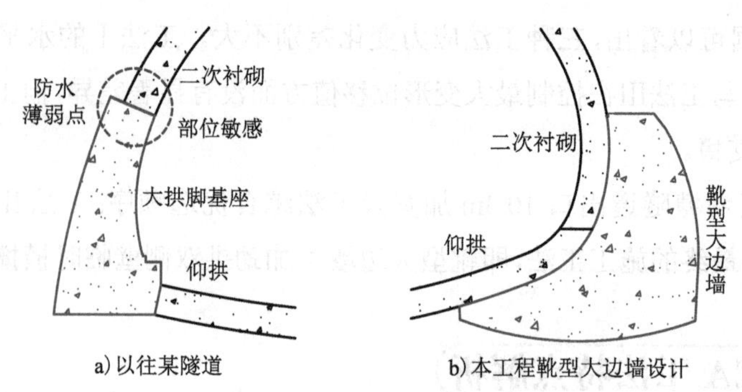

图 5-16　两种扩大基础的防水对比

## 2）拱部双层初期支护设计

尽管采用了掌子面超前加固，但对如此大断面采用全断面开挖还是几乎不可能，且在拱部开挖时采用了临时支撑。临时支撑的拆除带来受力结构体系转换的风险。在前述的乌蒙山 2 号隧道四线铁路车站隧道案例中，通过引入预应力锚索解决这一问题。根据本工程的具体情况，本工程研究提出采用双层初期支护设计来减小拆撑风险，同时保证后续开挖的安全性问题。

（1）拆撑引起的结构受力体系转换风险

临时支撑在正常服役阶段起到了稳定围岩的作用，但是在拆除临时支撑时却又带来结构体系受力转换风险。如果对这种风险估计不足可能带来严重后果，甚至导致隧洞塌方，尤其对于大跨度扁平隧道。根据图 5-17 所示的拆撑力学模型可知，外荷载的分布模式不影响拆撑引起的附加影响规律分析。根据力平衡原理，在拆撑位置作用一个与所拆支撑轴力大小相等、方向相反的力，即可模拟拆撑过程，由此计算拆除临时支撑引起的初期支护结构位移、内力的增量（附加影响）。因此，以下采用数值模拟方法，基于“荷载——结构”模型，分别计算拆撑可能带来的结构体系受力变化规律。

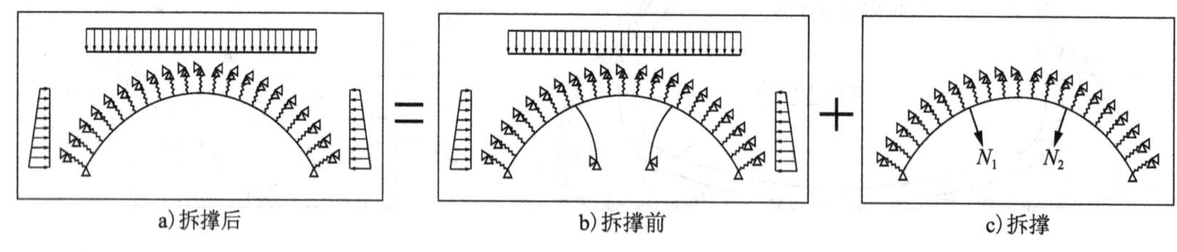

图 5-17　拆撑的力学模型示意

①待拆撑轴力对拆撑风险的影响。

提取拱部初期支护，建立拆撑的数值计算模型如图 5-18 所示。（取地层弹簧的刚度系数 $k$=150MPa/m；初期支护计算参数：厚度 $h$=0.35m，弹性模量 $E$=25GPa，泊松比 =0.2）。

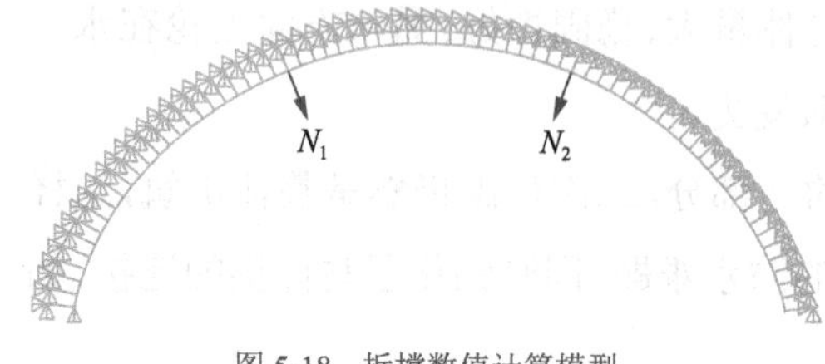

图 5-18　拆撑数值计算模型

按表 5-3 中的 5 种计算工况［分别假定竖撑轴力（$N_1$、$N_2$）同步变化和非对称变化两种类型］进行拆撑计算，分析其规律性。

改变临时竖撑轴力的计算工况　　表 5-3

| 工况号 | 工况描述 |
|---|---|
| 1 | $N_1$=100kN，$N_2$=100kN |
| 2 | $N_1$=200kN，$N_2$=200kN |
| 3 | $N_1$=400kN，$N_2$=400kN |
| 4 | $N_1$=100kN，$N_2$=200kN |
| 5 | $N_1$=200kN，$N_2$=400kN |

5 种工况的计算结果列于表 5-4 中。从表中可以看出：当（$N_1$、$N_2$）同步变化时（如从工况 1 到工况 2，从工况 2 到工况 3），拆撑对结构的附加影响呈线性变化，竖撑轴力越大，拆撑引起的初期支护结构附加变形及内力增量也越大；而当左右竖撑轴力（$N_1$、$N_2$）不对称时（如从工况 2 到工况 4），尽管右侧竖撑轴力减小了一半，但由于不对称性，结构最大附加变形反而增加 51.6%，最大附加弯矩增大 12.7%，最大附加轴力减小 10.7%（对于偏心受压构件，轴力的减小也是不利的），从工况 3 到工况 5 也表现出相同规律。

不同竖撑轴力下的拆撑计算结果　　表 5-4

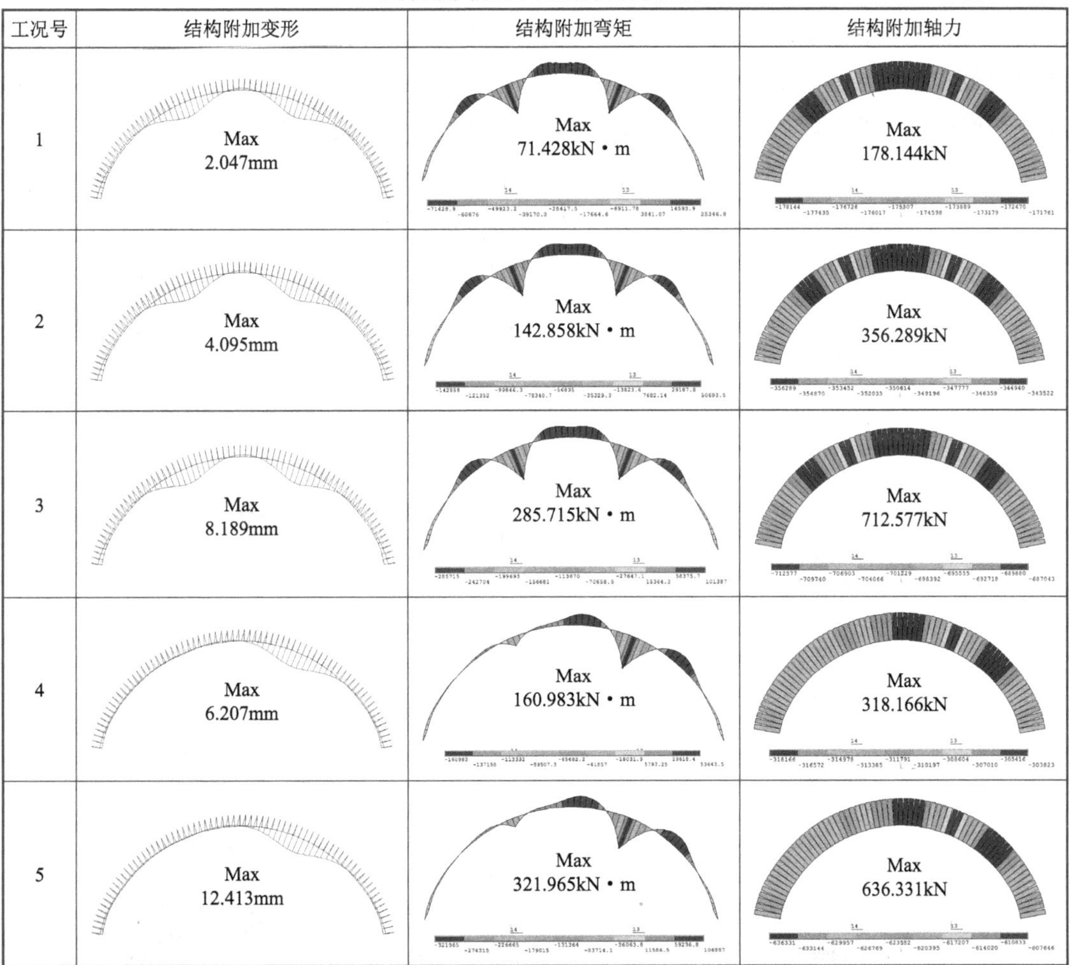

| 工况号 | 结构附加变形 | 结构附加弯矩 | 结构附加轴力 |
|---|---|---|---|
| 1 | Max 2.047mm | Max 71.428kN·m | Max 178.144kN |
| 2 | Max 4.095mm | Max 142.858kN·m | Max 356.289kN |
| 3 | Max 8.189mm | Max 285.715kN·m | Max 712.577kN |
| 4 | Max 6.207mm | Max 160.983kN·m | Max 318.166kN |
| 5 | Max 12.413mm | Max 321.965kN·m | Max 636.331kN |

因此，由于左右临时竖撑受力不对称，将大大增加拆撑带来的不利影响；而考虑施工过程相关性，由于大断面隧道的分块分步开挖导致的左右竖撑不对称受力是较为普遍的。这

一点需在施工过程中加以重视。

②初期支护刚度(厚度)对拆撑风险的影响

固定方式同上（$N_1$=200kN，$N_2$=200kN），仅通过改变初期支护厚度，研究初期支护刚度对拆撑风险的影响规律，具体计算工况见表 5-5。

**改变初期支护厚度的计算工况** 表 5-5

| 工 况 号 | 工 况 描 述 |
|---|---|
| 1 | 初期支护厚度 $h$=0.25m |
| 2 | 初期支护厚度 $h$=0.30m |
| 3 | 初期支护厚度 $h$=0.35m |
| 4 | 初期支护厚度 $h$=0.40m |
| 5 | 初期支护厚度 $h$=0.45m |

5 种工况的计算结果列于表 5-6 中。从表中可以看出：在其他因素不变的情况下，当初期支护厚度增加时，拆撑对结构的附加影响呈非线性变化，厚度越大，拆撑引起的初期支护结构附加变形越小，但减小的幅度随着厚度的增加而减小；但另一方面，引起初期支护结构的附加弯矩增加、轴力减小，这对于偏心受压构件来说是不利的。因此，增加初期支护厚度可以有效减小拆除临时支撑带来的安全风险，但在初期支护达到一定厚度之后，继续增大初期支护厚度对于控制附加变形不明显，且从弯矩、轴力角度来说负影响不可控。

**不同初期支护厚度下的拆撑计算结果** 表 5-6

| 工况号 | 结构附加变形 | 结构附加弯矩 | 结构附加轴力 |
|---|---|---|---|
| 1 | 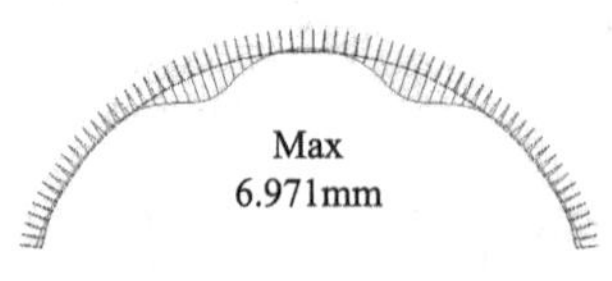 Max 6.971mm | 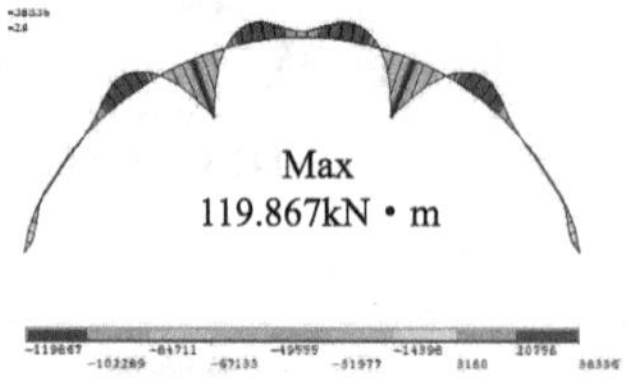 Max 119.867kN • m | 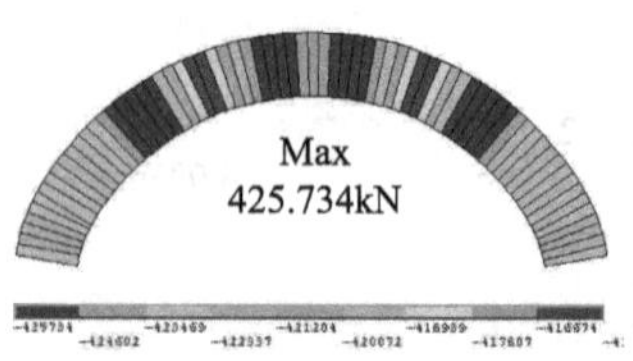 Max 425.734kN |
| 2 | 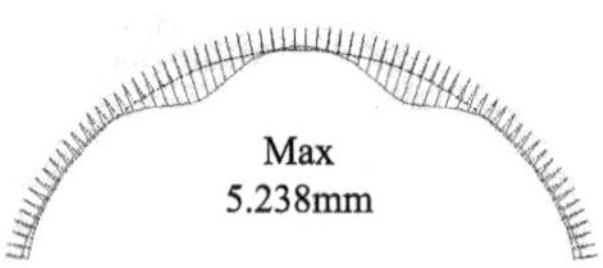 Max 5.238mm | 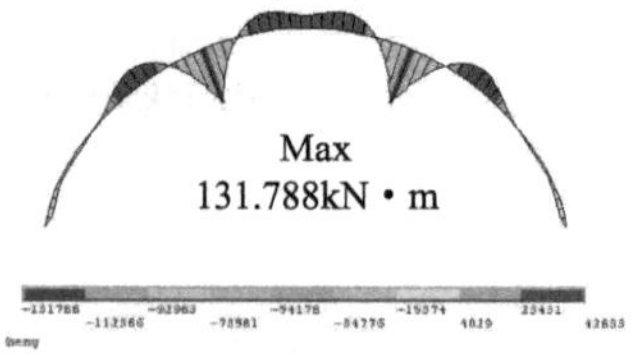 Max 131.788kN • m | 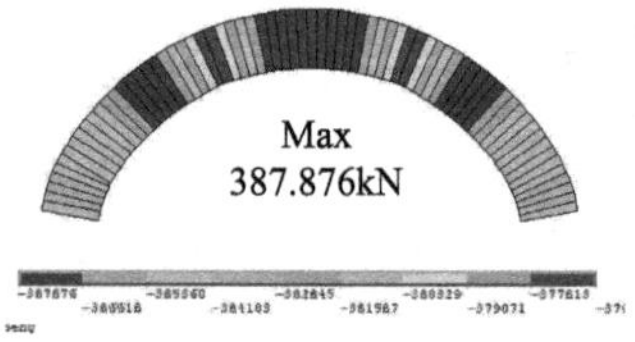 Max 387.876kN |
| 3 | 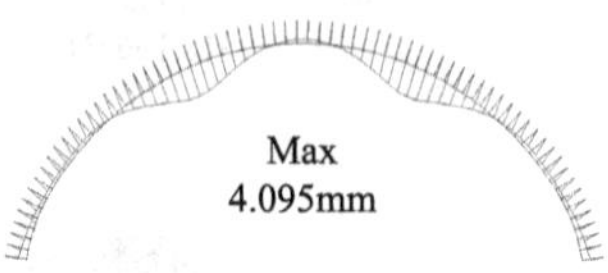 Max 4.095mm | 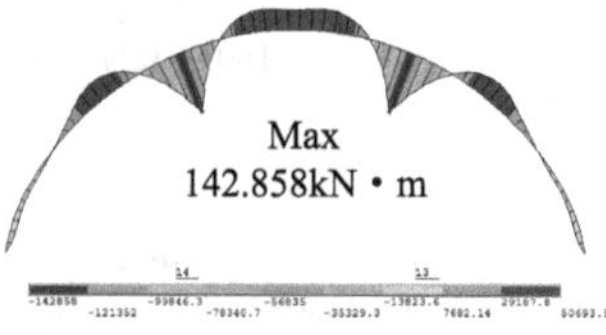 Max 142.858kN • m | 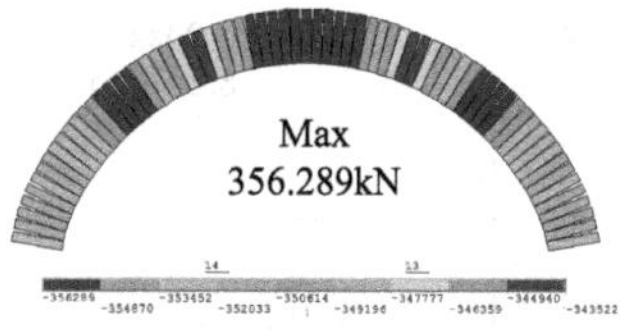 Max 356.289kN |
| 4 | 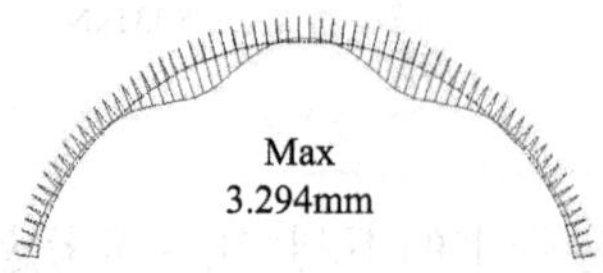 Max 3.294mm | 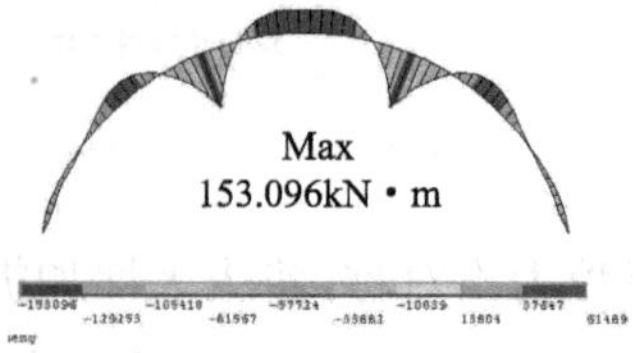 Max 153.096kN • m | 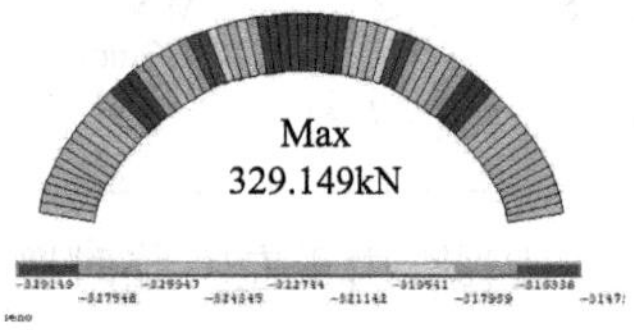 Max 329.149kN |

续上表

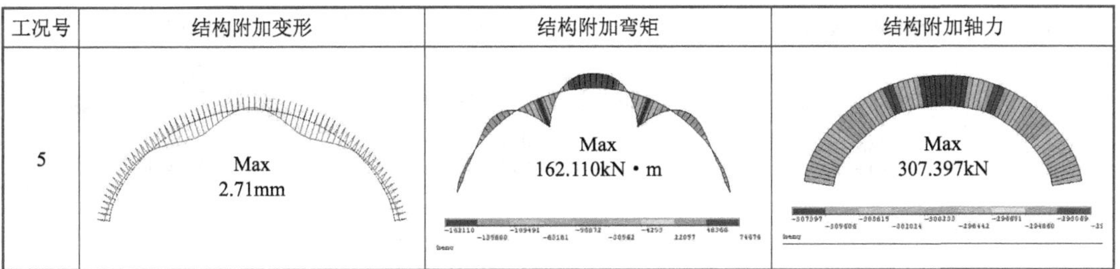

| 工况号 | 结构附加变形 | 结构附加弯矩 | 结构附加轴力 |
| --- | --- | --- | --- |
| 5 | Max 2.71mm | Max 162.110kN · m | Max 307.397kN |

③围岩好坏(即地层反力)对拆撑风险的影响

固定方式同上（$N_1$=200kN，$N_2$=200kN），且初期支护厚度亦固定为0.35m，仅通过改变围岩参数，研究地层反力对拆撑风险的影响规律，即改变图5-18所示的计算模型中地层反力系数$k$，见表5-7所列工况。

改变地层反力的计算工况　　表5-7

| 工　况　号 | 围岩级别 | 工况描述 |
| --- | --- | --- |
| 1 | V | 地层反力系数$k$=150MPa/m |
| 2 | Ⅳ | 地层反力系数$k$=350MPa/m |
| 3 | Ⅲ | 地层反力系数$k$=850MPa/m |
| 4 | Ⅱ | 地层反力系数$k$=1500MPa/m |

4种不同地层反力的计算结果列于表5-8中。对比表中不同工况可以看出：在竖撑轴力不变的情况下，地层反力系数从小到大（即围岩从软到硬），拆撑带来的不利影响越小（初期支护结构附加变形及弯矩均减小；附加轴力增大，但轴力增大对于偏心受压构件来说也是有利的）。但从量值上来看，地层反力系数的影响均小于上述两个因素的影响。

不同地层反力系数下的拆撑计算结果　　表5-8

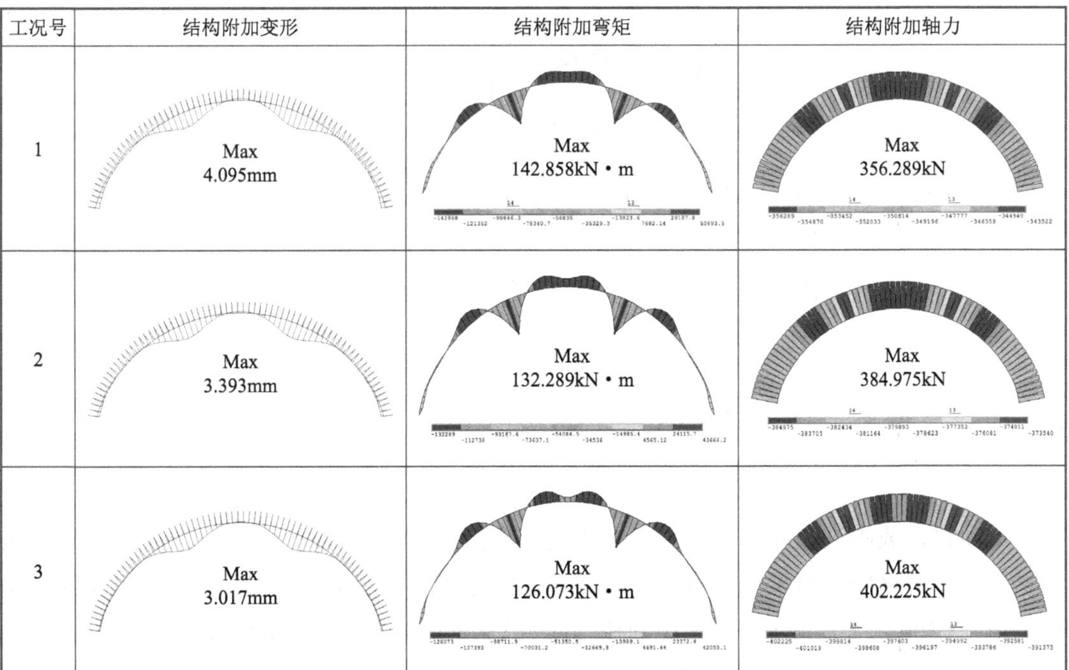

| 工况号 | 结构附加变形 | 结构附加弯矩 | 结构附加轴力 |
| --- | --- | --- | --- |
| 1 | Max 4.095mm | Max 142.858kN · m | Max 356.289kN |
| 2 | Max 3.393mm | Max 132.289kN · m | Max 384.975kN |
| 3 | Max 3.017mm | Max 126.073kN · m | Max 402.225kN |

续上表

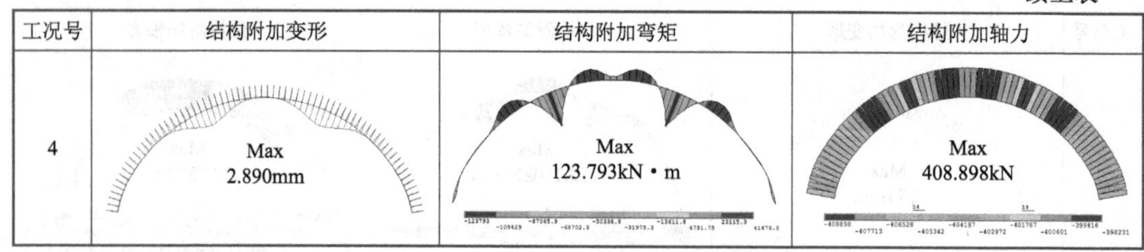

| 工况号 | 结构附加变形 | 结构附加弯矩 | 结构附加轴力 |
|---|---|---|---|
| 4 | Max<br>2.890mm | Max<br>123.793kN·m | Max<br>408.898kN |

(2)减小拆撑风险的对策研究——拱部双层初期支护设计

对于上述的拆撑风险，和本工程有相同开挖体量的六沾复线乌蒙山 2 号隧道四线车站段是采用了预应力锚索替换临时竖撑的对策措施。但是否可以直接移植到本工程？一方面本工程是全风化花岗岩，乌蒙山 2 号隧道是泥岩为主，锚索锚固效果不同，且本工程埋深相对更浅，尤其是靠近洞门的加宽 10.3m、8m 段，埋深不足以施作锚索，或者说直到地表都是不稳定围岩；另一方面预应力锚索施工周期较长，对于短隧道并不经济。

因此，经过综合考虑，从两个影响因素角度出发，即采用改善地层反力——“大管棚 + 超前水平旋喷”和增加初期支护厚度——“拱部双层初期支护设计［即前面定义的 DWEA 工法中的 EA（Enhanced Arch）］”的方法来减小拆撑风险，以及保证拆撑后的无内撑特大跨度(25m)初期支护结构的施工期安全。

拆撑后，施工自由度大大增加，在无内撑条件下，采用大型机械大规模开挖的方量占到了总开挖量的 38%，如图 5-19 所示。这一部分的开挖效率无疑对加快施工进度贡献很大。正所谓先难后易、先苦后甜，这一部分应该算是“易、甜”部分。

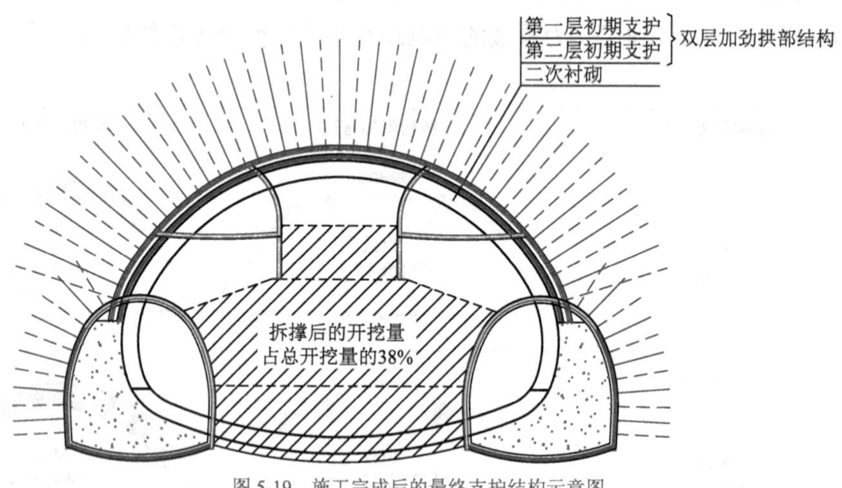


图 5-19 施工完成后的最终支护结构示意图

### 3）纵横向刚柔结合式立体超前支护体系

本项目形成的纵横向刚柔结合式立体超前支护体系如图 5-20 所示。即：①部在隧道拱部拱顶采用“横向多层柔性 $\phi500$ 水平旋喷桩 + 纵向刚性 $\phi180$ 大管棚”。②部侧壁导洞洞顶采用“$\phi500$ 水平旋喷桩 +$\phi42$ 小管棚”。③部掌子面拱部采用 $\phi500$ 水平旋喷超前加固。④部掌子面核心土部分采用玻纤锚管超前加固。

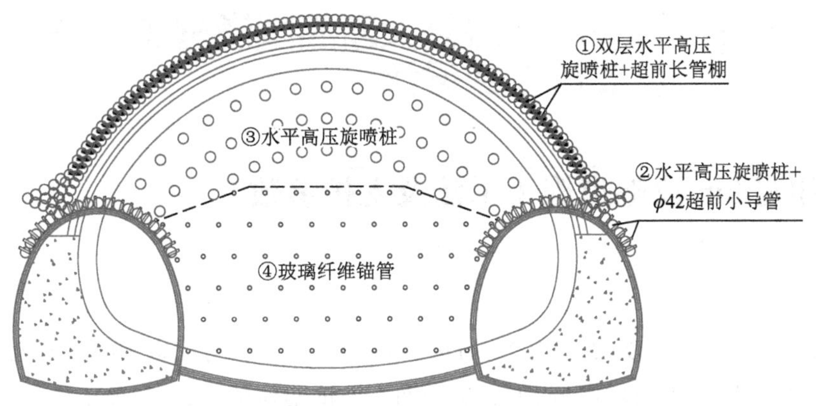

图 5-20　纵横向刚柔结合式立体超前支护体系

## 5.1.4 加宽 10.3m 段超大断面隧道支护参数

新考塘隧道加宽 10.3m 段超大断面设计确定支护参数如下。

(1)拱部第一层初期支护：C30 喷射混凝土厚 35cm；HW200 型钢钢架，间距 0.8m；6m 长系统锚杆。

(2)拱部第二层初期支护：C30 喷射混凝土厚 25cm，180mm 格栅钢架，间距 0.8m。

(3)侧导洞：C30 喷射混凝土，厚 25cm；$\phi$8 钢筋网，网孔尺寸 20cm×20cm；3m 长系统锚杆；C35 钢筋混凝土靴型大墙脚。

(4)仰拱初期支护参数：C30 喷射混凝土，厚 35cm；

(5)二次衬砌：全环 90cm 厚钢筋混凝土，内外侧均设置 $\phi$25@100 钢筋。设计断面及参数如图 5-21 所示。

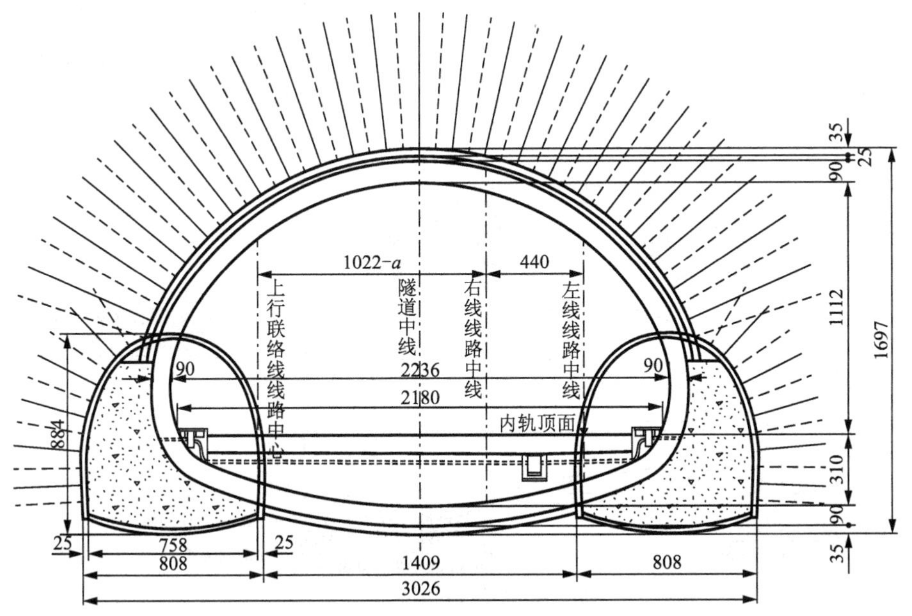

图 5-21　新考塘隧道加宽 10.3m 段支护断面图(尺寸单位：cm)

# 5.2 其他渐变段超大断面隧道施工工法及支护参数设计

## 5.2.1 加宽 8m 段隧道施工工法及支护参数

### 1）施工工法

加宽 8m 里程区段为 DK268+192 ～ DK268+228，其工法与加宽 10.3m 断面工法类似，仅在断面宽度尺寸、二次衬砌厚度、下导洞初期支护钢架参数，以及超前支护体系有少量调整，具体如图 5-22 所示。

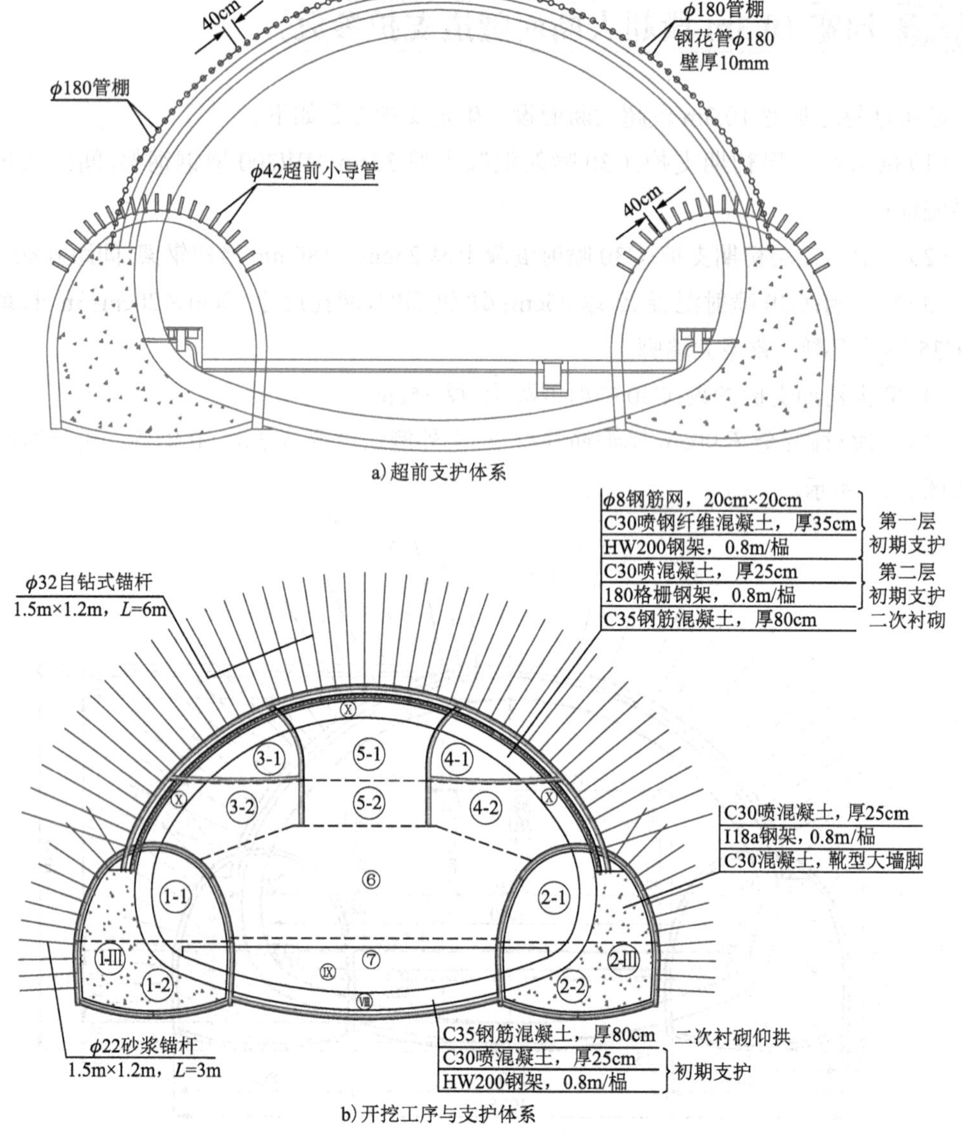

a）超前支护体系

b）开挖工序与支护体系

图 5-22　加宽 8m 断面施工工法与支护参数示意图

## 2）支护参数

新考塘隧道加宽 8m 段超大断面设计支护参数：

（1）拱部第一层初期支护：C30 喷射混凝土厚 35cm；HW200 型钢钢架，间距 0.8m；6m 长系统锚杆。

（2）拱部第二层初期支护：C30 喷射混凝土，厚 25cm；180mm 格栅钢架，间距 0.8m。

（3）侧导洞：C30 喷射混凝土，厚 25cm；$\phi$8 钢筋网，网孔尺寸 20cm×20cm；3m 长系统锚杆；C35 钢筋混凝土靴型大墙脚。

（4）仰拱初期支护参数：C30 喷射混凝土，厚 25cm。

（5）二次衬砌：全环 80cm 厚钢筋混凝土；内外侧均设置 $\phi$25@100 钢筋。设计断面及参数如图 5-23 所示。

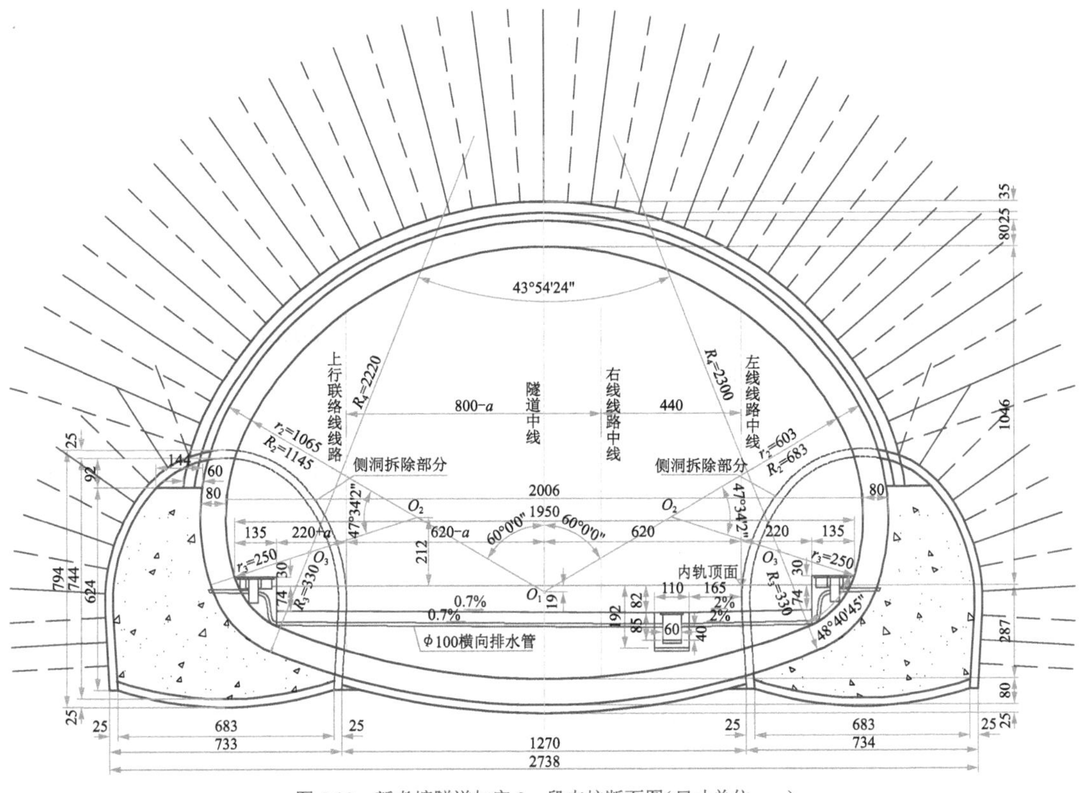


图 5-23　新考塘隧道加宽 8m 段支护断面图（尺寸单位：cm）

## 5.2.2 加宽 6m 段隧道施工工法及支护参数

## 1）施工工法

加宽 6m 里程区段为 DK268+156 ～ DK268+192，洞身位于 w3 强风化花岗岩中，隧道开挖高度 14.71m，开挖宽度 24.42m，采用“$\phi$159 洞身长管棚”超前支护方案加固地层，采用大墙脚复合双侧壁单层支护法施工，衬砌类型采用“大墙脚复合双侧壁单层支护法大跨衬砌”结构。具体施工工法如图 5-24 所示。图中标号为施工工序编号。

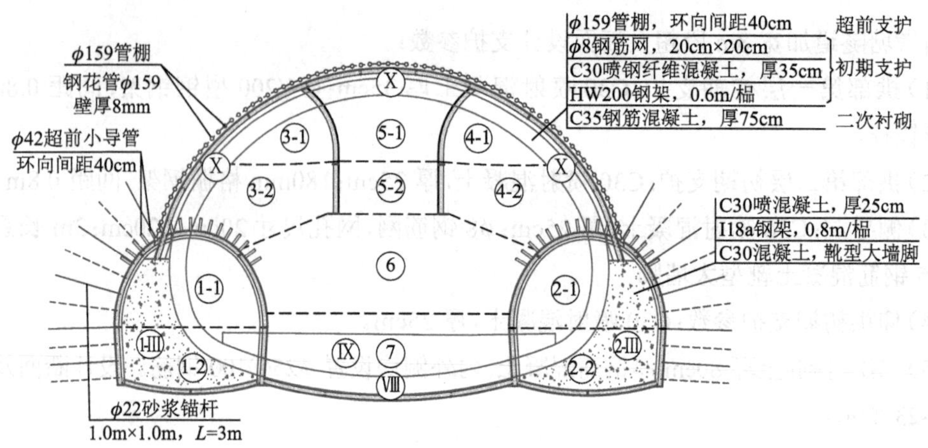


图 5-24 加宽 6m 断面施工工法与支护参数示意图

## 2）支护参数

新考塘隧道加宽 6m 段超大断面设计支护参数：

（1）采用单层初期支护：C30 喷射混凝土，厚 35cm；HW200 钢架，间距 0.6m；边墙 6m 长系统锚杆。

（2）侧导洞：C30 喷射混凝土，厚 25cm；φ8 钢筋网，网孔尺寸 20cm×20cm；3m 长系统锚杆；C35 钢筋混凝土靴型大墙脚。

（3）仰拱初期支护参数：C30 喷射混凝土，厚 25cm。

（4）二次衬砌：全环 75cm 厚钢筋混凝土，内外侧均设置 φ25@150 钢筋。设计断面及参数如图 5-25 所示。

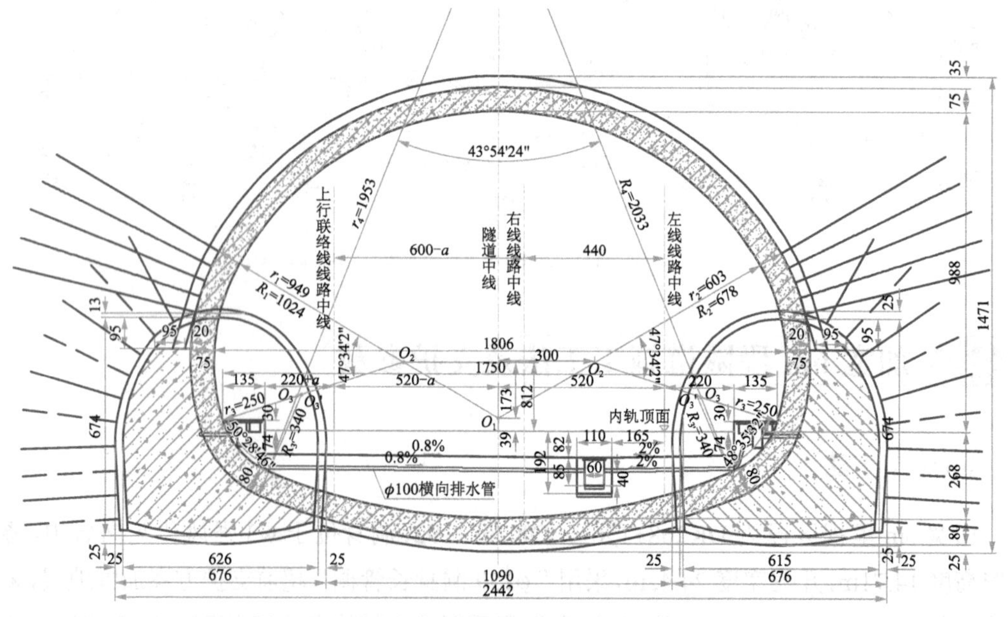


图 5-25 新考塘隧道加宽 6m 段支护断面图（尺寸单位：cm）

## 5.2.3 加宽 4m 段隧道施工工法及支护参数

### 1）施工工法

加宽 4m 里程区段为 DK268+110 ～ DK268+156，洞身位于 w3 强风化花岗岩中，隧道开挖高度 13.80m，宽度 18.02m，采用“$\phi$159 长管棚”超前支护方案，双侧壁导坑先墙后拱法施工，衬砌类型采用“先墙后拱法大跨衬砌”结构。具体施工工法如图 5-26 所示。

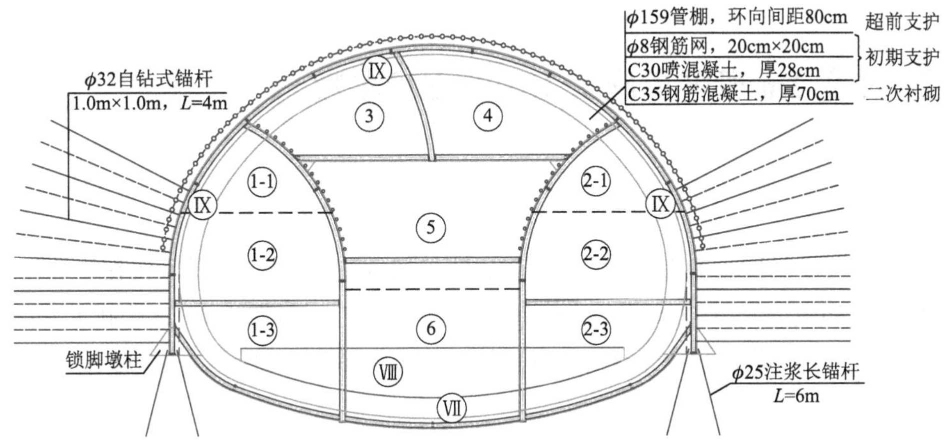


图 5-26　加宽 4m 断面施工工法与支护参数示意图

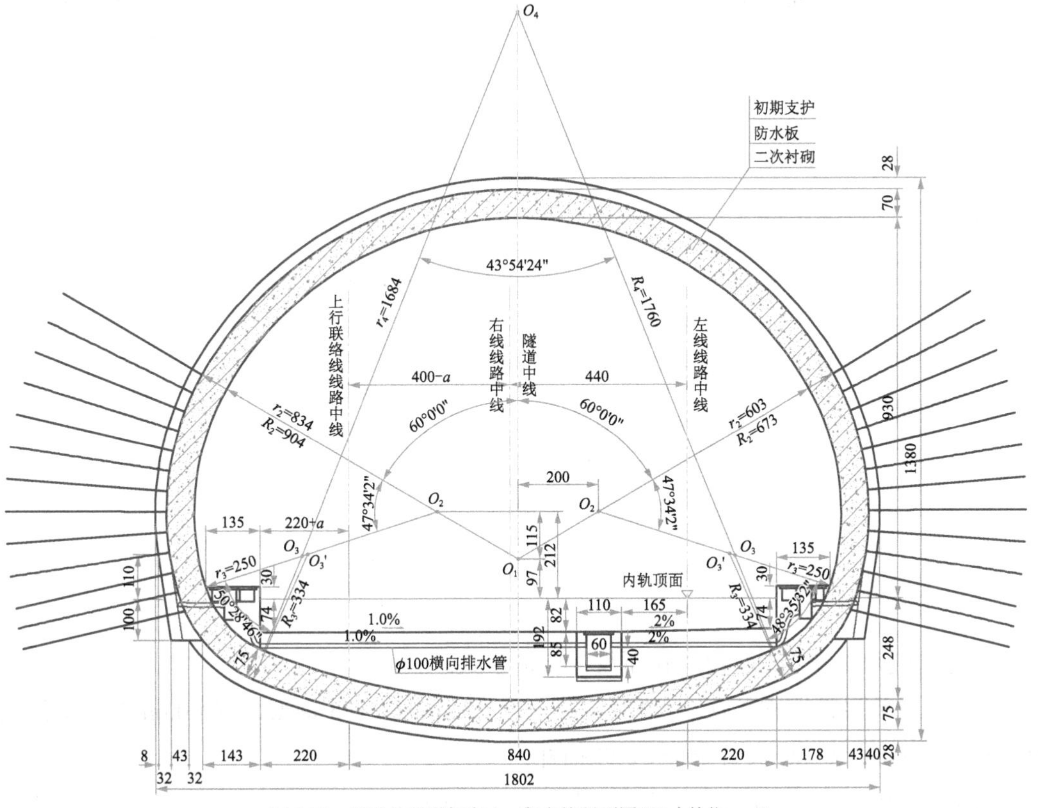


图 5-27　新考塘隧道加宽 4m 段支护断面图（尺寸单位：cm）

2）支护参数

新考塘隧道加宽 4m 段超大断面设计支护参数：

（1）采用单层初期支护：C30 喷射混凝土厚 28cm；HW175 钢架，间距 0.6m；$\phi$8 钢筋网，网孔尺寸 20cm×20cm；边墙 4m 长系统锚杆。

（2）仰拱初期支护参数：C30 喷射混凝土，厚 28cm。

（3）二次衬砌：全环 70cm 厚钢筋混凝土，内外侧均设置 $\phi$25@200 钢筋。

设计断面及参数如图 5-27 所示。

## 5.2.4 加宽 2m 段隧道施工工法及支护参数

1）施工工法

加宽 2m 里程区段为 DK268+090 ～ DK268+110，洞身位于 w2 弱风化花岗岩中，隧道开挖高度 12.73m，宽度 15.72m，采用“$\phi$159 长管棚”超前支护，四步 CRD 法施工，衬砌类型采用“Ⅴ级围岩大跨隧道衬砌”结构。具体施工工法如图 5-28 所示。图中标号为施工步序编号。

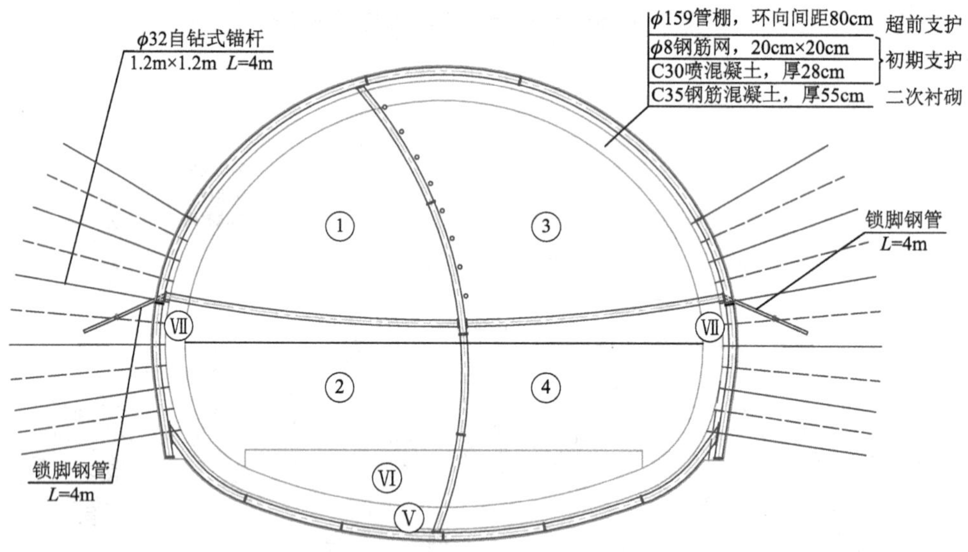

图 5-28　加宽 2m 断面施工工法与支护参数示意图

2）支护参数

新考塘隧道加宽 2m 段超大断面设计支护参数：

（1）采用单层初期支护：C30 喷射混凝土厚 28cm；HW175 钢架，间距 0.6m；$\phi$8 钢筋网，网孔尺寸 20cm×20cm；边墙 4m 长系统锚杆。

（2）仰拱初期支护参数：C30 喷射混凝土，厚 28cm。

（3）二次衬砌：全环 55cm 厚钢筋混凝土，内外侧均设置 C22@200 钢筋。

设计断面及参数如图 5-29 所示。

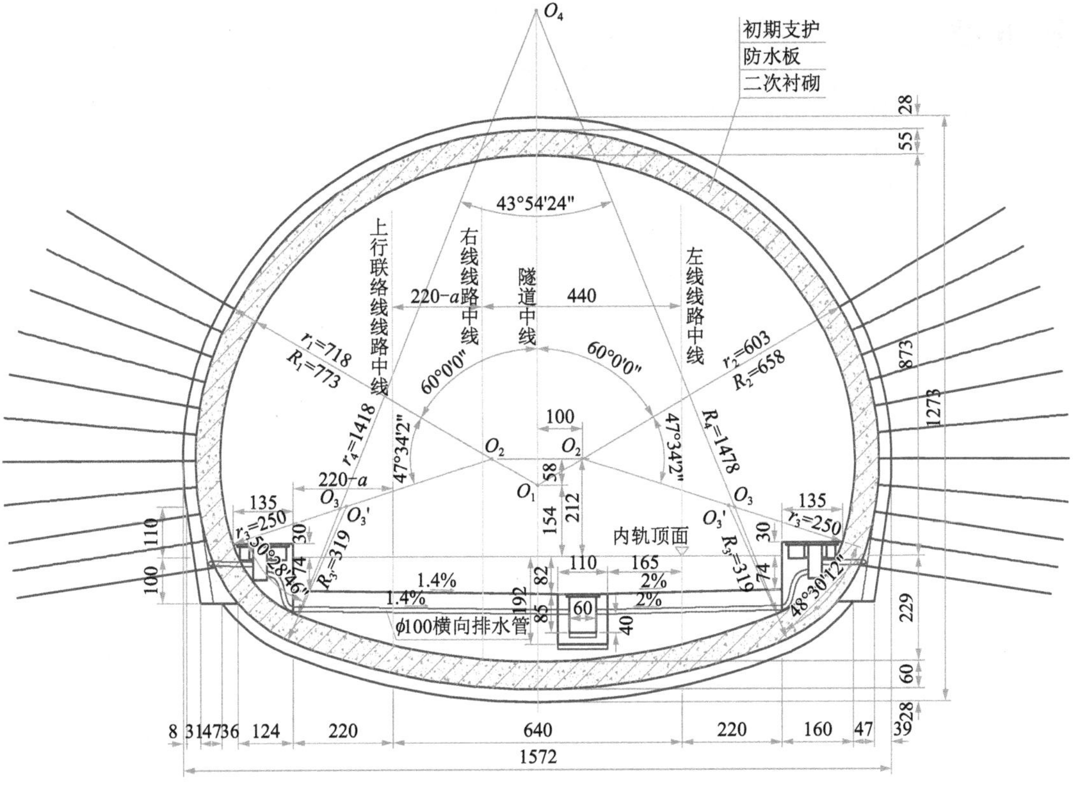


图 5-29　新考塘隧道加宽 2m 段支护断面图（尺寸单位：cm）

## 第 6 章

# 超大断面隧道施工过程力学分析

*Construction Technology of Super Large Section Tunnel in Shallow-buried Soft Ground*

## 6.1 过程相关性设计的提出

地下工程的施工过程是一个几何形状与材料特性逐步变化的不完整结构，在时间和空间上承受不断变化的施工荷载的受力过程。目前，学术界已将这一涉及工程地质学、水文地质学、岩土力学、固体力学、结构力学、计算力学、控制理论等多门学科的交叉领域，形成一门新的学科分支——施工力学。这门新的学科主要的特点是研究的对象及其环境是动态变化的，但与一般动力学问题又有不同。后者只研究荷载随时间变化问题，而前者则还包括了结构的几何形状与材料特性也是动态变化的，因此研究内容更为复杂。与“过程”对应的是“状态”。以围岩压力研究为例，隧道的状态设计方法认为隧道是一次开挖完成，不考虑施工过程对松动区或松动荷载的影响。状态设计方法对于传统的小断面隧道的结构设计起到了非常重要的作用，同时积累了丰富的研究成果，如现行铁路隧道设计规范推荐公式、泰沙基理论、普氏理论等。然而，对于当前大量出现的大跨度、大断面隧道，分部开挖、多部开挖不可避免，采取不同的开挖方案，围岩中产生的塑性区以及变形量都有相当大的差异，每一步施工不仅对本阶段支护结构的稳定性有直接影响，而且对后续的各阶段的中间结构和最终完整结构的受力状态均有不可忽视的持续作用。传统状态设计方法已经不能满足大断面隧道的发展要求，“过程设计理论（或称过程相关性设计）”的出现改变了这种局面，提升了隧道设计水平。过程相关性设计的总体思路是根据施工步骤计算开挖过程中每一步的隧道力学响应，最后根据相关物理量的包络线进行施工工法比选改进及相应的支护系统设计。

过程相关性设计体现了系统科学内容，即将隧道作为一个整体，其开挖步骤视为整体中的要素，对各个要素进行分析和研究，根据工程力学建立基本假设和抽象，通过分析各个要素，从而实现对隧道整体的研究，得到隧道整体的力学特征。它体现了系统科学中的由总到分，由分到总的设计原则。过程设计理念重点考虑了隧道施工过程的影响，因此更符合现场和实际情况。

本章以新考塘隧道加宽 10.3m 段的 DWEA 工法及相应的支护参数为例，结合理论分析、数值模拟、模型试验、现场测试等手段，分别对考虑过程相关性的拱部双层初期支护安全性评价、围岩压力在拱部双层初期支护以及二次衬砌之间的传递规律、临时竖撑受力演变（不对称性）及拆撑力学转换等问题进行研究。

## 6.2 考虑过程相关性的拱部双层初期支护安全性评价

### 6.2.1 基于 DWEA 工法的拱部双层初期支护安全性全过程分析

以新考塘隧道加宽 10.3m 段的 DWEA 工法为例，采用数值模拟方法仿真模拟开挖全过程进行研究。

#### 1）数值计算说明

（1）计算模型

采用 FLAC3D 软件进行计算分析，为了尽可能的消除边界影响，该计算模型取长 60m（隧道轴向）、宽 200m、高 160m，共 90630 个节点，248270 个单元。边界条件下部为固定铰约束，上部为自由边界，模型前后左右为水平约束。其中临时支撑用 shell 单元模拟，大管棚与掌子面预加固（水平旋喷桩和玻璃锚杆）采用 beam 单元模拟，拱顶旋喷加固区、初期支护和二次衬砌采用实体单元按弹性本构模拟，围岩采用实体单元服从莫尔—库仑准则。整体计算模型如图 6-1 所示。

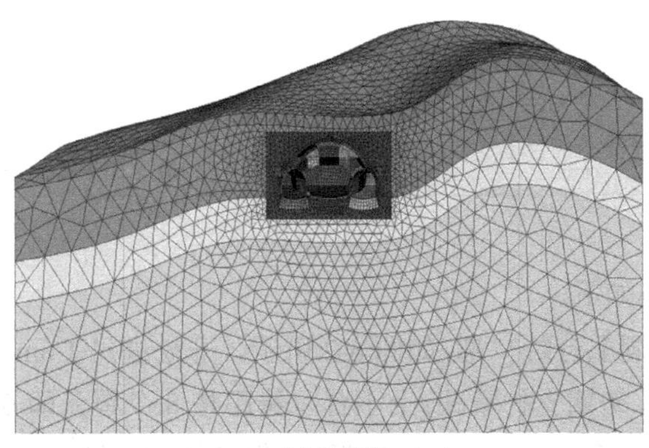

a）总体模型

图 6-1

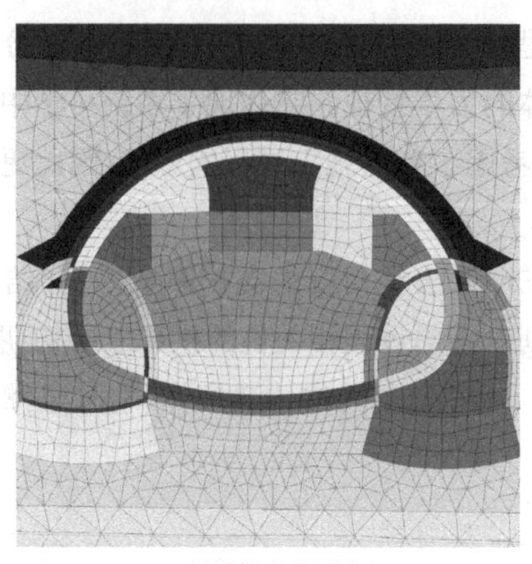
b)隧道模型正面图

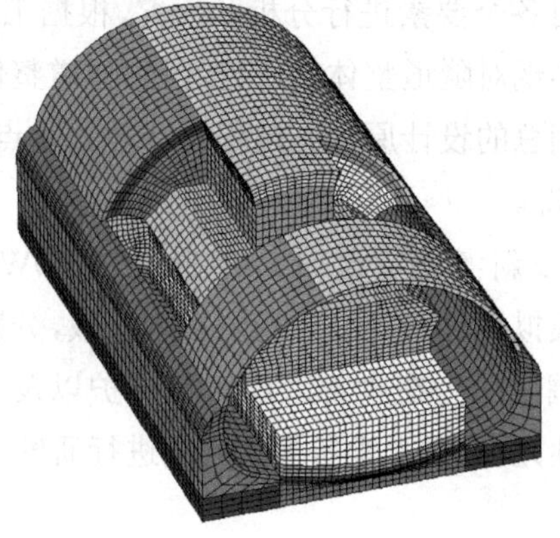
c)模拟开挖步序图

图 6-1　数值计算模型

(2)计算参数

结合地质勘查资料和《铁路隧道设计规范》(TB 10003—2016),围岩和支护材料的参数选取见表 6-1。



围岩和支护材料计算参数　　表 6-1

| 材　料 | 黏聚力 $c$ (kPa) | 内摩擦角 $\varphi$ (°) | 弹性模量 $E$ (MPa) | 泊松比 $\mu$ | 重度 $\gamma$ (kN•m) |
|---|---|---|---|---|---|
| 粉质黏土 | 13.6 | 21.1 | 15 | 0.45 | 18.3 |
| 全风化花岗岩 | 5 | 30 | 30 | 0.4 | 20 |
| 强风化花岗岩 | 50 | 35 | 200 | 0.35 | 23 |
| 弱风化花岗岩 | 700 | 50 | 4000 | 0.25 | 26 |
| 基底钢管桩加固区 | 50 | 40 | 800 | 0.35 | 23 |
| 水平旋喷桩加固区 | 20 | 40 | 800 | 0.35 | 24 |
| 水平旋喷桩 | — | — | 2000 | 0.25 | 24 |
| 玻璃纤维 | — | — | 90000 | 0.25 | 25 |
| 超前长管棚 | — | — | 210000 | 0.2 | 78.5 |
| 靴型大边墙 | — | — | 31000 | 0.2 | 25 |
| 临时支撑 | — | — | 210000 | 0.2 | 78.5 |
| 一次初期支护 | — | — | 28340 | 0.2 | 24 |
| 二次初期支护 | — | — | 28070 | 0.2 | 24 |
| 二次衬砌 | — | — | 32250 | 0.2 | 25 |

(3)计算过程实现

数值模拟过程具体如下:

首先,开挖左侧导洞上台阶①-①部,如图 6-2 所示。开挖进尺 1.6m(单元纵向尺寸 0.8m,也即每次挖 2 个单元),初期支护紧跟;上下台阶错距按 8 个单元即 6.4m 考虑;左右侧导洞也按错开 6.4m。在导洞开挖支护作业完成后,施作靴型大边墙。至此,完成左右导洞的数值模拟步骤。

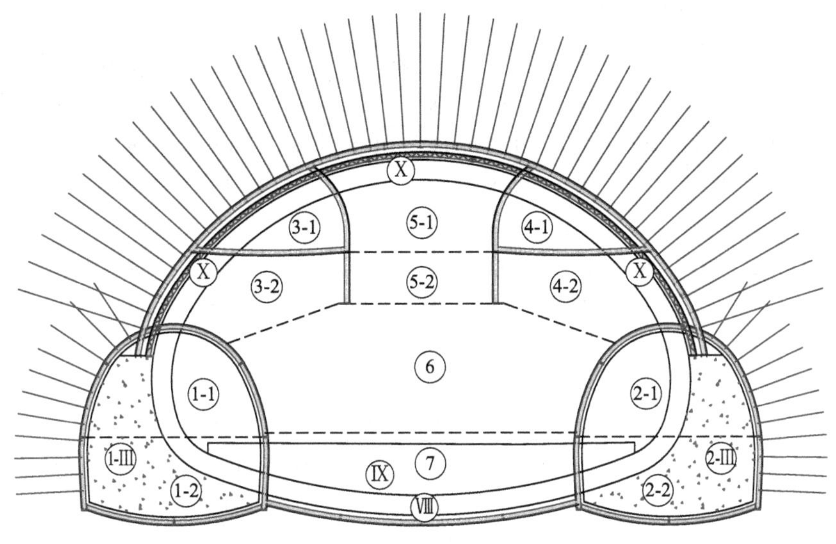


图 6-2　开挖分块(步序)示意图

后续施工作业模拟按表 6-2 所示步骤进行。

除侧壁导洞外的开挖支护数值模拟主要步骤(单位:m)　　表 6-2

| 步骤 | 步序编号 | | | | | | | | | | | | | |
|---|---|---|---|---|---|---|---|---|---|---|---|---|---|---|
| | ③-1 | | ③-2 | | ④-1 | | ④-2 | | ⑤-1 | | 二次初期支护 | ⑤-2 | 拆撑 | ⑥ |
| | 挖 | 支 | 挖 | 支 | 挖 | 支 | 挖 | 支 | 挖 | 支 | | 挖 | | 挖 |
| 1 | 1.6 | | | | | | | | | | | | | |
| 2 | 3.2 | 1.6 | | | | | | | | | | | | |
| 3 | 4.8 | 3.2 | | | | | | | | | | | | |
| 4 | 6.4 | 4.8 | | | | | | | | | | | | |
| 5 | 8 | 6.4 | 1.6 | | | | | | | | | | | |
| 6 | 9.6 | 8 | 3.2 | 1.6 | | | | | | | | | | |
| 7 | 11.2 | 9.6 | 4.8 | 3.2 | | | | | | | | | | |
| 8 | 12.8 | 11.2 | 6.4 | 4.8 | | | | | | | | | | |
| 9 | 14.4 | 12.8 | 8 | 6.4 | 1.6 | | | | | | | | | |
| 10 | 16 | 14.4 | 9.6 | 8 | 3.2 | 1.6 | | | | | | | | |
| 11 | 17.6 | 16 | 11.2 | 9.6 | 4.8 | 3.2 | | | | | | | | |
| 12 | 19.2 | 17.6 | 12.8 | 11.2 | 6.4 | 4.8 | | | | | | | | |
| 13 | 20.8 | 19.2 | 14.4 | 12.8 | 8 | 6.4 | 1.6 | | | | | | | |
| 14 | 22.4 | 20.8 | 16 | 14.4 | 9.6 | 8 | 3.2 | 1.6 | | | | | | |
| 15 | 24 | 22.4 | 17.6 | 16 | 11.2 | 9.6 | 4.8 | 3.2 | | | | | | |
| 16 | 25.6 | 24 | 19.2 | 17.6 | 12.8 | 11.2 | 6.4 | 4.8 | | | | | | |
| 17 | 27.2 | 25.6 | 20.8 | 19.2 | 14.4 | 12.8 | 8 | 6.4 | 1.6 | | | | | |
| 18 | 28.8 | 27.2 | 22.4 | 20.8 | 16 | 14.4 | 9.6 | 8 | 3.2 | 1.6 | | | | |
| 19 | 30.4 | 28.8 | 24 | 22.4 | 17.6 | 16 | 11.2 | 9.6 | 4.8 | 3.2 | | | | |
| 20 | 32 | 30.4 | 25.6 | 24 | 19.2 | 17.6 | 12.8 | 11.2 | 6.4 | 4.8 | | | | |

续上表

| 步骤 | 步序编号 | | | | | | | | | | | | | |
|---|---|---|---|---|---|---|---|---|---|---|---|---|---|---|
| | ③-1 | | ③-2 | | ④-1 | | ④-2 | | ⑤-1 | | 二次初期支护 | ⑤-2 | 拆撑 | ⑥ |
| | 挖 | 支 | 挖 | 支 | 挖 | 支 | 挖 | 支 | 挖 | 支 | | 挖 | | 挖 |
| 21 | | 32 | 27.2 | 25.6 | 20.8 | 19.2 | 14.4 | 12.8 | 8 | 6.4 | 1.6 | | | |
| 22 | | | 28.8 | 27.2 | 22.4 | 20.8 | 16 | 14.4 | 9.6 | 8 | 3.2 | | | |
| 23 | | | 30.4 | 28.8 | 24 | 22.4 | 17.6 | 16 | 11.2 | 9.6 | 4.8 | | | |
| 24 | | | 32 | 30.4 | 25.6 | 24 | 19.2 | 17.6 | 12.8 | 11.2 | 6.4 | | | |
| 25 | | | | 32 | 27.2 | 25.6 | 20.8 | 19.2 | 14.4 | 12.8 | 8 | 1.6 | | |
| 26 | | | | | 28.8 | 27.2 | 22.4 | 20.8 | 16 | 14.4 | 9.6 | 3.2 | | |
| 27 | | | | | 30.4 | 28.8 | 24 | 22.4 | 17.6 | 16 | 11.2 | 4.8 | | |
| 28 | | | | | 32 | 30.4 | 25.6 | 24 | 19.2 | 17.6 | 12.8 | 6.4 | | |
| 29 | | | | | | 32 | 27.2 | 25.6 | 20.8 | 19.2 | 14.4 | 8 | 1.6 | |
| 30 | | | | | | | 28.8 | 27.2 | 22.4 | 20.8 | 16 | 9.6 | 3.2 | |
| 31 | | | | | | | 30.4 | 28.8 | 24 | 22.4 | 17.6 | 11.2 | 4.8 | |
| 32 | | | | | | | 32 | 30.4 | 25.6 | 24 | 19.2 | 12.8 | 6.4 | |
| 33 | | | | | | | | 32 | 27.2 | 25.6 | 20.8 | 14.4 | 8 | 1.6 |
| 34 | | | | | | | | | 28.8 | 27.2 | 22.4 | 16 | 9.6 | 3.2 |
| …… | | | | | | | | | | | | | | |
| 50 | | | | | | | | | | | | | | 28.8 |
| 51 | | | | | | | | | | | | | | 30.4 |
| 52 | | | | | | | | | | | | | | 32 |

注：与⑥部错开6.4m后开始开挖7部，同时拆除导洞的临时支撑；而后依次错开6.4m施作仰拱（含仰拱回填）、拱墙二次衬砌，直至完工。

### 2）一次初期支护的结构内力演变与安全评价

由于新考塘隧道10.3m加宽段采用双层初期支护方案，这里定义先施作的支护为一次初期支护，后施作的支护为二次初期支护。为考察支护结构内力在施工过程中的变化规律，这里固定某一断面为监测断面，在每一开挖部通过此断面后提取相关内力。为后续叙述方便，这里将一次初期支护与临时支护结构的安全检算考察点示于图6-3，后不赘述。

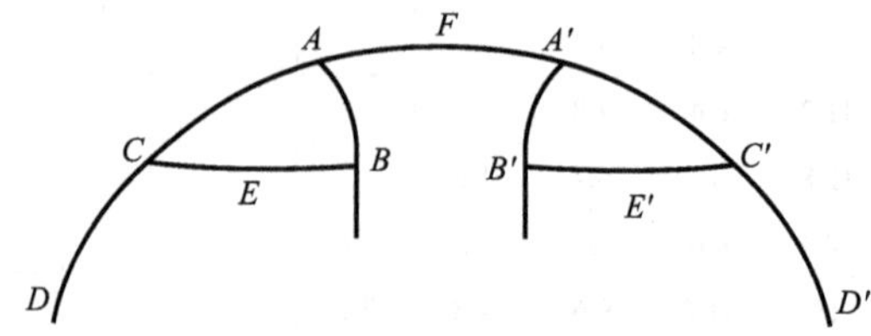


图6-3　一次初期支护与临时支护结构安全检算考察点示意图

（1）③-1部开挖支护后

一次初期支护结构及临时支护内力如图6-4所示，关键点按破损阶段法安全系数检算见表6-3。

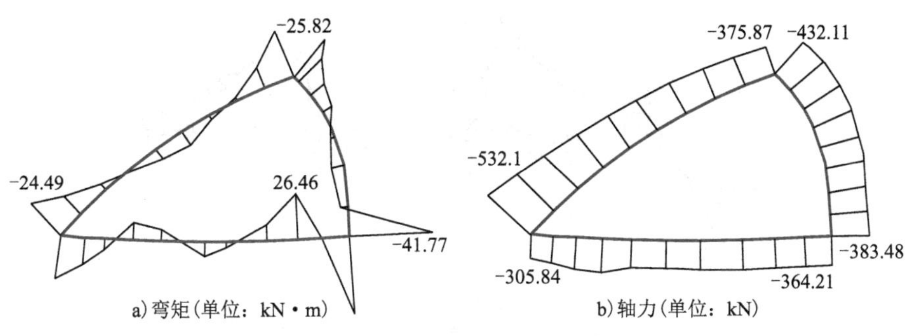


图 6-4 一次初期支护及临时支护结构内力(③-1部开挖支护后)

**一次初期护支与临时支护结构的安全检算(③-1部开挖支护后)** 表 6-3

| 位 置 | 弯矩 $M$ (kN•m) | 轴力 $N$ (kN) | 偏心距 $e_0$ (mm) | $e_0/h$ | 控制状态 | 安全系数 | 是否满足承载能力要求 |
|---|---|---|---|---|---|---|---|
| $A$ | 25.82 | 375.87 | 68.694 | 0.196 | 抗压控制 | 15.918 | 满足 |
| $B$ | 24.49 | 305.84 | 80.075 | 0.229 | 抗拉控制 | 11.821 | 满足 |
| $C$ | 41.77 | 383.48 | 108.924 | 0.311 | 抗拉控制 | 4.052 | 满足 |

(2)③-2部开挖支护后

一次初期支护结构及临时支护内力如图 6-5 所示，关键点按破损阶段法安全系数检算见表 6-4。

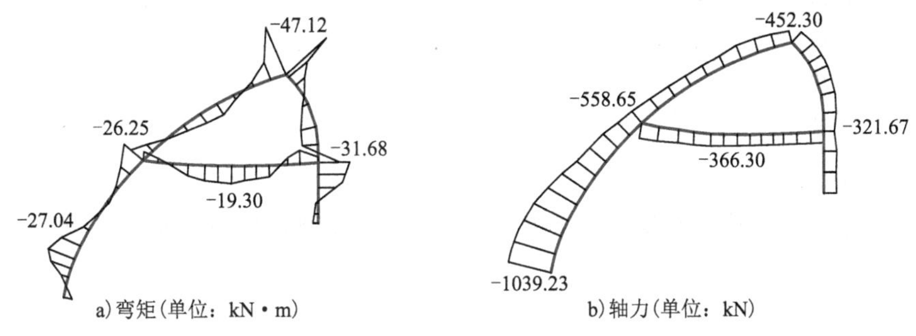


图 6-5 一次初期支护及临时支护结构内力(③-2部开挖支护后)

**一次初期支护与临时支护结构的安全检算(③-2部开挖支护后)** 表 6-4

| 位 置 | 弯矩 $M$ (kN•m) | 轴力 $N$ (kN) | 偏心距 $e_0$ (mm) | $e_0/h$ | 控制状态 | 安全系数 | 是否满足承载能力要求 |
|---|---|---|---|---|---|---|---|
| $A$ | 47.12 | 452.30 | 104.179 | 0.298 | 抗拉控制 | 3.791 | 满足 |
| $B$ | 31.68 | 321.67 | 98.486 | 0.281 | 抗压控制 | 6.086 | 满足 |
| $C$ | 26.25 | 558.65 | 46.988 | 0.134 | 抗压控制 | 12.656 | 满足 |
| $D$ | 27.04 | 1039.23 | 26.019 | 0.074 | 抗压控制 | 7.464 | 满足 |
| $E$ | 19.30 | 336.30 | 57.389 | 0.164 | 抗拉控制 | 19.586 | 满足 |

(3)④-1部开挖支护后

一次初期支护结构及临时支护内力如图 6-6 所示，关键点按破损阶段法安全系数检算见表 6-5。

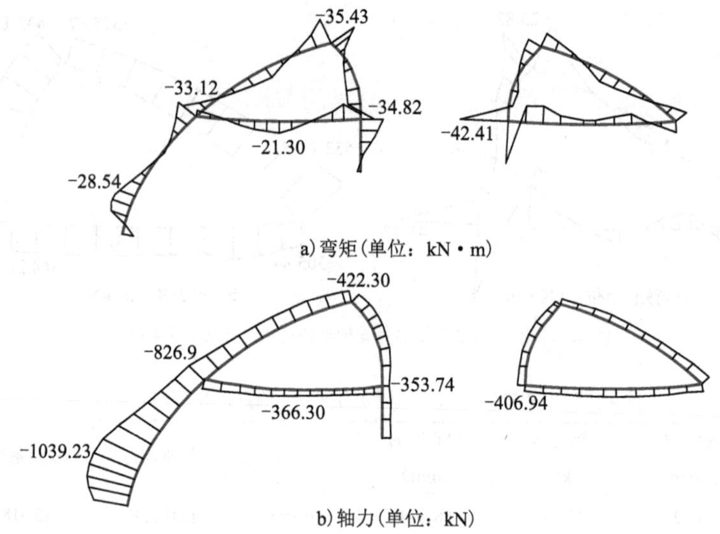


图 6-6　一次初期支护及临时支护结构内力(④-1部开挖支护后)

**一次初期支护与临时支护结构的安全检算(④-1部开挖支护后)**　　表 6-5

| 位　　置 | 弯矩 $M$ (kN·m) | 轴力 $N$ (kN) | 偏心距 $e_0$ (mm) | $e_0/h$ | 控制状态 | 安全系数 | 是否满足承载能力要求 |
|---|---|---|---|---|---|---|---|
| $A$ | 35.43 | 726 | 48.802 | 0.139 | 抗压控制 | 9.631 | 满足 |
| $B$ | 34.82 | 802 | 43.416 | 0.124 | 抗压控制 | 8.999 | 满足 |
| $C$ | 33.12 | 478 | 69.289 | 0.198 | 抗压控制 | 10.764 | 满足 |
| $D$ | 28.54 | 1405.56 | 29.916 | 0.085 | 抗压控制 | 5.446 | 满足 |
| $E$ | 21.30 | 712 | 29.916 | 0.085 | 抗压控制 | 10.764 | 满足 |
| $B'$ | 42.41 | 406.94 | 104.217 | 0.298 | 抗拉控制 | 4.210 | 满足 |

(4)④-2部开挖支护后

一次初期支护结构及临时支护内力如图 6-7 所示，关键点按破损阶段法安全系数检算见表 6-6。

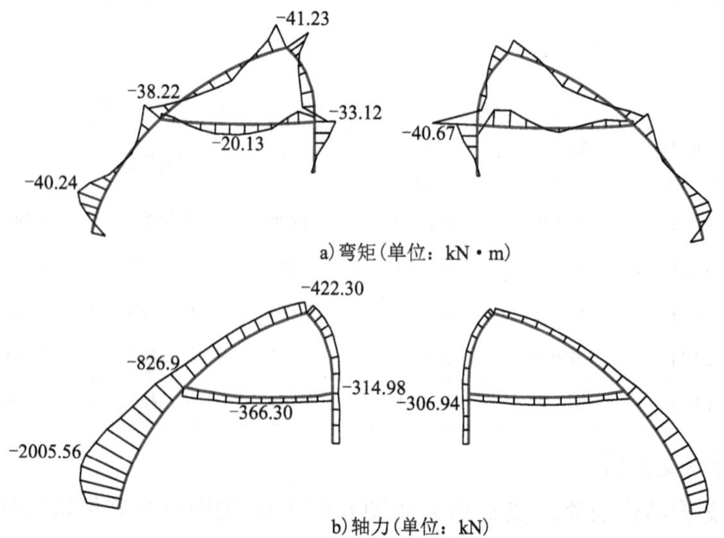


图 6-7　一次初期支护及临时支护结构内力(④-2部开挖支护后)

一次初期支护与临时支护结构的安全检算（④-2部开挖支护后）　表 6-6

| 位　置 | 弯矩 $M$（kN·m） | 轴力 $N$（kN） | 偏心距 $e_0$（mm） | $e_0/h$ | 控制状态 | 安全系数 | 是否满足承载能力要求 |
|---|---|---|---|---|---|---|---|
| $A$ | 41.23 | 726 | 56.791 | 0.162 | 抗压控制 | 9.114 | 满足 |
| $B$ | 33.12 | 802 | 41.297 | 0.118 | 抗压控制 | 9.101 | 满足 |
| $C$ | 38.22 | 712 | 53.680 | 0.153 | 抗压控制 | 9.506 | 满足 |
| $D$ | 40.24 | 478 | 84.184 | 0.241 | 抗拉控制 | 6.361 | 满足 |
| $E$ | 20.13 | 1405.56 | 14.322 | 0.041 | 抗压控制 | 5.603 | 满足 |
| $B'$ | 42.41 | 406.94 | 104.217 | 0.298 | 抗拉控制 | 4.210 | 满足 |

（5）⑤-1部开挖支护后

一次初期支护结构及临时支护内力如图 6-8 所示，关键点按破损阶段法安全系数检算见表 6-7。

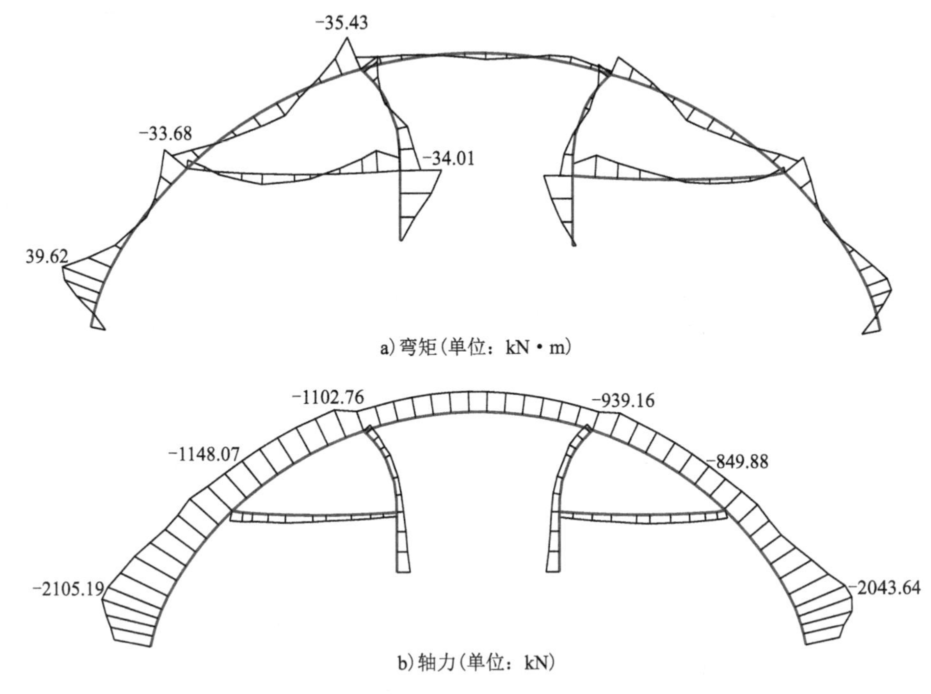


图 6-8　一次初期支护及临时支护结构内力（⑤-1部开挖支护后）

一次初期支护与临时支护结构的安全检算（⑤-1部开挖支护后）　表 6-7

| 位　置 | 弯矩 $M$（kN·m） | 轴力 $N$（kN） | 偏心距 $e_0$（mm） | $e_0/h$ | 控制状态 | 安全系数 | 是否满足承载能力要求 |
|---|---|---|---|---|---|---|---|
| $A$ | 35.43 | 1102.76 | 32.128 | 0.092 | 抗压控制 | 6.895 | 满足 |
| $B$ | 34.01 | 322.35 | 105.506 | 0.301 | 抗拉控制 | 5.169 | 满足 |
| $C$ | 33.68 | 1148.07 | 29.336 | 0.084 | 抗压控制 | 6.689 | 满足 |
| $D$ | 39.62 | 2105.19 | 18.820 | 0.054 | 抗压控制 | 3.741 | 满足 |

（6）施作二次初期支护后

一次初期支护结构及临时支护内力如图 6-9 所示，关键点按破损阶段法安全系数检算见表 6-8。

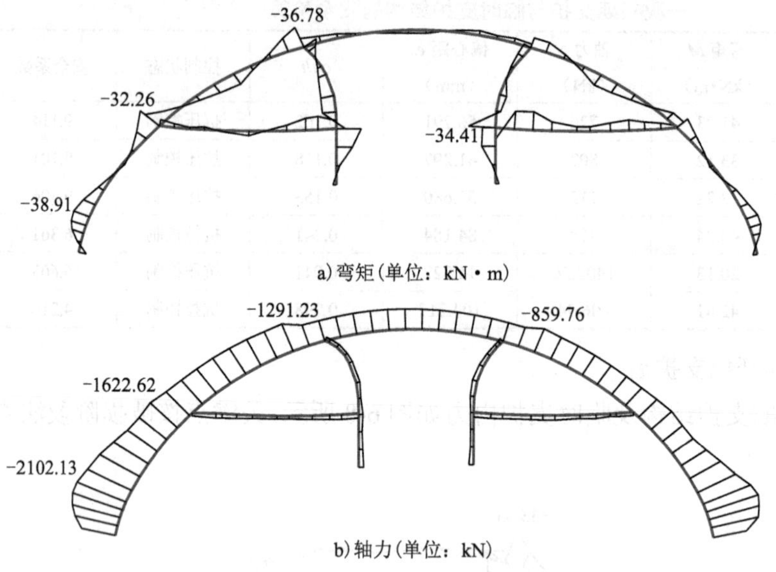


图 6-9　一次初期支护及临时支护结构内力(施作二次初期支护后)

**一次初期支护与临时支护结构的安全检算**(施作二次初期支护后)　　表 6-8

| 位　　置 | 弯矩 $M$ (kN·m) | 轴力 $N$ (kN) | 偏心距 $e_0$ (mm) | $e_0/h$ | 控制状态 | 安全系数 | 是否满足承载能力要求 |
|---|---|---|---|---|---|---|---|
| $A$ | 36.78 | 1291.23 | 28.484 | 0.081 | 抗压控制 | 5.964 | 满足 |
| $B'$ | 34.41 | 273.25 | 125.929 | 0.360 | 抗拉控制 | 4.256 | 满足 |
| $C$ | 32.26 | 1622.62 | 19.881 | 0.057 | 抗压控制 | 4.849 | 满足 |
| $D$ | 38.91 | 2102.13 | 17.277 | 0.049 | 抗压控制 | 3.497 | 满足 |

(7)⑤-2部开挖后

一次初期支护结构及临时支护内力如图 6-10 所示，关键点按破损阶段法安全系数检算见表 6-9。

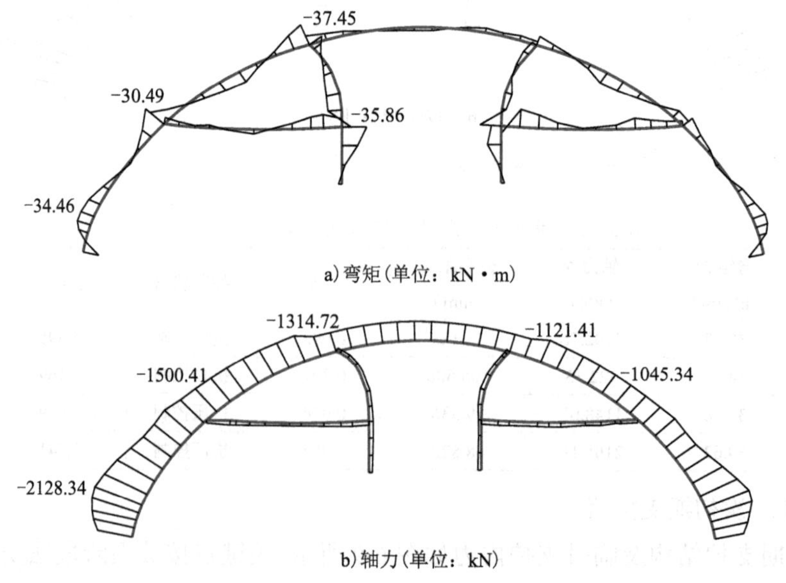


图 6-10　一次初期支护及临时支护结构内力(⑤-2部开挖后)

一次初期支护与临时支护结构的安全检算（⑤-2部开挖后）　　表 6-9

| 位　置 | 弯矩 $M$（kN·m） | 轴力 $N$（kN） | 偏心距 $e_0$（mm） | $e_0/h$ | 控制状态 | 安全系数 | 是否满足承载能力要求 |
|---|---|---|---|---|---|---|---|
| $A$ | 37.45 | 1314.72 | 28.485 | 0.081 | 抗压控制 | 5.857 | 满足 |
| $B$ | 35.86 | 255.46 | 140.374 | 0.401 | 抗拉控制 | 3.751 | 满足 |
| $C$ | 30.49 | 1500.41 | 20.321 | 0.058 | 抗压控制 | 5.240 | 满足 |
| $D$ | 34.46 | 2128.34 | 16.191 | 0.046 | 抗压控制 | 3.700 | 满足 |

（8）拆除临时支撑后

一次初期支护结构及临时支护内力如图 6-11 所示，关键点按破损阶段法安全系数检算见表 6-10。

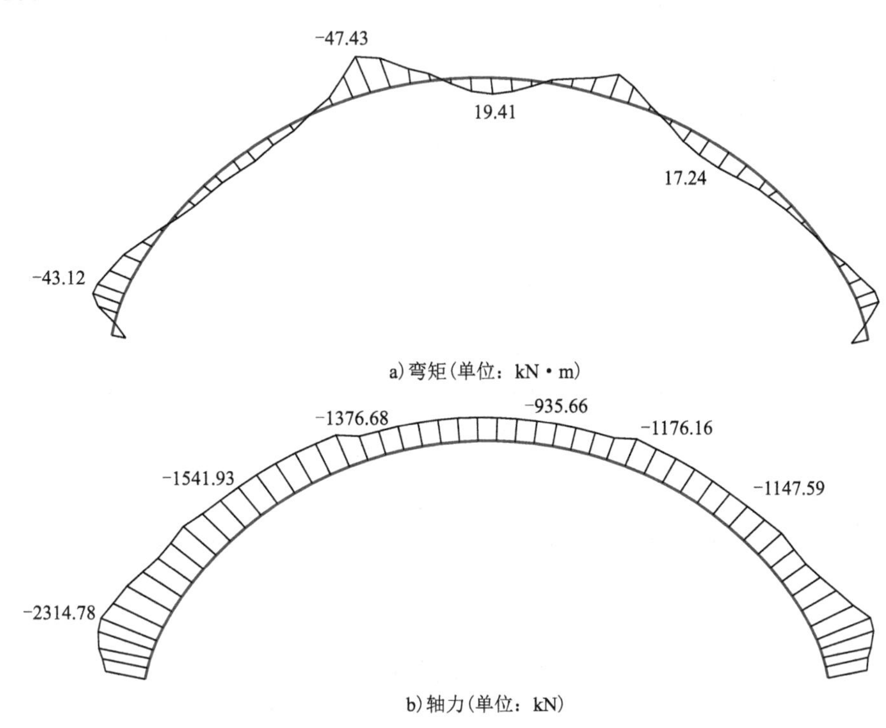


图 6-11　一次初期支护及临时支护结构内力（拆除临时支撑后）

一次初期支护与临时支护结构的安全检算（拆除临时支撑后）　　表 6-10

| 位　置 | 弯矩 $M$（kN·m） | 轴力 $N$（kN） | 偏心距 $e_0$（mm） | $e_0/h$ | 控制状态 | 安全系数 | 是否满足承载能力要求 |
|---|---|---|---|---|---|---|---|
| $A$ | 47.43 | 1376.68 | 34.452 | 0.098 | 抗压控制 | 5.473 | 满足 |
| $F$ | 19.41 | 935.66 | 20.745 | 0.059 | 抗压控制 | 8.395 | 满足 |
| $C'$ | 17.24 | 1147.59 | 15.023 | 0.043 | 抗压控制 | 6.862 | 满足 |
| $D$ | 43.12 | 2314.78 | 19.827 | 0.057 | 抗压控制 | 3.402 | 满足 |

（9）⑥部开挖后

一次初期支护结构及临时支护内力如图 6-12 所示，关键点按破损阶段法安全系数检算见表 6-11。

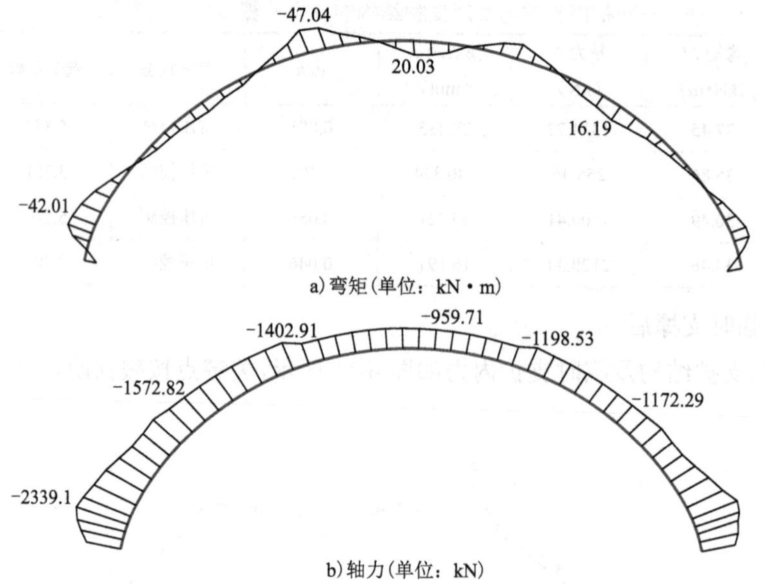


图 6-12　一次初期支护及临时支护结构内力(⑥部开挖后)



**一次初期支护与临时支护结构的安全检算**(⑥部开挖后)　　表 6-11

| 位　置 | 弯矩 $M$ (kN·m) | 轴力 $N$ (kN) | 偏心距 $e_0$ (mm) | $e_0/h$ | 控制状态 | 安全系数 | 是否满足承载能力要求 |
|---|---|---|---|---|---|---|---|
| $A$ | 47.04 | 1402.91 | 33.530 | 0.096 | 抗压控制 | 5.390 | 满足 |
| $F$ | 20.03 | 959.71 | 20.871 | 0.060 | 抗压控制 | 8.183 | 满足 |
| $D$ | 42.01 | 2339.1 | 18.630 | 0.053 | 抗压控制 | 3.492 | 满足 |

(10)⑦部开挖后

一次初期支护结构及临时支护内力如图 6-13 所示,关键点按破损阶段法安全系数检算见表 6-12。

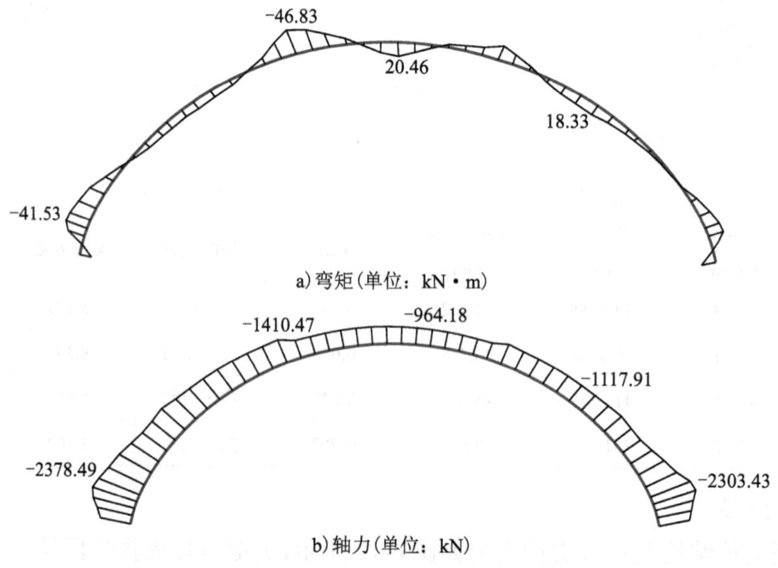


图 6-13　一次初期支护及临时支护结构内力(⑦部开挖后)

一次初期支护与临时支护结构的安全检算(⑦部开挖后)　　表 6-12

| 位　置 | 弯矩 $M$ (kN·m) | 轴力 $N$ (kN) | 偏心距 $e_0$ (mm) | $e_0/h$ | 控制状态 | 安全系数 | 是否满足承载能力要求 |
|---|---|---|---|---|---|---|---|
| $F$ | 46.83 | 1410.47 | 33.202 | 0.095 | 抗压控制 | 5.369 | 满足 |
| $C$ | 20.46 | 964.18 | 21.220 | 0.061 | 抗压控制 | 8.139 | 满足 |
| $D$ | 41.53 | 2378.49 | 17.889 | 0.051 | 抗压控制 | 3.392 | 满足 |

(11)二次衬砌施作后

一次初期支护结构及临时支护内力如图 6-14 所示,关键点按破损阶段法安全系数检算见表 6-13。

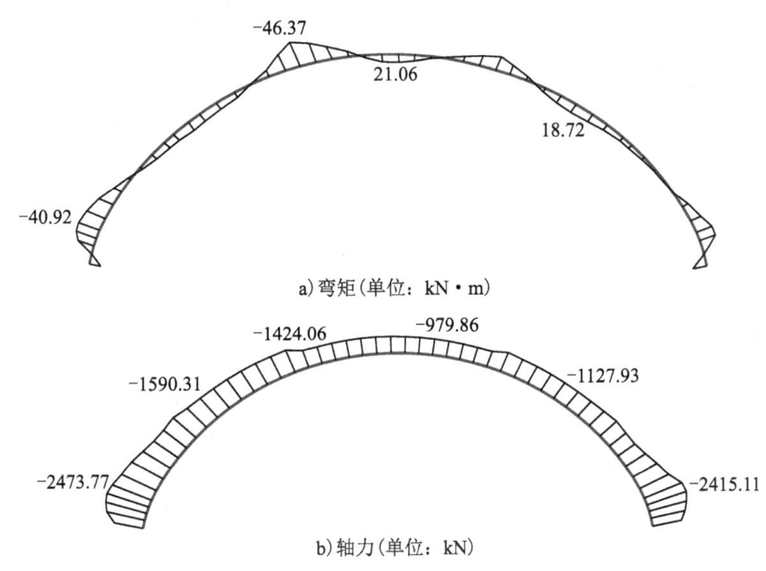


图 6-14　一次初期支护及临时支护结构内力(二次衬砌施作后)

一次初期支护与临时支护结构的安全检算(二次衬砌施作后)　　表 6-13

| 位　置 | 弯矩 $M$ (kN·m) | 轴力 $N$ (kN) | 偏心距 $e_0$ (mm) | $e_0/h$ | 控制状态 | 安全系数 | 是否满足承载能力要求 |
|---|---|---|---|---|---|---|---|
| $A$ | 46.37 | 1424.06 | 32.562 | 0.093 | 抗压控制 | 5.331 | 满足 |
| $F$ | 21.06 | 979.86 | 21.493 | 0.061 | 抗压控制 | 8.004 | 满足 |
| $D$ | 40.92 | 2473.77 | 17.609 | 0.050 | 抗压控制 | 3.389 | 满足 |

### 3)二次初期支护的结构内力演变与安全评价

二次初期支护在⑤-1部开挖后一次性施作,这里对于二次初期支护的安全检算即从施作了二次初期支护后开始起算。为后续叙述方便,这里将二次初期支护的安全检算考察点示于图 6-15,后不赘述。

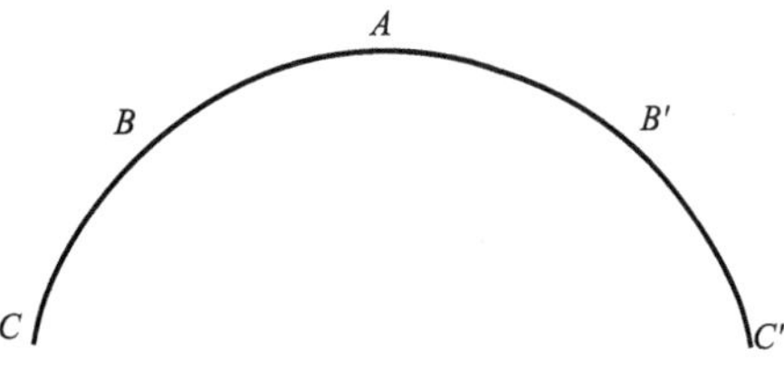


图 6-15　二次初期支护结构安全检算考察点示意图

(1)施作二次初期支护后

二次初期支护结构的弯矩和轴力如图 6-16 所示;关键点按破损阶段法安全系数检算见表 6-14。

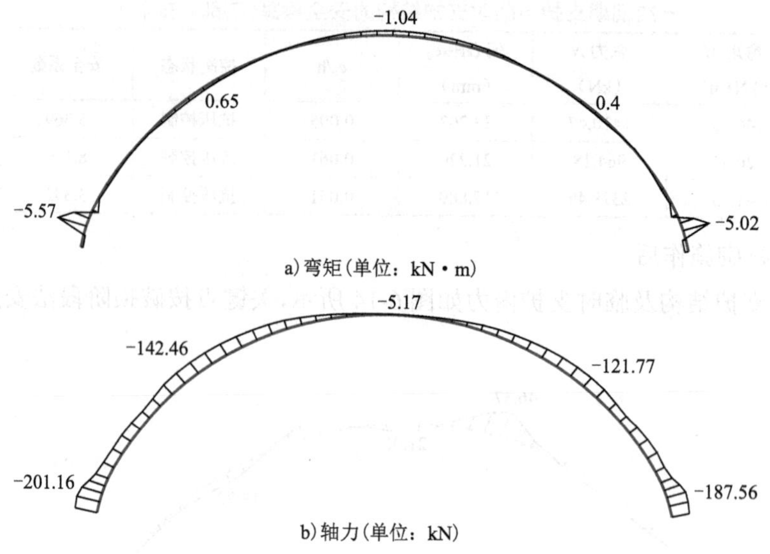


图 6-16　二次初期支护结构内力(施作二次初期支护后)

**二次初期支护结构的安全检算**(施作二次初期支护后)　　表 6-14

| 位　置 | 弯矩 $M$ (kN•m) | 轴力 $N$ (kN) | 偏心距 $e_0$ (mm) | $e_0/h$ | 控制状态 | 安全系数 | 是否满足承载能力要求 |
|---|---|---|---|---|---|---|---|
| $A$ | 1.04 | 5.17 | 201.161 | 0.575 | 抗拉控制 | 106.450 | 满足 |
| $B$ | 0.65 | 142.46 | 4.563 | 0.013 | 抗压控制 | 55.279 | 满足 |
| $B'$ | 5.93 | 201.16 | 29.479 | 0.084 | 抗压控制 | 38.155 | 满足 |
| $C$ | 0.4 | 121.77 | 3.285 | 0.009 | 抗压控制 | 64.671 | 满足 |
| $C'$ | 5.02 | 187.56 | 26.765 | 0.076 | 抗压控制 | 41.271 | 满足 |

(2)⑤-2部开挖后

二次初期支护结构的弯矩和轴力如图 6-17 所示，关键点按破损阶段法安全系数检算见表 6-15。

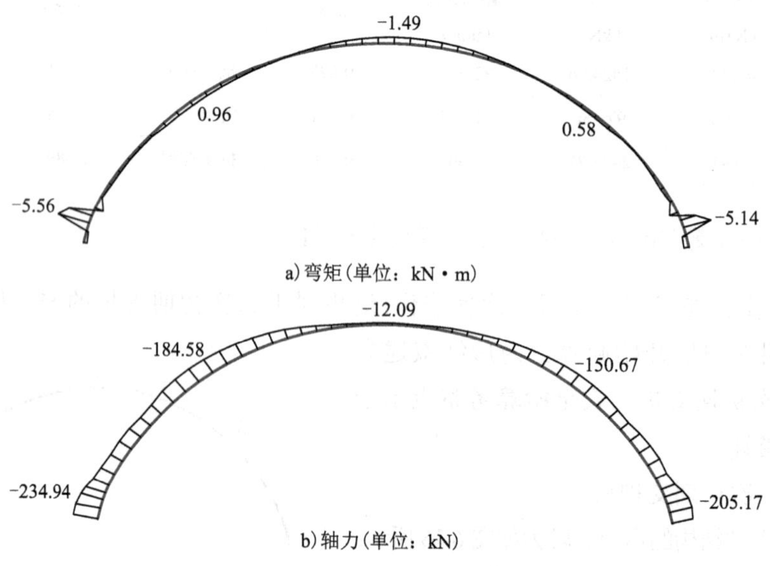


图 6-17　二次初期支护结构内力(⑤-2部开挖后)

**二次初期支护结构的安全检算**（⑤-2部开挖后）　　表 6-15

| 位　　置 | 弯矩 $M$（kN·m） | 轴力 $N$（kN） | 偏心距 $e_0$（mm） | $e_0/h$ | 控制状态 | 安全系数 | 是否满足承载能力要求 |
|---|---|---|---|---|---|---|---|
| $A$ | 1.49 | 12.09 | 123.242 | 0.352 | 抗拉控制 | 100.165 | 满足 |
| $B$ | 0.96 | 184.58 | 5.201 | 0.015 | 抗压控制 | 42.664 | 满足 |
| $B'$ | 0.58 | 234.94 | 2.469 | 0.007 | 抗压控制 | 33.519 | 满足 |
| $C$ | 5.56 | 150.67 | 36.902 | 0.105 | 抗压控制 | 49.481 | 满足 |
| $C'$ | 5.14 | 205.17 | 25.052 | 0.072 | 抗压控制 | 37.909 | 满足 |

（3）拆除临时支撑后

二次初期支护结构的弯矩和轴力如图 6-18 所示，关键点按破损阶段法安全系数检算见表 6-16。

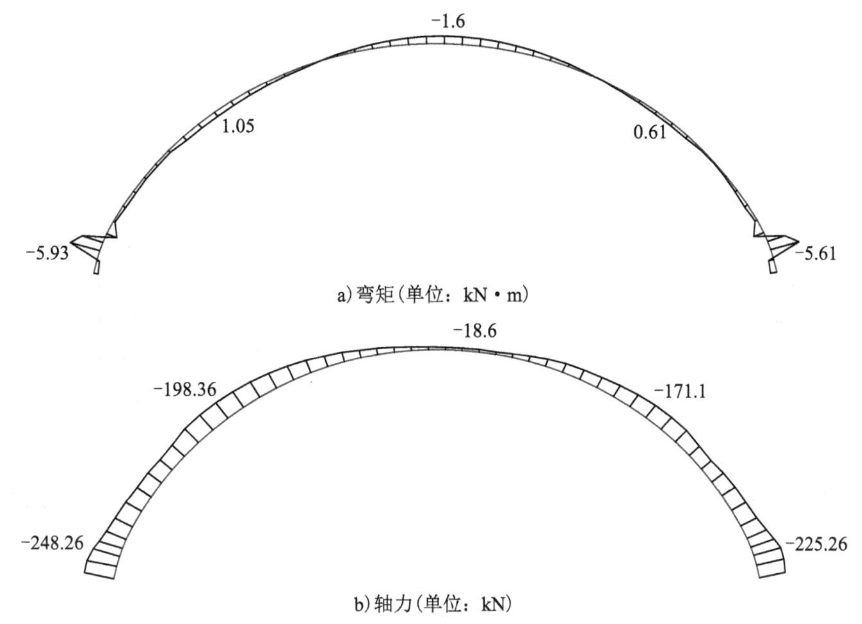


图 6-18　二次初期支护结构内力（拆除临时支撑后）

**二次初期支护结构的安全检算**（拆除临时支撑后）　　表 6-16

| 位　　置 | 弯矩 $M$（kN·m） | 轴力 $N$（kN） | 偏心距 $e_0$（mm） | $e_0/h$ | 控制状态 | 安全系数 | 是否满足承载能力要求 |
|---|---|---|---|---|---|---|---|
| $A$ | 1.6 | 18.6 | 86.022 | 0.246 | 抗拉控制 | 152.629 | 满足 |
| $B$ | 1.05 | 198.36 | 5.293 | 0.015 | 抗压控制 | 39.701 | 满足 |
| $B'$ | 0.61 | 171.1 | 3.565 | 0.010 | 抗压控制 | 46.026 | 满足 |
| $C$ | 5.93 | 248.26 | 23.886 | 0.068 | 抗压控制 | 31.422 | 满足 |
| $C'$ | 5.61 | 225.26 | 24.905 | 0.071 | 抗压控制 | 34.541 | 满足 |

（4）⑥部开挖后

二次初期支护结构的弯矩和轴力如图 6-19 所示，关键点按破损阶段法安全系数检算见表 6-17。

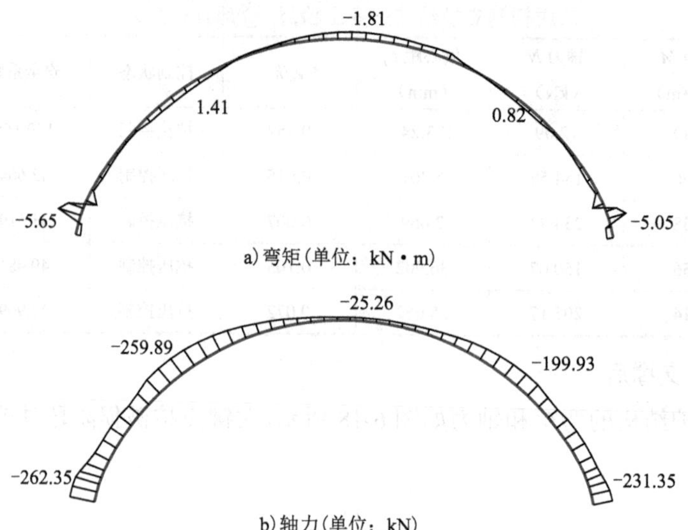


图 6-19　二次初期支护结构内力(⑥部开挖后)

二次初期支护结构的安全检算(⑥部开挖后)　　表 6-17

| 位　置 | 弯矩 $M$ (kN·m) | 轴力 $N$ (kN) | 偏心距 $e_0$ (mm) | $e_0/h$ | 控制状态 | 安全系数 | 是否满足承载能力要求 |
|---|---|---|---|---|---|---|---|
| $A$ | 1.81 | 25.26 | 71.655 | 0.205 | 抗拉控制 | 233.593 | 满足 |
| $B$ | 1.41 | 259.89 | 5.425 | 0.016 | 抗压控制 | 30.301 | 满足 |
| $B'$ | 0.82 | 199.93 | 4.101 | 0.012 | 抗压控制 | 39.389 | 满足 |
| $C$ | 5.65 | 262.35 | 21.536 | 0.062 | 抗压控制 | 29.894 | 满足 |
| $C'$ | 5.05 | 231.35 | 21.828 | 0.062 | 抗压控制 | 33.878 | 满足 |

(5)⑦部开挖后

二次初期支护结构的弯矩和轴力如图 6-20 所示，关键点按破损阶段法安全系数检算见表 6-18。

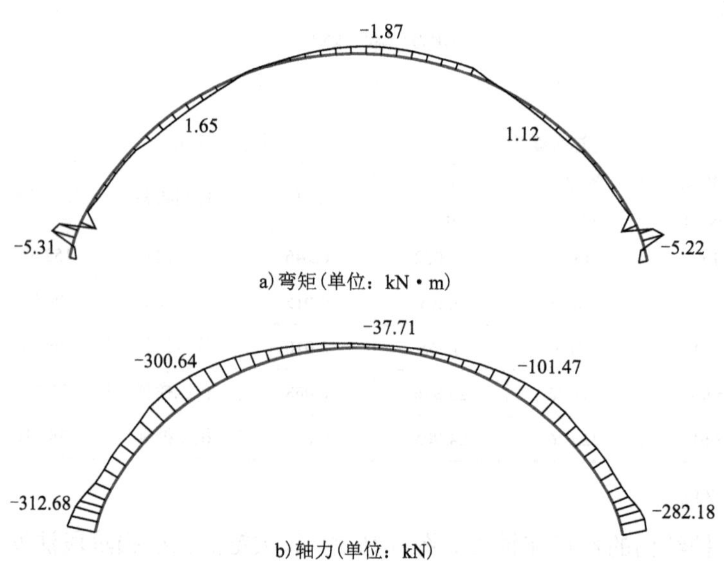


图 6-20　二次初期支护结构内力(⑦部开挖后)

二次初期支护结构的安全检算（⑦部开挖后）　　表 6-18

| 位　置 | 弯矩 $M$（kN·m） | 轴力 $N$（kN） | 偏心距 $e_0$（mm） | $e_0/h$ | 控制状态 | 安全系数 | 是否满足承载能力要求 |
|---|---|---|---|---|---|---|---|
| $A$ | 1.87 | 37.71 | 49.589 | 0.142 | 抗压控制 | 184.486 | 满足 |
| $B$ | 1.65 | 300.06 | 5.499 | 0.016 | 抗压控制 | 26.245 | 满足 |
| $B'$ | 1.12 | 101.47 | 11.038 | 0.032 | 抗压控制 | 77.609 | 满足 |
| $C$ | 5.31 | 312.68 | 16.982 | 0.049 | 抗压控制 | 25.185 | 满足 |
| $C'$ | 5.22 | 282.18 | 18.499 | 0.053 | 抗压控制 | 27.908 | 满足 |

（6）二次衬砌施作后

二次初期支护结构的弯矩和轴力如图 6-21 所示，关键点按破损阶段法安全系数检算见表 6-19。

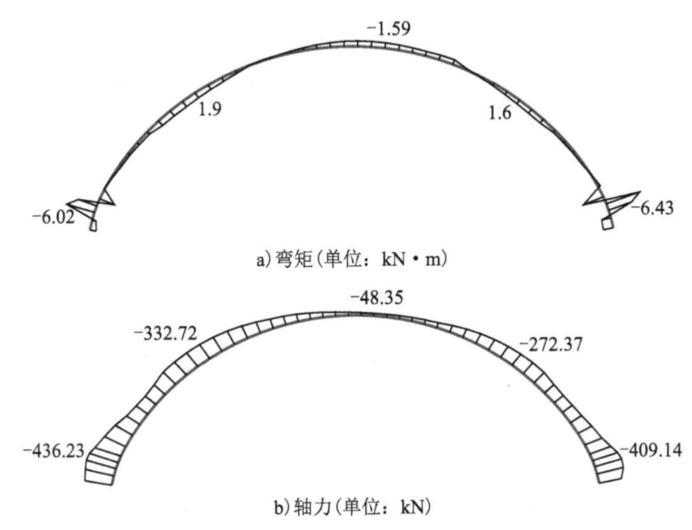


a）弯矩（单位：kN · m）

b）轴力（单位：kN）

图 6-21　二次初期支护结构内力（二次衬砌施作后）

二次初期支护结构的安全检算（二次衬砌施作后）　　表 6-19

| 位　置 | 弯矩 $M$（kN·m） | 轴力 $N$（kN） | 偏心距 $e_0$（mm） | $e_0/h$ | 控制状态 | 安全系数 | 是否满足承载能力要求 |
|---|---|---|---|---|---|---|---|
| $A$ | 1.59 | 48.35 | 32.885 | 0.094 | 抗压控制 | 156.805 | 满足 |
| $B$ | 1.9 | 332.72 | 5.711 | 0.016 | 抗压控制 | 23.669 | 满足 |
| $B'$ | 1.6 | 272.37 | 5.874 | 0.017 | 抗压控制 | 28.913 | 满足 |
| $C$ | 6.02 | 636.23 | 9.462 | 0.027 | 抗压控制 | 12.378 | 满足 |
| $C'$ | 6.43 | 409.14 | 15.716 | 0.045 | 抗压控制 | 19.248 | 满足 |

### 4）双层初期支护结构内力的过程相关性分析

（1）一次初期支护

提取一次初期支护部分考察点（选取图 6-3 中的 $A$、$D$、$F$、$A'$、$D'$）在每一施工步的弯矩、轴力、安全系数值，并绘制其随施工步的变化曲线如图 6-22 所示。

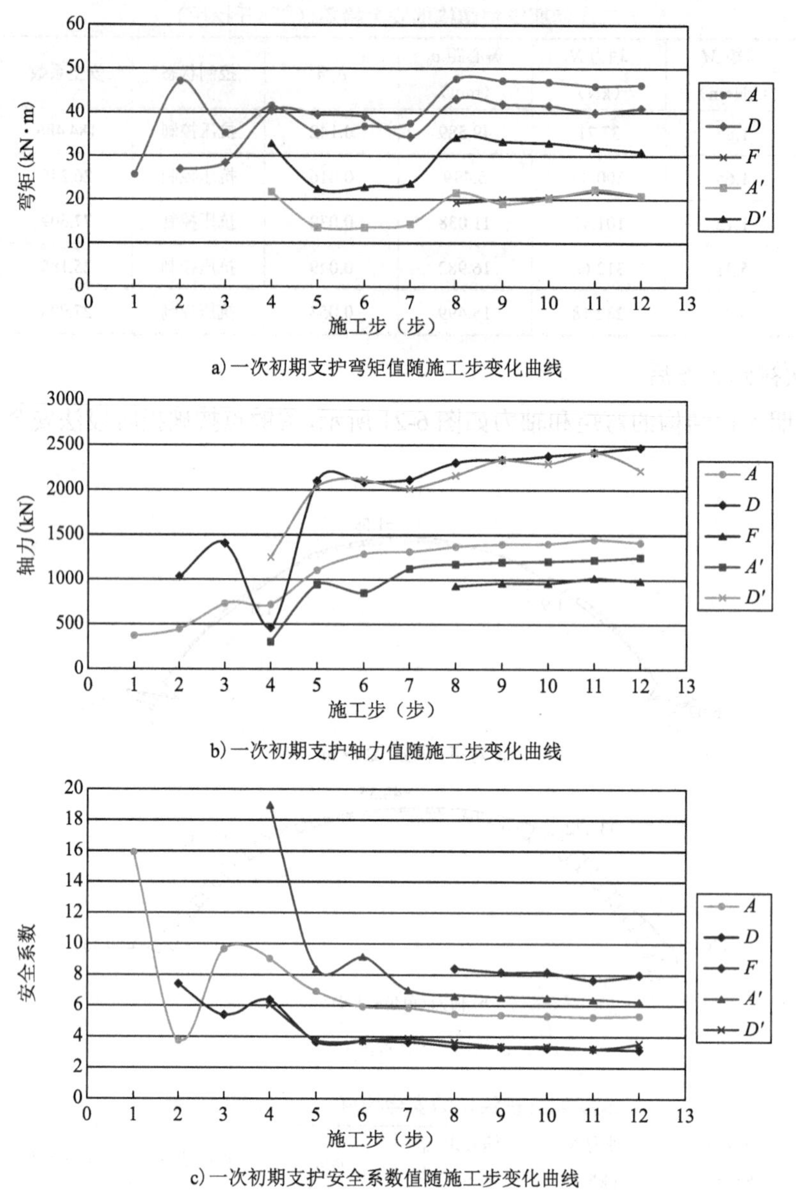


a）一次初期支护弯矩值随施工步变化曲线

b）一次初期支护轴力值随施工步变化曲线

c）一次初期支护安全系数值随施工步变化曲线

图 6-22 一次初期支护结构内力与安全系数随施工过程的变化曲线

施工步说明：1-③-1部开挖支护；2-③-2部开挖支护；3-④-1部开挖支护；4-④-2部开挖初期支护；5-⑤-1部开挖支护；6-施作二次初期支护；7-⑤-2部开挖；8-拆除临时支撑；9-⑥部开挖；10-⑦部开挖支护；11-施作二次衬砌仰拱；12-施作拱墙二次衬砌

从图 6-22 中可以看出：在施工过程中，结构内力与安全系数的变化无明显规律，有增有减，且基本都在最终状态达到最值。但也有例外的，如图 6-22c）中的 *A* 点安全系数在③-2部开挖后即出现最小值，好在从全断面来看，安全系数最小值仍然出现在终态。因此，基于施工全过程的安全检算是有必要的，但具体到本工程，终态即为最不利状态。

另一个较为明显的规律是一次初期支护的内力及安全系数波动均集中在拆撑之前，拆撑之后基本趋于稳定，也即拆撑之后的工序对（拱部）一次初期支护安全性的影响已经很小。

(2)二次初期支护

提取二次初期支护部分考察点(选取图6-15中的$A$、$C$、$C'$)在每一施工步的弯矩、轴力、安全系数值，并绘制其随施工步的变化曲线，如图6-23所示。

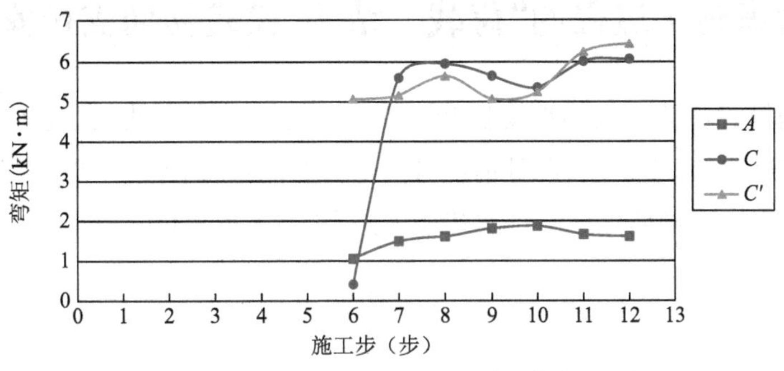


a)二次初期支护弯矩值随施工步变化曲线

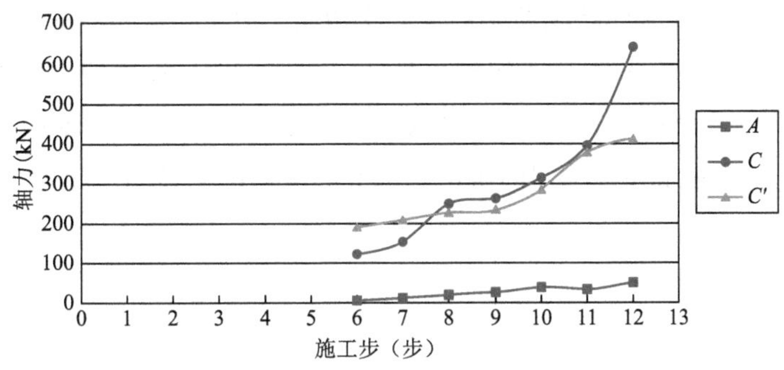


b)二次初期支护轴力值随施工步变化曲线

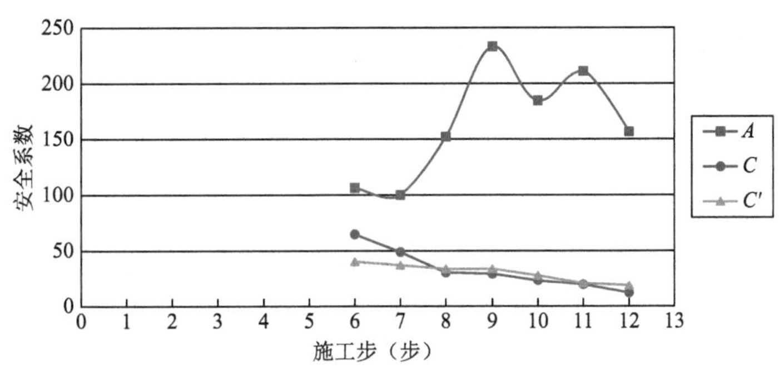


c)二次初期支护安全系数值随施工步变化曲线

图6-23　二次初期支护结构内力与安全系数随施工过程的变化曲线

施工步说明：1-③-1部开挖支护；2-③-2部开挖支护；3-④-1部开挖支护；4-④-2部开挖初期支护；5-⑤-1部开挖支护；6-施作二次初期支护；7-⑤-2部开挖；8-拆除临时支撑；9-⑥部开挖；10-⑦部开挖支护；11-施作二次衬砌仰拱；12-施作拱墙二次衬砌

对比分析二次初期支护和一次初期支护的变化曲线，可以看出：二次初期支护不同于一次初期支护，二次初期支护的内力与安全系数在拆撑后仍然有较大波动。一方面可能是因为二次初期支护弯矩值远小于一次初期支护，波动被放大；另一方面二次初期支护的轴力值在拆撑后仍然有实质性的较大增幅。与一次初期支护类似，$A$点安全系数并不是终态是最小的，但是从整个断面上来说，安全系数最小值出现在终态。总体上二次初期支护的安全系数普遍高于一次初期支护，且安全系数控制部位均为拱脚(受压控制)，因此本工程中初期支护弯矩并非控制因素，且二次初期支护在一次初期支护的调节下，二次初期支护弯矩很小，而轴力相对来说较为明显。

## 6.2.2 不考虑施工过程的“荷载—结构”模式初期支护安全性分析

荷载—结构模式检算一次初期支护和二次初期支护的安全性，这里又分为是否考虑拱顶超前支护（大管棚 + 水平旋喷）两种情况，即分别按“超前支护＋一次初期支护＋二次初期支护”三层支护和“一次初期支护＋二次初期支护”两层支护建模。

### 1）“超前支护＋一次初期支护＋二次初期支护”共同受力模式

（1）计算模型和计算参数

建立如图 6-24 所示的拱部“超前支护 + 一次初期支护 + 二次初期支护”三层支护模型，三层之间用刚性链杆连接，只抗压不抗拉。最外层链杆按地层反力特点设置为只受压链杆单元，取刚度系数 $k$=200MPa/m。超前支护（$\phi$500 双层水平旋喷桩 +$\phi$180 长管棚）根据双层水平旋喷的最大重叠区，确定为相当于厚度 70cm 的支护结构（加固圈）。因此三层支护的计算参数见表 6-20。

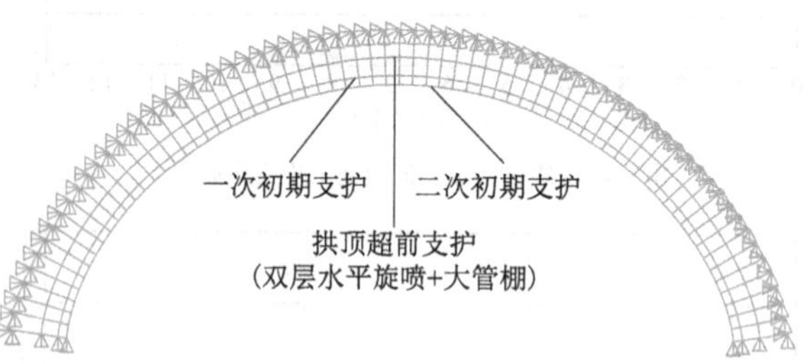


图 6-24 “超前支护 + 一次初期支护 + 二次初期支护”三层支护建模

三层支护结构的计算参数 表 6-20

| 支护类型 | 厚度 $h$（cm） | 弹性模量 $E$（GPa） | 泊松比 $\mu$ | 重度 $\gamma$（kN/m³） |
|---|---|---|---|---|
| 超前支护 | 70 | 2 | 0.25 | 24 |
| 一次初期支护 | 35 | 28.34 | 0.2 | 25 |
| 二次初期支护 | 25 | 28.07 | 0.2 | 25 |

注：一次初期支护的 HW200 型钢钢架、二次初期支护的 180 格栅钢架均按刚度等效折算到弹性模量 $E$。

（2）荷载计算

宽度影响系数： $\omega=1+i(B-5)=1+0.1\times(24.85-5)=2.985$

计算高度： $h_a=0.45\times2^{s-1}\omega=0.45\times2^{5-1}\times2.985=21.492\,(\text{m})$

摩擦角： $\theta=0.6\varphi_c=0.6\times45°=27°$

$$\tan\beta=\tan\varphi_c+\sqrt{\frac{(\tan^2\varphi_c+1)\tan\varphi_c}{\tan\varphi_c-\tan\theta}}$$

$$=\tan45°+\sqrt{\frac{(\tan^2 45°+1)\times\tan45°}{\tan45°-\tan27°}}=3.0193$$

侧压力系数：

$$\lambda = \frac{\tan\beta - \tan\varphi_c}{\tan\beta[1+\tan\beta(\tan\varphi_c - \tan\theta)+\tan\varphi_c\tan\theta]}$$
$$= \frac{3.0193 - \tan 45°}{3.0193\times[1+3.0193\times(\tan 45° - \tan 27°)+\tan 45°\times\tan 27°]} = 0.2236$$

竖直荷载：

$$q = \gamma H\left(1 - \frac{\lambda H\tan\theta}{B}\right)$$
$$= 18.5\times 30\times\left(1 - \frac{0.2236\times 30\times\tan 27°}{24.85}\right) = 478.656\,(\text{kPa})$$

水平荷载：

$$e_1 = \gamma h_1 \lambda$$
$$= 18.5\times 30\times 0.2236 = 124.124\,(\text{kPa})$$
$$e_2 = \gamma h_2 \lambda$$
$$= 18.5\times(30+9.95)\times 0.2236 = 165.292\,(\text{kPa})$$

因此，计算结构所受荷载模式如图 6-25 所示，此处按全部加载至超前支护结构上考虑，然后通过各层支护之间的接触链杆传递作用，如图 6-26 所示。

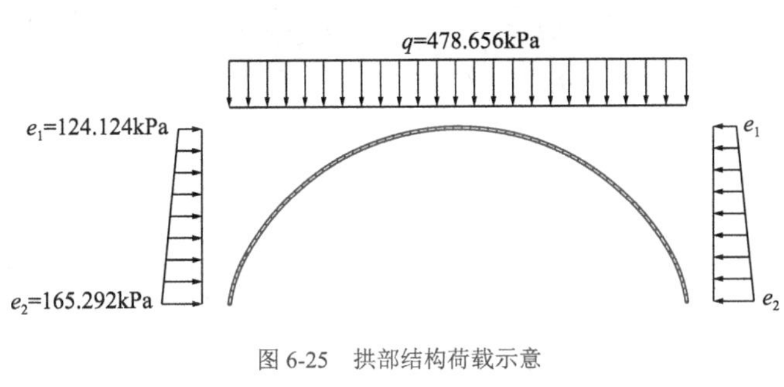


图 6-25　拱部结构荷载示意

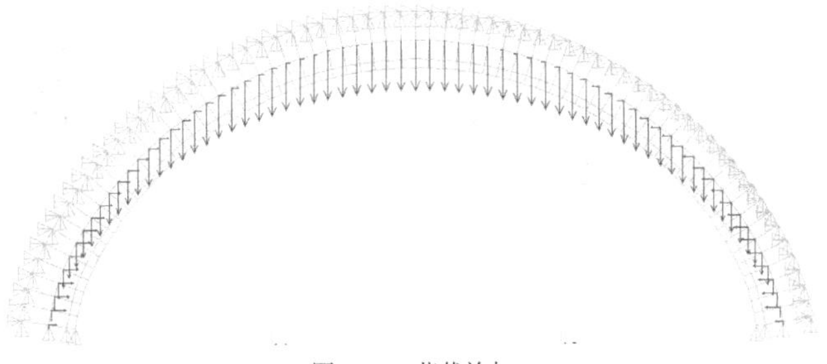

图 6-26　荷载施加

(3)计算结果分析

这里仅对一次初期支护和二次初期支护进行基于《铁路隧道设计规范》(TB 10003—2016) 的破损阶段法安全系数检算。计算结果表明，总体变形趋势如图 6-27 所示，与单层结构变形形态一致，三层之间保持共同变形。整体最大变形量达到 44.16mm。

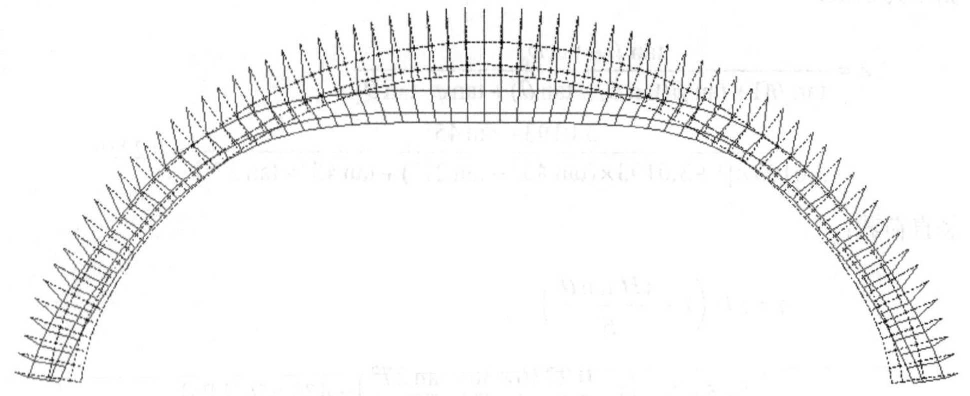

图 6-27　放大后的结构变形图

①一次初期支护安全检算。

提取一次初期支护的弯矩、轴力如图 6-28 所示。根据破损阶段法基本原理，由于结构和荷载均完全对称，则选择一半结构进行检算，对图 6-28a）中的截面控制点（$A$、$B$、$C$ 三点）进行安全检算，检算结果见表 6-21。



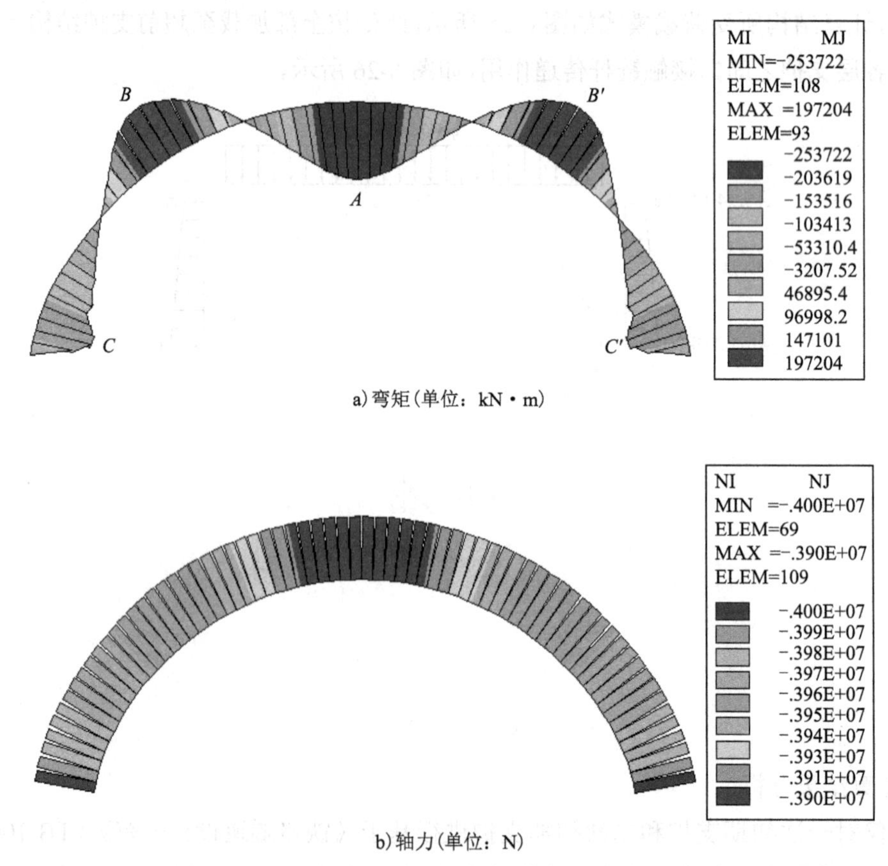


a）弯矩（单位：kN・m）



b）轴力（单位：N）

图 6-28　一次初期支护计算内力图

一次初期支护截面控制点安全检算　　表 6-21

| 位　　置 | 弯矩 $M$ (kN•m) | 轴力 $N$ (kN) | $e_0$ (mm) | $e_0/h$ | 控制状态 | 安全系数 | 备　　注 |
|---|---|---|---|---|---|---|---|
| $A$ | −251.72 | −3903.85 | 64.5 | 0.184 | 混凝土抗压 | 1.74 | 折算为配筋构件检算 |
| $B$ | 195.045 | −3956.05 | 49.3 | 0.141 | 混凝土抗压 | 1.89 | |
| $C$ | −196.84 | −3976.2 | 49.5 | 0.141 | 混凝土抗压 | 1.87 | |

②二次初期支护安全检算。

提取二次初期支护的弯矩、轴力如图 6-29 所示。与一次初期支护同理，选取图 6-29a）中的截面控制点（$A$、$B$、$C$ 三点）按破损阶段法进行安全系数检算，检算结果见表 6-22。

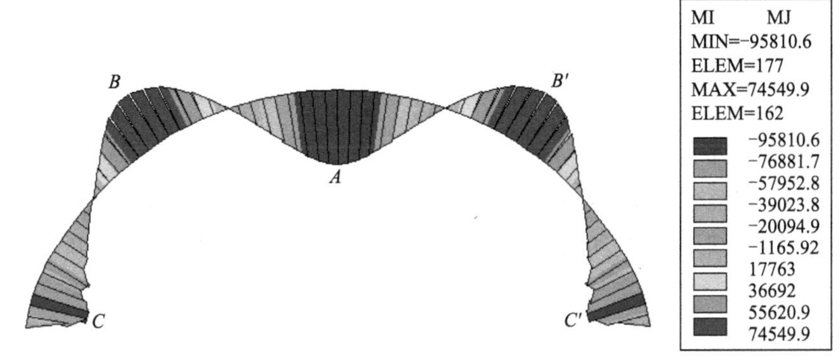


a）弯矩（单位：kN • m）

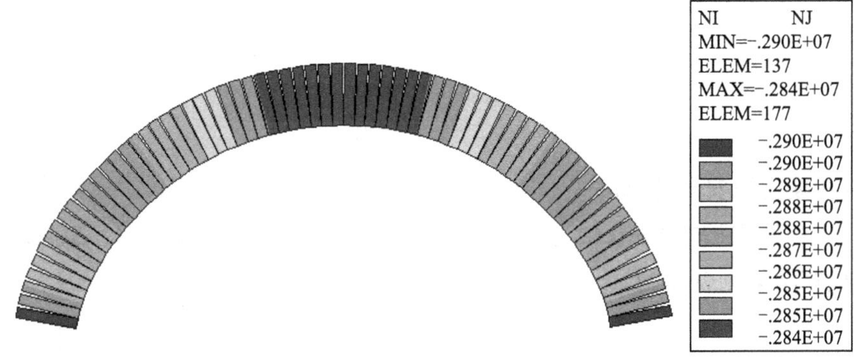


b）轴力（单位：N）

图 6-29　二次初期支护计算内力图

二次初期支护截面控制点结构检算　　表 6-22

| 位　　置 | 弯矩 $M$ (kN•m) | 轴力 $N$ (kN) | $e_0$ (mm) | $e_0/h$ | 控制状态 | 安全系数 | 备　　注 |
|---|---|---|---|---|---|---|---|
| $A$ | −95.055 | −2840.7 | 33.5 | 0.134 | 混凝土抗压 | 1.62 | 折算为配筋构件检算 |
| $B$ | 73.733 | −2866.7 | 25.7 | 0.103 | 混凝土抗压 | 1.76 | |
| $C$ | −77.154 | −2890.6 | 26.7 | 0.107 | 混凝土抗压 | 1.73 | |

### 2)"一次初期支护 + 二次初期支护"共同受力模式(不考虑超前支护)

(1)计算模型和计算参数

与上述"超前支护 + 一次初期支护 + 二次初期支护"三层支护模型相比,仅在于去掉最外层的超前支护结构,链杆进行相应调节,其余计算条件和计算参数不变。"一次初期支护 + 二次初期支护"两层支护计算模型如图 6-30 所示。

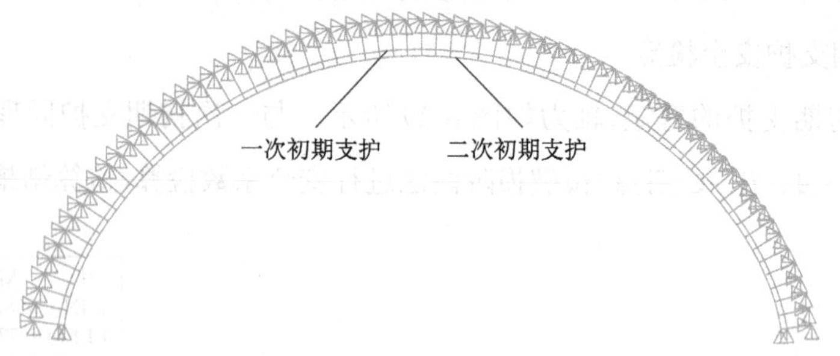


图 6-30 "一次初期支护 + 二次初期支护"两层支护建模

(2)计算结果分析

结构总体变形趋势如图 6-31 所示,变形规律与前述三层结构类似,且两层之间保持共同变形。整体最大变形量达到 44.13mm,与前述三层结构最大变形量几乎相同。

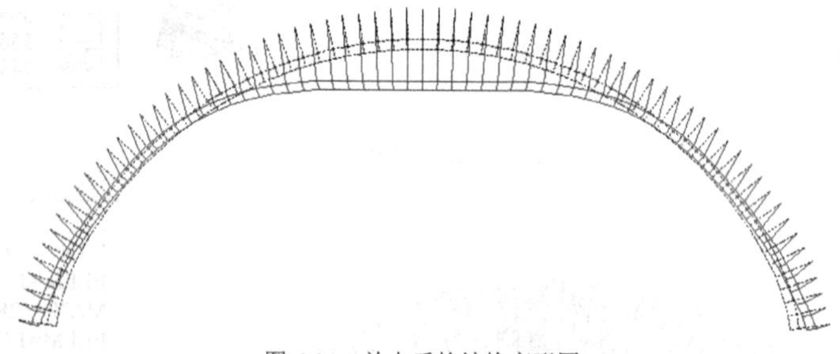

图 6-31 放大后的结构变形图

①一次初期支护安全检算。

提取一次初期支护的弯矩、轴力如图 6-32 所示;对图中截面控制点 $A$、$B$、$C$ 三点进行安全检算,检算结果见表 6-23。

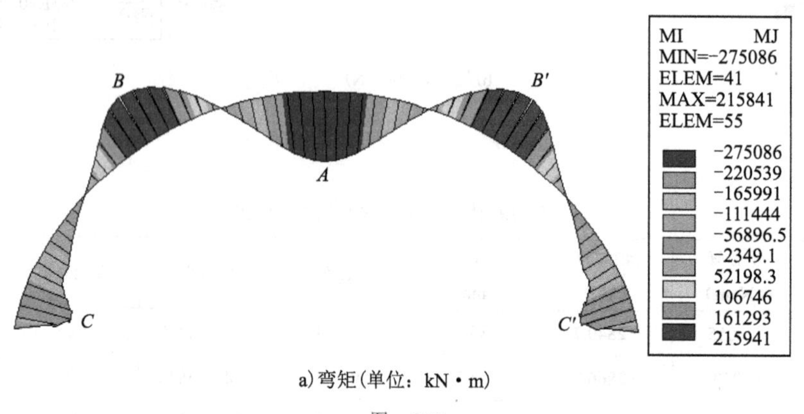


a)弯矩(单位: kN·m)

图 6-32

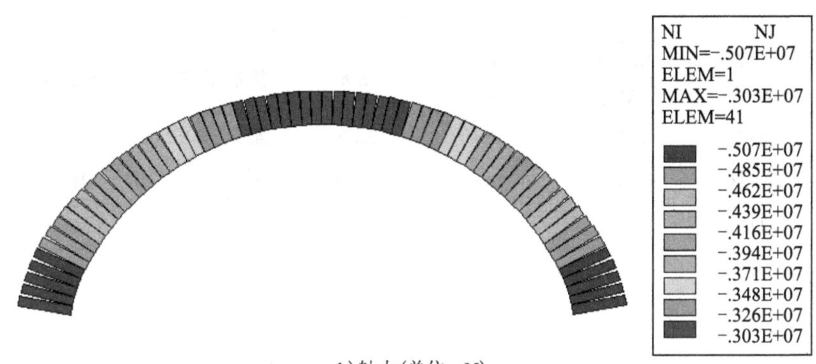


b) 轴力(单位：N)

图 6-32 一次初期支护计算内力图

**一次初期支护截面控制点结构检算** 表 6-23

| 位　置 | 弯矩 $M$（kN·m） | 轴力 $N$（kN） | $e_0$（mm） | $e_0/h$ | 控制状态 | 安全系数 | 备　注 |
|---|---|---|---|---|---|---|---|
| $A$ | -272.75 | -3029.25 | 90.0 | 0.26 | 钢筋混凝土抗拉 | 1.95 | 折算为配筋构件检算 |
| $B$ | 214.275 | -3695.8 | 58.0 | 0.166 | 混凝土抗压 | 1.91 | |
| $C$ | -218.05 | -4976.6 | 43.8 | 0.125 | 混凝土抗压 | 1.55 | |

②二次初期支护安全检算。

提取一次初期支护的弯矩、轴力如图 6-33 所示。对图中截面控制点 $A$、$B$、$C$ 三点进行安全检算，检算结果见表 6-24。

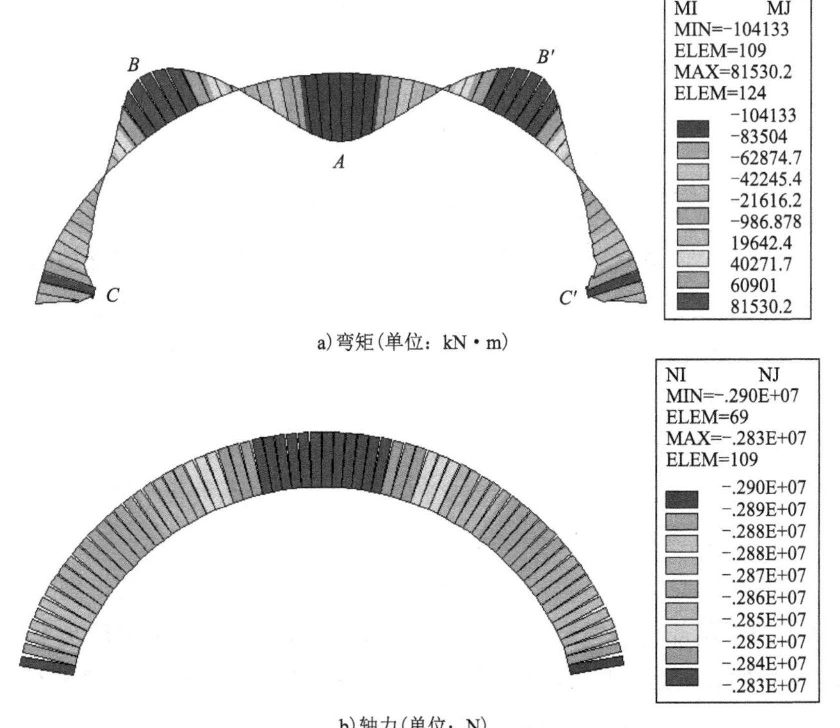


a) 弯矩(单位：kN · m)

b) 轴力(单位：N)

图 6-33 二次初期支护计算内力图

二次初期支护截面控制点结构检算　　表 6-24

| 位　　置 | 弯矩 $M$（kN•m） | 轴力 $N$（kN） | $e_0$（mm） | $e_0/h$ | 控制状态 | 安全系数 | 备　　注 |
|---|---|---|---|---|---|---|---|
| $A$ | -103.25 | -2833.4 | 36.4 | 0.146 | 混凝土抗压 | 1.57 | 折算为配筋构件检算 |
| $B$ | 80.928 | -2858.95 | 28.3 | 0.113 | 混凝土抗压 | 1.71 | |
| $C$ | -84.925 | -2882.2 | 29.5 | 0.118 | 混凝土抗压 | 1.67 | |

### 3）三层支护和两层支护效果对比分析

在“荷载 - 结构”模式计算的前提下，考虑拱顶超前支护的三层支护模型和不考虑超前支护的两层支护模型计算结果对比见表 6-25、表 6-26。

一次初期支护截面控制点结构检算　　表 6-25

| 三层支护（考虑超前支护）模型 | | | | 两层支护（不考虑超前支护）模型 | | | |
|---|---|---|---|---|---|---|---|
| 位置 | 弯矩 $M$（kN•m） | 轴力 $N$（kN） | 安全系数 | 位置 | 弯矩 $M$（kN•m） | 轴力 $N$（kN） | 安全系数 |
| $A$ | -251.72 | -3903.85 | 1.74 | $A$ | -272.75 | -3029.25 | 1.95 |
| $B$ | 195.045 | -3956.05 | 1.89 | $B$ | 214.275 | -3695.8 | 1.91 |
| $C$ | -196.84 | -3976.2 | 1.87 | $C$ | -218.05 | -4976.6 | 1.55 |

二次初期支护截面控制点结构检算　　表 6-26

| 三层支护（考虑超前支护）模型 | | | | 两层支护（不考虑超前支护）模型 | | | |
|---|---|---|---|---|---|---|---|
| 位置 | 弯矩 $M$（kN•m） | 轴力 $N$（kN） | 安全系数 | 位置 | 弯矩 $M$（kN•m） | 轴力 $N$（kN） | 安全系数 |
| $A$ | -95.055 | -2840.7 | 1.62 | $A$ | -103.25 | -2833.4 | 1.57 |
| $B$ | 73.733 | -2866.7 | 1.76 | $B$ | 80.928 | -2858.95 | 1.71 |
| $C$ | -77.154 | -2890.6 | 1.73 | $C$ | -84.925 | -2882.2 | 1.67 |

从表可以看出，对于一次初期支护而言：相比考虑超前支护，不考虑超前支护拱顶的安全系数增加，拱脚的安全系数减小，也即不考虑超前支护工况，一次初期支护的安全控制点（薄弱点）转至拱脚；对于二次初期支护而言：相比考虑超前支护，不考虑超前支护工况无论拱顶还是拱脚的安全系数均减小，但减小幅度不大，无论考虑不考虑超前支护，二次初期支护的安全控制点（薄弱点）都在拱顶。

因此，超前支护对一次初期支护有调匀作用，使其安全系数极大值与极小值的差值从 0.4（不考虑超前支护）到 0.15（考虑超前支护），甚至将安全系数极小值部位从拱脚（不考虑超前支护）调到拱顶（考虑超前支护）。

相应的，一次初期支护对二次初期支护有保护作用，从考虑超前支护到不考虑超前支护，二次初期支护不同部位的安全系数表现为同步变化，且无论是考虑还是不考虑超前支护，二次初期支护的安全系数都已经被一次初期支护调整的较为均匀（考虑与不考虑超前支护，二次初期支护的安全系数极大值和极小值的差值均为 0.14）。

还有一点值得注意的是，无论考虑还是不考虑超前支护，一次初期支护与二次初期支护的拱顶弯矩比值均接近于 2.64，而一次初期支护与二次初期支护的抗弯刚度（EI）比值为 2.77，扣除二者自重影响，基本服从刚度分配，符合预期。

### 6.2.3 是否考虑过程相关性的支护体系受力特征对比分析

对比分析 6.2.1 节（考虑施工过程影响的地层结构模式计算）和 6.2.2 节（不考虑过程影响的荷载结构模式计算）的计算结果，可以得出以下结论：

（1）从量值上来看，考虑施工过程影响工况的一次初期支护安全系数最小值为 3.389，出现在终态的拱脚部位；而不考虑过程影响工况则为 1.55，出现部位也在拱脚部位。考虑施工过程影响工况的二次初期支护安全系数最小值为 12.378，出现在终态的拱脚部位；而不考虑过程影响工况则为 1.57，出现于拱顶部位。

（2）从一次初期支护内力与二次初期支护内力的对比上来看，考虑施工过程影响工况比不考虑过程影响更显著，也即考虑施工过程影响工况的一次初期支护内力与二次初期支护内力差值（或比值）更大、更明显。

（3）从整个检算断面的内力与安全系数分布规律来看，不考虑施工过程影响工况的分布形态相对更为均匀，而考虑施工过程影响不但在同一施工步不同部位有较大波动，在同一部位的不同施工步亦可能发生正负交替。

尽管本工程在考虑过程相关性的初期支护安全系数检算过程中，部分点位的安全系数大小有增有减，但是总体上均是在终态达到最小值（控制状态）。而此最小值明显大于不考虑施工过程影响的计算值。随着特大跨度、超大断面隧道越来越多的出现，如若一味以保守的“荷载—结构”模式检算要求，也可能需要很厚的初期支护，再加上如果不考虑空间效应的折减，可能出现初期支护无法满足设计要求的局面，因此，科学合理地采用过程相关性设计是必要的，工程实践证明也是可行、可靠的。

## 6.3 围岩压力在多层支护之间的传递规律

### 6.3.1 不考虑施工过程的按刚度分配规律研究

基于 6.2.2 节的“超前支护 + 一次初期支护 + 二次初期支护”三层支护计算模型（各层之间均用抗压不抗拉的链杆连接）与计算结果，这里提取链杆轴力作为各层之间的接触应力，用以研究荷载在不考虑施工过程条件下、在多层支护之间的传递规律。

如图 6-34 所示，以拱顶为例，超前支护与一次初期支护之间的接触应力为 534.6kPa，而一次初期支护与二次支护的接触应力为 219kPa，二者各占百分比约为 70.94% 和 29.06%。

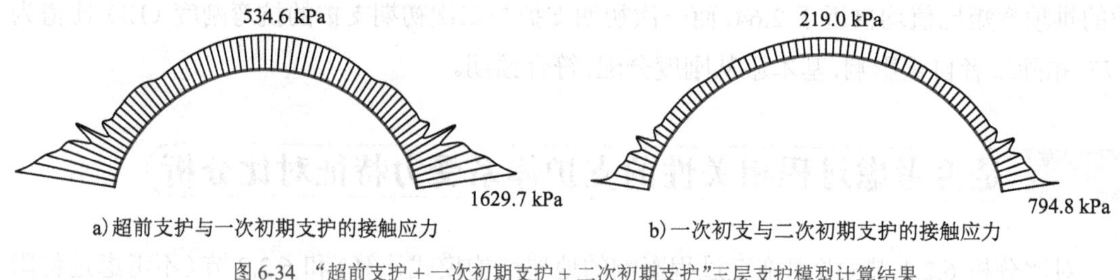


a）超前支护与一次初期支护的接触应力　　b）一次初支与二次初期支护的接触应力

图 6-34 “超前支护 + 一次初期支护 + 二次初期支护”三层支护模型计算结果

## 6.3.2 考虑施工过程的多层支护之间的围岩压力传递特点

考虑施工过程影响的多层支护之间的围岩压力传递规律从数值模拟、模型试验和现场测试分别加以分析。

### 1）数值模拟

基于 6.2.1 节的考虑施工过程影响的地层结构模式计算成果，提取各层之间的接触应力如图 6-35 所示。

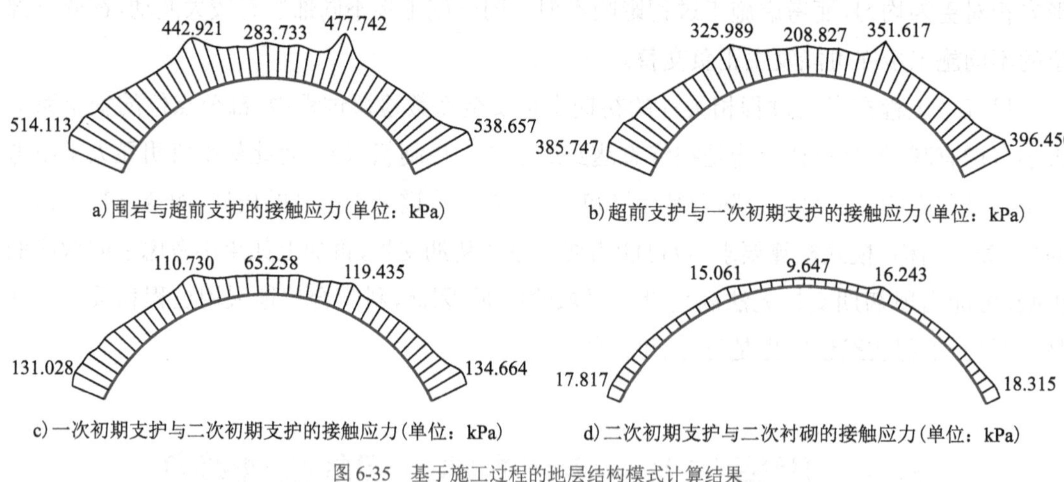


a）围岩与超前支护的接触应力（单位：kPa）　　b）超前支护与一次初期支护的接触应力（单位：kPa）

c）一次初期支护与二次初期支护的接触应力（单位：kPa）　　d）二次初期支护与二次衬砌的接触应力（单位：kPa）

图 6-35 基于施工过程的地层结构模式计算结果

从图 6-35 中可以看出，以拱顶为例，从超前支护、一次初期支护、二次初期支护到二次衬砌各自承担的围岩压力（更确切地说是接触应力）分别为 283.733kPa、208.827kPa、65.258kPa、9.647kPa，换算为百分比形式为 50%、36.8%、11.5%、1.7%。即若本工程超前支护施工较为理想的话，可以承担近 50% 荷载。

剔除超前支护和二次衬砌，单独换算双层初期支护之间的围岩压力传递比，可以得到一次初期支护和二次初期支护承担压力比值为 76.19%、23.81%。

### 2）模型试验

基于 4.4 节的模型试验研究，布置压力盒监测点位置如图 6-36 所示，图中标号为压力盒测点编号。重点在于测试围岩与一次初期支护、一次初期支护与二次初期支护、二次初期支护与二次衬砌之间的接触应力。

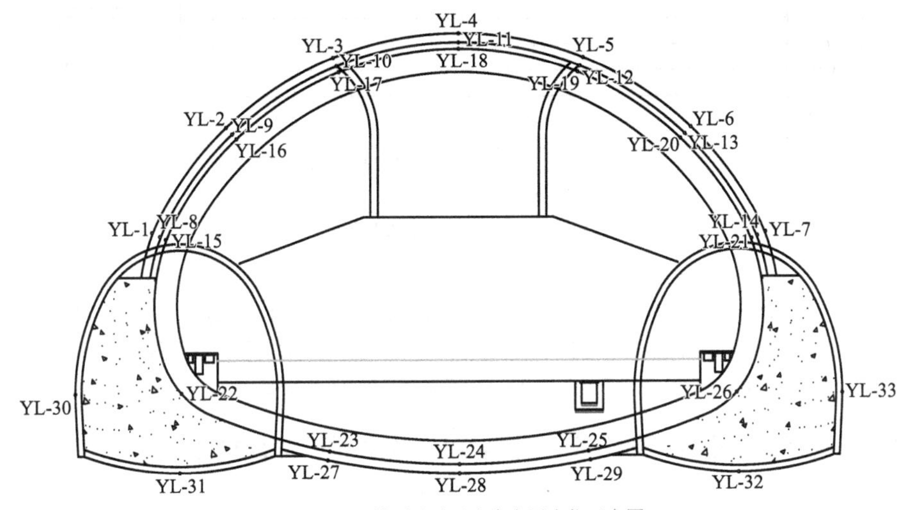


图 6-36　模型试验压力盒布置点位示意图

试验结果所得压力盒测试数据随施工步的变化曲线如图 6-37 所示。

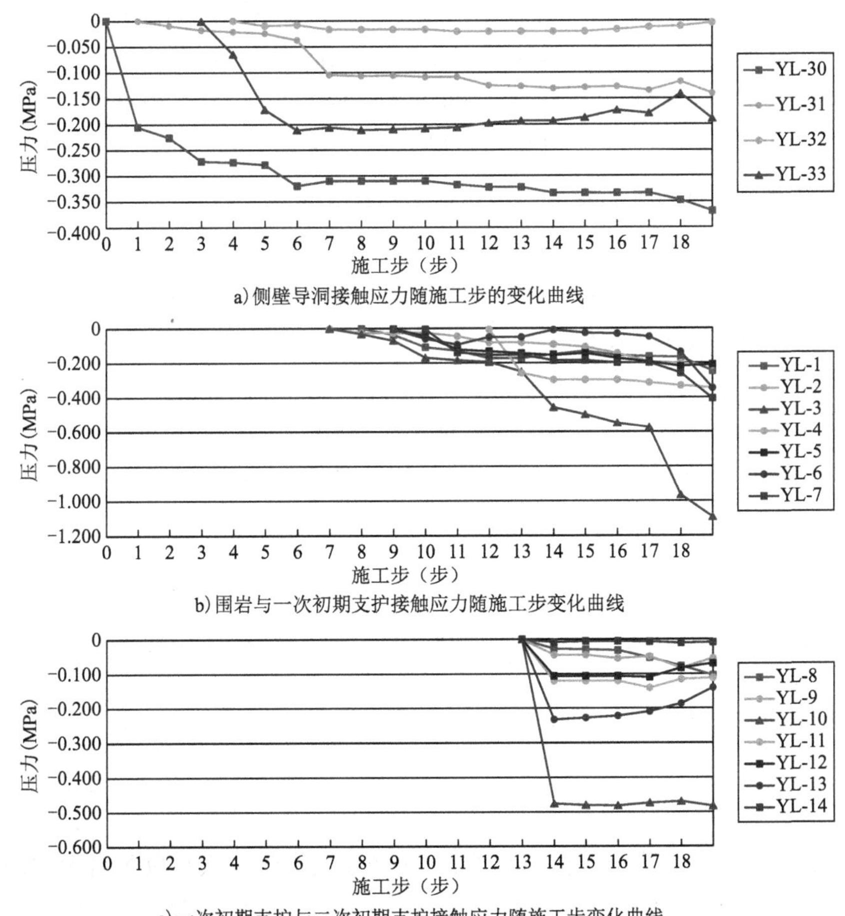


a) 侧壁导洞接触应力随施工步的变化曲线

b) 围岩与一次初期支护接触应力随施工步变化曲线

c) 一次初期支护与二次初期支护接触应力随施工步变化曲线

图　6-37

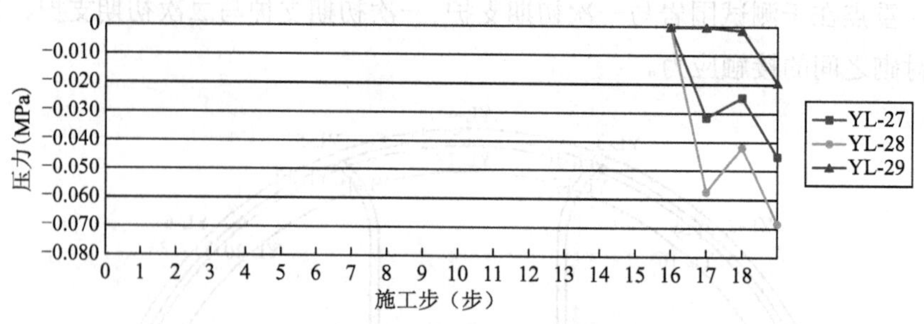


d)围岩与仰拱初期支护接触应力随施工步变化曲线

图 6-37　模型试验测试数据随施工步变化曲线

施工步说明:1-①-1部开挖支护;2-①-2部开挖支护;3-Ⅰ-Ⅲ部施作;4-②-1部开挖支护;5-②-2部开挖支护;6-②-Ⅲ部施作;7-③-1部开挖支护;8-③-2部开挖支护;9-④-1部开挖支护;10-④-2部开挖支护;11-⑤-1部开挖支护;12-⑤-2部开挖支护;13-二次初期支护施作;14-临时竖撑拆除;15-⑥部开挖支护;16-⑦部开挖支护;17-导洞临时撑拆除;18-Ⅷ部施作

选取拱部测试数据进行详细分析,将围岩压力数据列于表 6-27 中。

模型试验拱部围岩压力测试数据(MPa)　　表 6-27

| 一次初期支护承担压力(压力盒测点编号) | YL-1 | YL-2 | YL-3 | YL-4 | YL-5 | YL-6 | YL-7 |
|---|---|---|---|---|---|---|---|
| 压力值 | −0.245 | −0.220 | −1.099 | −0.345 | −0.202 | −0.348 | −0.405 |
| 二次初期支护承担压力(压力盒编号) | YL-8 | YL-9 | YL-10 | YL-11 | YL-12 | YL-13 | YL-14 |
| 压力值 | −0.105 | −0.056 | −0.480 | −0.109 | −0.070 | −0.141 | −0.007 |
| 二次衬砌承担压力(压力盒编号) | YL-15 | YL-16 | YL-17 | YL-18 | YL-19 | YL-20 | YL-21 |
| 压力值 | −0.010 | −0.013 | −0.072 | −0.056 | −0.045 | −0.030 | −0.050 |

由于模型试验测试数据的离散性相比数值模拟计算要大得多,这里不简单地仅取拱顶压力分析围岩压力传递规律,而是将上述结果平均化处理,分别计算每组压力盒(将同一部位从外到内的 3 个压力盒称作 1 组)测试点位的传递规律,然后取平均占比(每一层支护占三层总和的比例),具体见表 6-28。

基于模型试验的围岩压力在多层支护之间的分配比例　　表 6-28

| 压力盒位置 | YL-1 | YL-2 | YL-3 | YL-4 | YL-5 | YL-6 | YL-7 |
|---|---|---|---|---|---|---|---|
| 一次初期支护承担压力(MPa) | −0.245 | −0.220 | −1.099 | −0.345 | −0.202 | −0.348 | −0.405 |
| 占比(%) | 68.1 | 76.1 | 66.6 | 67.6 | 63.7 | 67.1 | 87.7 |
| 平均占比(%) | 71 | | | | | | |
| 二次初期支护承担压力(MPa) | −0.105 | −0.056 | −0.480 | −0.109 | −0.070 | −0.141 | −0.007 |
| 占比(%) | 29.2 | 19.4 | 29.1 | 21.4 | 22.1 | 27.2 | 1.5 |
| 平均占比(%) | 21.4 | | | | | | |
| 二次衬砌承担压力(MPa) | −0.010 | −0.013 | −0.072 | −0.056 | −0.045 | −0.030 | −0.050 |
| 占比(%) | 2.8 | 4.5 | 4.4 | 11.0 | 14.2 | 5.8 | 10.8 |
| 平均占比(%) | 7.6 | | | | | | |

从表 6-28 可以看出:从一次初期支护、二次初期支护到二次衬砌各自承担的围岩压力占比为:71% ∶ 21.4% ∶ 7.6%。剔除二次衬砌,单独换算双层初期支护之间的围岩压力传递比,可以得到一次初期支护和二次初期支护承担压力占比为:76.84% ∶ 23.16%。

### 3）现场测试

为了在图上显示的更清楚，这里将现场布置压力盒情况分成两幅图加以表述，如图 6-38 所示。在围岩与一次初期支护（拱部）、一次初期支护与二次初期支护、二次初期支护与二次衬砌（拱部）之间布置 11 组压力盒测点（同一部位从外到内的 3 个压力盒为 1 组）。同时，在其他部位的初期支护与二次衬砌之间还布置了 5 个压力盒测点；在导洞初期支护与靴型大边墙之间布置 12 个压力盒测点。图 6-38a）中 YL-1 ～ YL-38 和图 6-38b）中的 YL-12 ～ YL-50 均代表压力盒测点号。

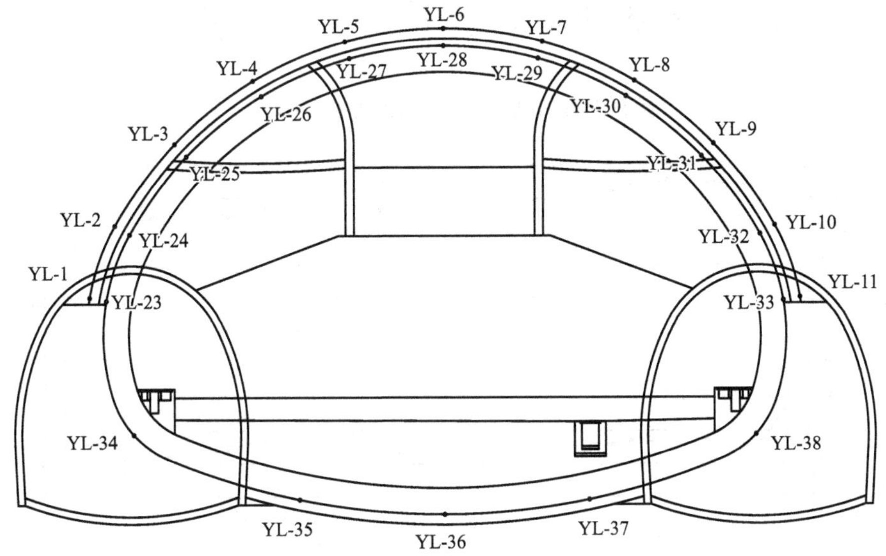


a）一次初期支护和二次衬砌压力盒布置点位示意

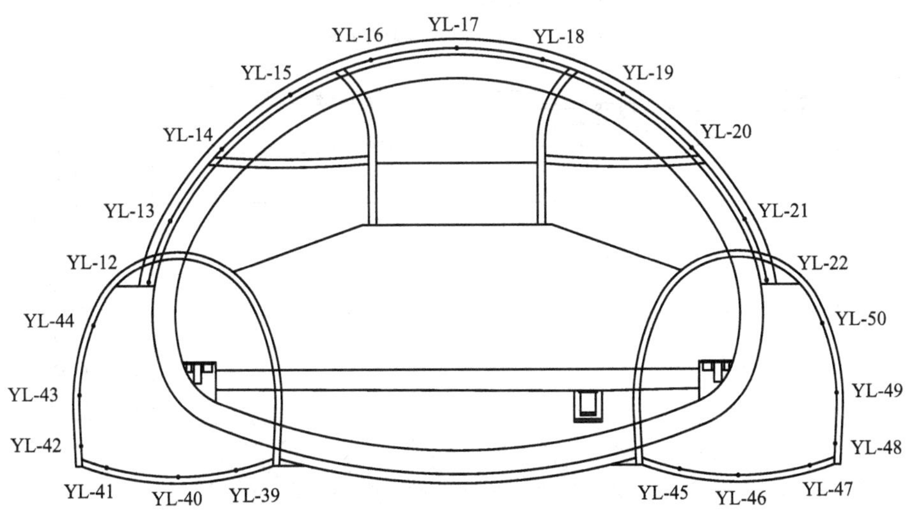


b）二次初期支护和导洞压力盒布置点位示意

图 6-38　现场测试压力盒布置点位示意图

现场实测压力盒数据如图 6-39 所示。

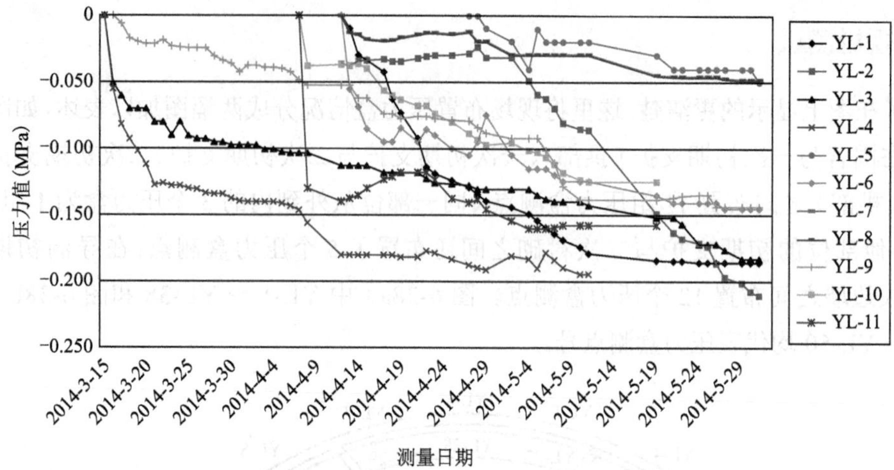


a) 围岩与拱部一次初期支护的接触应力变化曲线

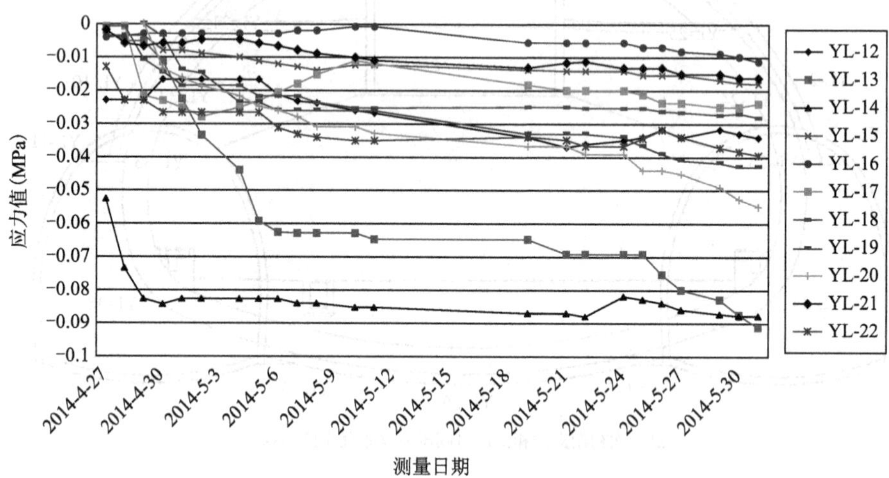


b) 一次初期支护与二次初期支护的接触应力变化曲线

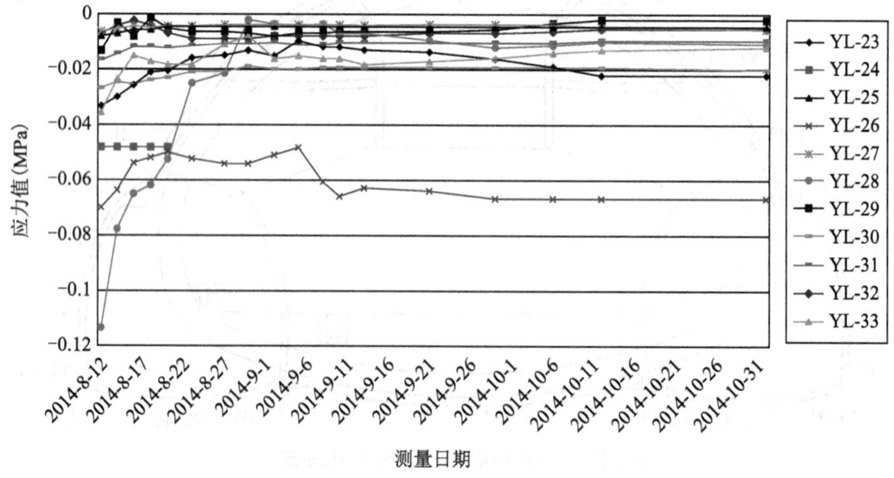


c) 二次初期支护与二次衬砌的接触应力变化曲线

图 6-39　现场测试压力盒数据随时间变化曲线

以最终测量结果作为各接触面的压力终值，并将压力终值绘制于相应结构，形成压力分布图，如图 6-40 所示。

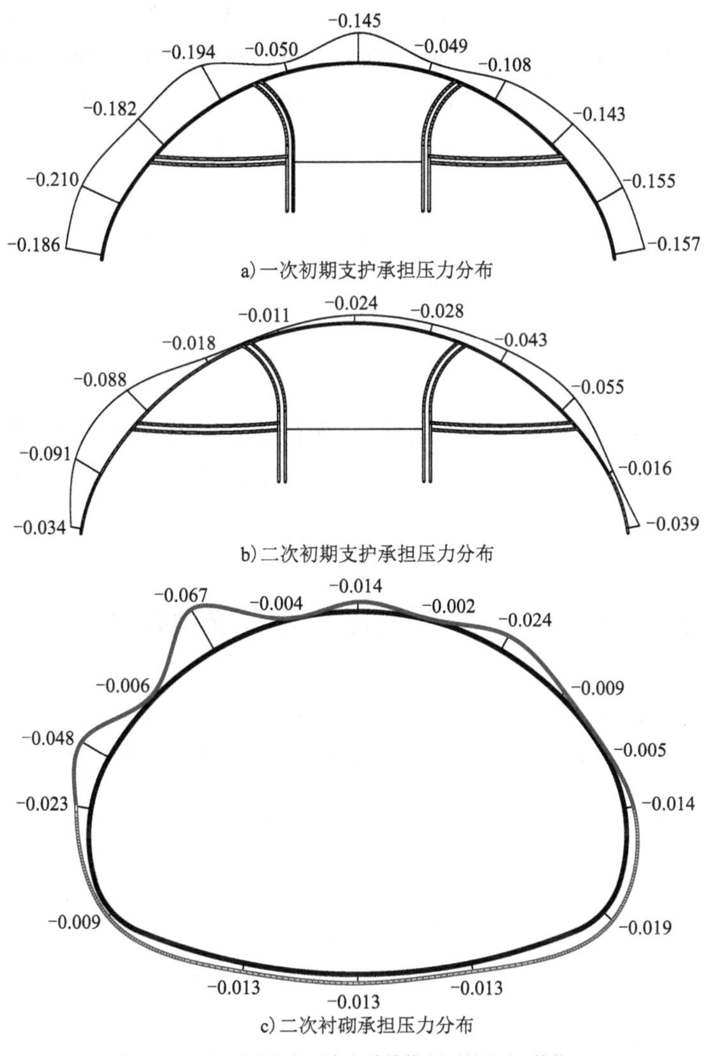


图 6-40　现场测试终态压力在结构横断面的分布（单位：MPa）

与模型试验数据处理同理，分别计算每组压力盒（将同一部位从外到内的 3 个压力盒称作为 1 组）测试点位的传递规律，然后取平均占比（占比这里指每一层支护承担压力占三层总和的比例），见表 6-29。

基于现场测试的围岩压力在多层支护之间的分配比例　　表 6-29

| 部位 | 拱部左侧导洞（3 部） | | | | 拱部正中（5 部） | | | 拱部右侧导洞（4 部） | | | |
|---|---|---|---|---|---|---|---|---|---|---|---|
| 压力盒位置 | 1 | 2 | 3 | 4 | 5 | 6 | 7 | 8 | 9 | 10 | 11 |
| 一次初期支护承担压力（MPa） | -0.186 | -0.210 | -0.182 | -0.194 | -0.050 | -0.145 | -0.049 | -0.108 | -0.143 | -0.155 | -0.157 |
| 占比（%） | 76.5 | 60.2 | 66.0 | 69.5 | 76.9 | 79.2 | 61.7 | 61.7 | 69.1 | 88.1 | 74.8 |
| 分部平均占比（%） | 68.1 | | | | 72.6 | | | 73.4 | | | |
| 总平均占比（%） | 71.4 | | | | | | | | | | |

续上表

| 部位 | 拱部左侧导洞(3 部) | | | | 拱部正中(5 部) | | | 拱部右侧导洞(4 部) | | | |
|---|---|---|---|---|---|---|---|---|---|---|---|
| 压力盒位置 | 1 | 2 | 3 | 4 | 5 | 6 | 7 | 8 | 9 | 10 | 11 |
| 二次初期支护承担压力(MPa) | -0.034 | -0.091 | -0.088 | -0.018 | -0.011 | -0.024 | -0.028 | -0.043 | -0.055 | -0.016 | -0.039 |
| 占比(%) | 14.0 | 26.1 | 31.9 | 6.5 | 16.9 | 13.1 | 35.8 | 24.6 | 26.6 | 9.1 | 18.6 |
| 分部平均占比(%) | 19.6 | | | | 21.9 | | | 19.7 | | | |
| 总平均占比(%) | 20.4 | | | | | | | | | | |
| 二次衬砌承担压力(MPa) | -0.023 | -0.048 | -0.006 | -0.067 | -0.004 | -0.014 | -0.002 | -0.024 | -0.009 | -0.005 | -0.014 |
| 占比(%) | 9.5 | 13.8 | 2.0 | 24.0 | 6.2 | 7.7 | 2.5 | 13.7 | 4.3 | 2.8 | 6.7 |
| 分部平均占比(%) | 12.3 | | | | 5.4 | | | 6.9 | | | |
| 总平均占比(%) | 8.2 | | | | | | | | | | |

从表 6-29 中可以看出：从一次初期支护、二次初期支护到二次衬砌各自承担的围岩压力占比为：71.4%∶20.4%∶8.2%。剔除二次衬砌，换算双层初期支护之间的围岩压力传递比，可以得到一次初期支护和二次初期支护承担压力占比为 77.78%∶22.22%。



## 6.3.3 围岩压力分配与支护时间和支护刚度耦合规律

综合各种工况分析，这里主要基于双层初期支护之间的压力分配来讨论围岩压力分配与支护时间和支护刚度的耦合机理问题。分别将基于理论计算结果（按 *EI* 刚度考虑）、荷载结构模式计算、地层结构模式计算、模型试验、现场测试结果的双层初期支护压力分配情况列于表 6-30 中。

基于多种方法的围岩压力在多层支护之间的分配比例汇总　　表 6-30

| 项　目 | 理论计算<br>(*EI* 刚度分配) | 荷载结构模式计算<br>(刚度) | 地层结构模式计算<br>(时间 + 刚度) | 模型试验<br>(时间 + 刚度) | 现场测试<br>(时间 + 刚度) |
|---|---|---|---|---|---|
| 一次初期支护承担压力占比(%) | 73.47 | 70.94 | 76.19 | 76.84% | 77.78 |
| 二次初期支护承担压力占比(%) | 26.53 | 29.06 | 23.81 | 23.16 | 22.22 |

从表 6-30 中可以看出：根据抗弯刚度（*EI*，一次初期支护和二次初期支护的刚度 *E* 分别为 28.34GPa 和 28.07GPa，两者厚度分别为 35cm 和 25cm）计算的双层初期支护分担压力占比并不完全等于荷载结构模式计算值，这主要是因为荷载结构模式计算的时候考虑了自重，综合抗弯刚度以荷载结构模式计算为基准，再引入时间（施作时机）因素后，地层结构模式计算、模型试验与现场测试结果均反映“一次初期支护分担压力有所增加，相应的二次初期支护分担压力比例减少”。

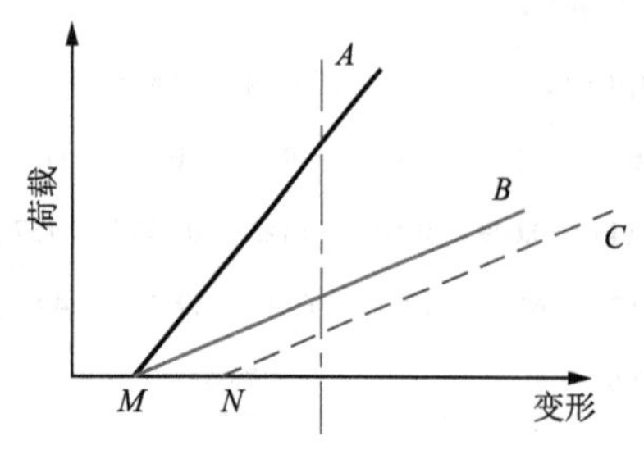

图 6-41　荷载分配与施作时间和支护刚度的关系

借助于图 6-41，横坐标虽然是变形，但一般情况下，变形与时间（或者是施作时机）是相辅相成的，施作越晚，变形越大，因此这里赋予横坐标有变形和时间的双重意义。图中 *MA* 直线表示一次初期支护；*MB* 表示与一次初期支护同时施作的二次初期支护，也即仅考虑刚度分配的情况；*MC* 表示二次初期支护后于一次初期支护施作。因此从图中可以看出：二次初期支护施作越晚，分担的荷载越小，亦有可能施作过晚，分担不到荷载，因此可以认为荷载分配服从“先时间，后刚度”。从双层支护刚度的差值可以看出，差值越大，时间（施作时机）因素的影响越弱，类似于本工程一次初期支护理论刚度是二次初期支护的 2.77 倍，在考虑了“时间 + 刚度”作用后的一次初期支护分担荷载增幅并不大，就如图中 *MB* 直线越是远离 *MA*，平移 *MB* 后引起的荷载分配比例变化幅度并不大，反之，若双层初期支护的刚度接近，则时间因素变得很敏感，稍微平移 *MB*，即可能引起分配比例大幅变动。

# 6.4 临时竖撑轴力演变与现场拆撑试验

## 6.4.1 临时竖撑轴力的过程相关性分析

临时竖撑轴力由于拆撑风险而被关注，同样，关注其轴力在施工过程中的演变如图 6-42 所示。

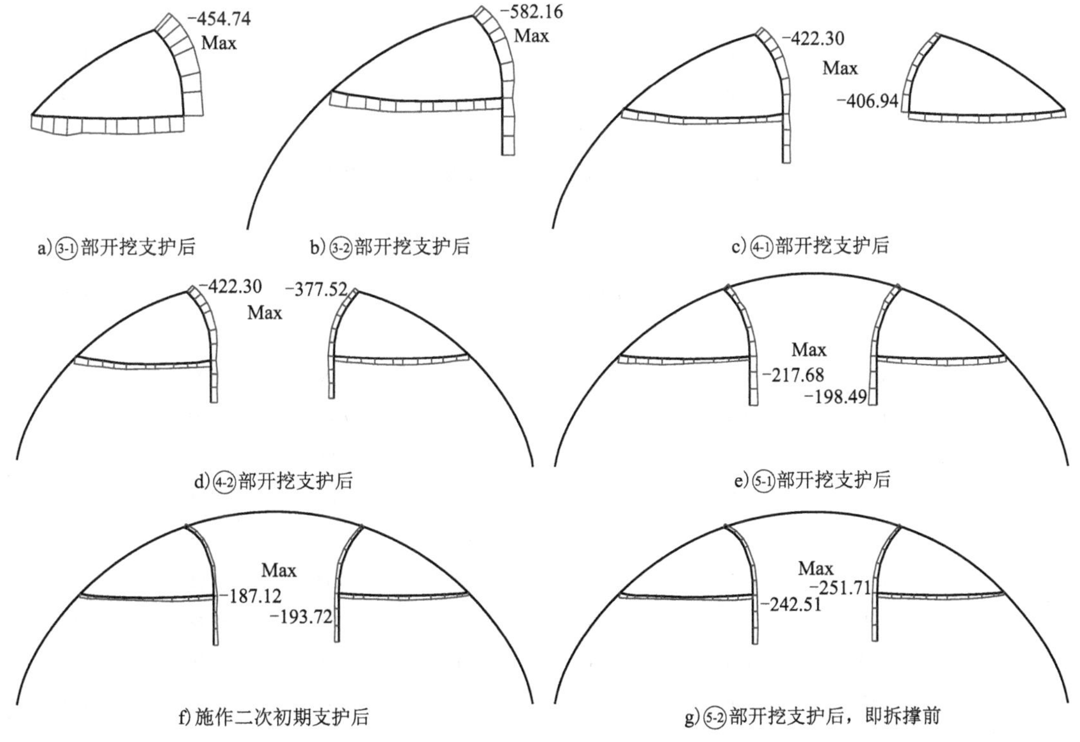


图 6-42　临时竖撑轴力在施工过程中的演变（单位：kN）

从图 6-42 可以看出：临时支撑轴力非但不是一个增加的过程，反而是一个减小的过程，尤其是初期支护在拱部封闭后，临时竖撑轴力大幅度减小［图 6-42d）、图 6-42e）］，这也可以解释现场越到施工后期临时支撑损坏的越严重，越没有导致围岩失稳的原因。且临时竖撑在本工程的软弱围岩中不明显，尤其是在二次初期支护施作后，临时竖撑轴力最值从左边换到右边，且两边差值很小。

## 6.4.2 现场拆除临时竖撑前后的监测数据对比分析

以浅埋段 DK268+236 监测断面为例，对比分析临时竖撑拆除前后拱部初期支护喷射混凝土与钢架的应力变化情况。

喷射混凝土应变计和钢架表面应变计的监测点布置详见 7.6 节。这里仅列出一次初期支护喷射混凝土和钢架在拆撑前后的量测结果，见表 6-31。

拆撑前后初期支护钢架和喷混凝土应力量测结果对比　　表 6-31

| 量测项目 | 量测位置 | 一次初期支护量测值（MPa） | | | | | |
|---|---|---|---|---|---|---|---|
| | | 拆撑前 | | 拆撑后 | | 增量（拆撑后—拆撑前） | |
| | | 内侧 | 外侧 | 内侧 | 外侧 | 内侧 | 外侧 |
| 钢架应力 | G1 | -1.24 | -5.30 | -1.84 | -5.74 | -0.6 | -0.44 |
| | G2 | -11.60 | -32.50 | -12.36 | -32.78 | -0.76 | -0.28 |
| | G3 | 7.80 | 156.08 | 6.50 | 157.84 | -1.3 | 1.76 |
| | G4 | -119.44 | -153.56 | -132.12 | -162.66 | -12.68 | -9.1 |
| | G5 | -4.52 | 无 | -5.10 | 无 | -0.58 | 无 |
| | G6 | -13.50 | -4.44 | -15.00 | -4.66 | -1.5 | -0.22 |
| | G7 | -17.28 | -34.44 | -16.32 | -35.64 | 0.96 | -1.2 |
| | G8 | -91.54 | -129.14 | -94.44 | -132.70 | -2.9 | -3.56 |
| | G9 | -52.04 | -67.68 | -53.66 | -68.18 | -1.62 | -0.5 |
| | G10 | -70.22 | 12.78 | -74.18 | 13.68 | -3.96 | 0.9 |
| | G11 | -1.28 | -8.86 | -1.46 | -9.26 | -0.18 | -0.4 |
| 混凝土应力 | C1 | -2.61 | -0.63 | -2.97 | -1.04 | -0.36 | -0.41 |
| | C2 | -3.25 | -3.55 | -3.96 | -3.67 | -0.71 | -0.12 |
| | C3 | -3.79 | -2.92 | -4.06 | -2.98 | -0.27 | -0.06 |
| | C4 | -11.78 | -9.10 | -12.70 | -9.07 | -0.92 | 0.03 |
| | C5 | -5.68 | -5.30 | -5.79 | -5.42 | -0.11 | -0.12 |
| | C6 | -7.54 | -7.07 | -7.72 | -7.15 | -0.18 | -0.08 |
| | C7 | -3.58 | -5.18 | -3.63 | -5.34 | -0.05 | -0.16 |
| | C8 | -14.20 | -16.28 | -14.75 | -16.45 | -0.55 | -0.17 |
| | C9 | -3.65 | -3.70 | -3.83 | -3.80 | -0.18 | -0.1 |
| | C10 | -4.12 | -6.54 | -4.31 | -6.82 | -0.19 | -0.28 |
| | C11 | -0.68 | -17.19 | -0.99 | -18.10 | -0.31 | -0.91 |

注：负号表示受压。

从表 6-31 中可以看出：临时竖撑拆除后初期支护应力基本表现为压力增加，但增幅不大，大部分都在 1MPa 以内。且拆撑前后实测应力均未超过喷射混凝土和钢架的极限强度。因此，从监测结果看，拆撑过程是安全可靠的，对于拆撑风险的预估与风险控制措施是合理有效的。

图 6-43 为部分现场拆撑照片。

a）　b）　c）　d）

图 6-43　现场部分拆撑前后的照片

# 第7章 超大断面隧道关键施工技术

*Construction Technology of Super Large Section Tunnel in Shallow-buried Soft Ground*

## 7.1 高压水平旋喷桩施工技术

### 7.1.1 高压水平旋喷桩施工工艺试验

#### 1）试验桩的目的

为保证正洞高压水平旋喷桩能顺利实施，在新考塘隧道出口线左35m位置进行高压水平旋喷桩试验，试验桩长度40m。通过进行高压水平旋喷桩试桩试验，总结出在全风化花岗岩地层中的施工参数，以满足设计要求的旋喷桩桩径不小于500mm的要求。试验桩的工作内容包括设备配置、人员配置、旋喷压力量测、回拔速度量测、水泥浆液配合比检测等。

#### 2）试验桩实施过程

（1）根据设计要求确定水平旋喷桩初步设计参数，见表7-1，高压水平旋喷桩试验桩现场照片如图7-1所示。

高压水平旋喷桩试验桩初步技术参数表　　表7-1

| 序号 | 名称 | 初步参数 | 备注 |
|---|---|---|---|
| 1 | 喷嘴直径(mm) | 2.8 | 与喷射进入土体的深度有关 |
| 2 | 旋喷压力(MPa) | 36 | 与成桩大小有关 |

续上表

| 序　号 | 名　称 | 初步参数 | 备　注 |
|---|---|---|---|
| 3 | 转速(r/min) | 12 | 与成桩直径有关 |
| 4 | 回拔速度(cm/min) | 25 | 与桩体质量有关 |
| 5 | 上扬角度(%) | 3 | 重力作用 |
| 6 | 外插角(°) | 0 | 保证水平 |
| 7 | 水灰比 | 1∶1 | 影响返浆量 |
| 8 | 水泥同量(t) | 20 | P.O42.5 |

图 7-1　高压水平旋喷桩试验桩现场试验照片

(2)在试验桩的施工过程中,对钻孔时间和旋喷时间进行详细记录,见表 7-2、表 7-3。

试验桩钻孔时间记录表　　表 7-2

| 进尺(m) | 开始时间 | 结束时间 | 围岩状况 |
|---|---|---|---|
| 0 ~ 6 | 14:02 | 14:20 | 全风化花岗岩 |
| 6 ~ 12 | 14:31 | 14:46 | 全风化花岗岩 |
| 12 ~ 18 | 14:53 | 15:12 | 全风化花岗岩 |
| 18 ~ 24 | 15:19 | 15:50 | 全风化花岗岩 + 强风化夹层 |
| 24 ~ 30 | 15:57 | 16:16 | 全风化花岗岩 |
| 30 ~ 36 | 16:22 | 16:40 | 全风化花岗岩 |
| 36 ~ 40 | 16:47 | 16:57 | 全风化花岗岩 |

注:不包括接管时间。

试验桩旋喷时间记录表　　表 7-3

| 回拔距离(m) | 开始时间 | 结束时间 | 扭矩(kN·m) | 旋喷压力(MPa) | 转速(r/min) | 备　注 |
|---|---|---|---|---|---|---|
| 40 ~ 35 | 17:20 | 17:47 | 9 | 35 | 12 | 不返浆 |
| 40 ~ 34 | 17:52 | 18:16 | 9 | 35 | 12 | 小返浆 |
| 34 ~ 28 | 18:25 | 18:50 | 7 | 35 | 12 | 小返浆 |
| 28 ~ 22 | 19:00 | 19:28 | 7 | 35 | 12 | 小返浆 |
| 22 ~ 16 | 19:35 | 20:00 | 6 | 35 | 12 | 小返浆 |
| 16 ~ 10 | 20:10 | 20:24 | 6 | 35 | 12 | 小返浆 |
| 10 ~ 4 | 20:32 | 21:00 | 6 | 35 | 12 | 小返浆 |
| 4 ~ 1 | 21:10 | 21:23 | 6 | 35 | 12 | 小返浆 |

### 3）试验桩成桩检验及评定

2013 年 11 月 17 日对试验孔进行现场破桩检验，破桩长度 2m，分别量测桩体 3 个位置直径，分别为 710mm、605mm、645mm，并现场钻孔取芯 2 组，每组 3 个，如图 7-2、图 7-3 所示。

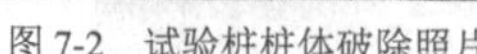

图 7-2 试验桩桩体破除照片

图 7-3 试验桩桩体取芯照片

根据破除的桩体试验结果得到，试验过程中旋喷压力 35MPa，转速 12r/min，拔速 25cm/min，钻孔深度 40m，水泥用量 8.5t，水灰比 1∶1，旋喷桩成型平均直径为 653mm，水泥用量占成桩体积的 47%，大于设计所要求的水泥用量占成桩体积 30% 的要求，桩体 19d 抗压强度为 5.7MPa，可进行下一步施工。



### 4）施工参数确定

根据现场试验结果，最终确定正洞高压水平旋喷桩施工参数见表 7-4。

高压水平旋喷桩施工参数　　表 7-4

| 序　号 | 名　称 | 施 工 参 数 | 备　注 |
|---|---|---|---|
| 1 | 喷嘴直径（mm） | 2.8 | — |
| 2 | 旋喷压力（MPa） | 35 ～ 38 | 三层钢丝高压管 |
| 3 | 转速（r/min） | 12 | — |
| 4 | 回拔速度（cm/min） | 20 ～ 25 | — |
| 5 | 上扬角度（%） | 3 | 导向仪控制 |
| 6 | 外插角（°） | 0 | — |
| 7 | 水灰比 | 1∶1 | — |

### 5）存在的问题及解决办法

（1）钻机钻进到第三根管，即钻进 18m 后出现卡钻、钻进速度较慢现象，推断为出现强风化夹层。解决办法为增加顶进压力，减小钻进速度，缓慢通过该夹层。

（2）钻机在施工过程中出现跳闸断电现象，推断为配电箱线路存在问题，及时安排专职电工检查所有电线路，保证旋喷桩钻机的正常工作。

（3）钻孔深度较长，钻进过程中钻杆扭矩较大，对钻杆的质量要求较高。旋喷过程中返浆量较大，在施工场地附近修建一个泥浆池，防止污染环境。

## 7.1.2 高压水平旋喷桩在新考塘隧道中的应用

### 1)施工工艺流程

高压水平旋喷桩现场施工工艺流程如图 7-4 所示。

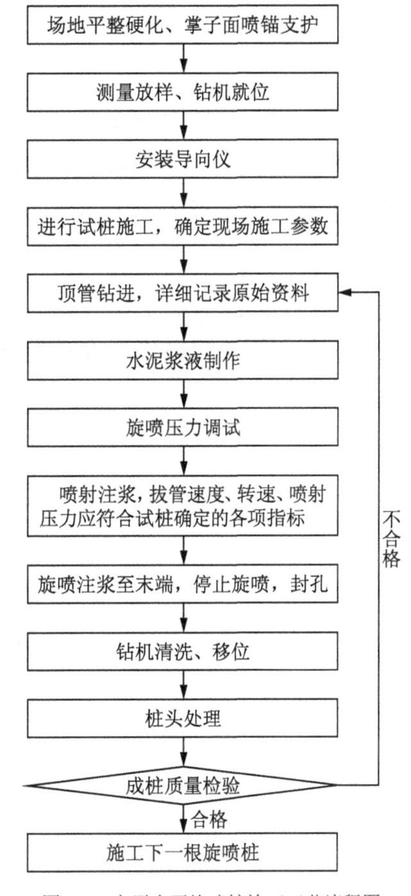


图 7-4 高压水平旋喷桩施工工艺流程图

### 2)施工步骤

(1)施工准备

①掌子面进行挂网喷射混凝土封闭。

②平整、夯实场地。

③在夯实的场地上铺设简易轨道，在轨道两侧打入地锚使其固定。

④在轨道上安装水平钻机，钻机的方向与轨道垂直。

⑤安装钻机的配套油管，安装动力站。

⑥安装旋喷的高压泵后台。

⑦连接现场的电路、水路。

⑧调试钻机，确保钻机启动、运行正常。

⑨启动高压泵，检查其运行状态。

(2)顶管钻进

①在钻机上安装钻杆、喷头、导向钻头。

②通过高压泵加压，观察从喷嘴喷射的水流压力是否正常。

③更换高压泵通道，使高压泵注入的循环液从钻头最前端喷射出来。

④运转钻机，将钻杆匀速旋转顶入土体。

⑤一根钻杆钻进完成后，钻机动力头处反转松开丝扣，回次加尺。

⑥钻机在打设过程中，通过导向仪，时刻监测钻进的角度变化，如发现变化量超出设计数值，应采取纠偏措施。

⑦当钻进到设计深度后，钻机操作手通知后台人员搅拌水泥浆液。

(3)拔管旋喷

①高压泵内的水泥浆液通过旋转喷嘴喷射进土体，当压力达到 38MPa 左右时，慢慢回拔钻杆，并保持该压力强度。

②钻杆的拔速控制在 20 ～ 25cm/min，钻杆的转速控制在 12r/min。

③孔口的返浆量控制在 15% 以内。

④当一根钻杆回拔结束后，卸开钻杆，用钻机继续连接剩余的钻杆。

⑤继续按照参数回拔旋喷剩余的钻杆。

⑥当旋喷接近孔口 1m 时，为防止坡面由于高压开裂，停止打入浆液。

⑦快速拔出钻杆，封堵孔口，以免浆液流出。

⑧完成旋喷后，冲洗钻杆、喷嘴，清洗高压泵。

### 3）施工控制要点

高压水平旋喷桩施工工艺要求精度较高，施工中水泥浆液的旋喷压力、拔管回旋速度、钻杆产生的扭矩大小、导向仪的精确定位都是整个水平旋喷桩的控制要点。高压水平旋喷桩施工时产生的压力较大，应有专人指挥，所有机械设备应由专业的操作人员进行操作。

### 4）设备配置

高压水平旋喷桩施工设备配置见表 7-5。

高压水平旋喷桩施工设备配置表　　表 7-5

| 序　号 | 设备名称 | 数　量 | 备　注 |
| --- | --- | --- | --- |
| 1 | 水平旋喷钻机 | 1 台 | 6m 行程 |
| 2 | 动力站 | 1 台 | 55kW |
| 3 | 高压泵 | 1 台 | 90E |
| 4 | 电焊机 | 2 台 | |
| 5 | 搅拌桶 | 3 个 | 自带电机 |
| 6 | 双管钻杆 | 36m | 单根 6m 长 |
| 7 | 单管 $\phi 73$ 钻杆 | 40m | |
| 8 | 车床 | 1 台 | |
| 9 | 挖掘机 | 1 台 | |
| 10 | 电子称重计 | 1 台 | |
| 11 | 流量计 | 1 个 | |
| 12 | 水泥存储罐 | 1 个 | 单罐存储 45t |
| 13 | 电子导向仪 | 1 个 | |

### 5）人员配置

高压水平旋喷桩施工人员配置见表 7-6。

高压水平旋喷桩施工人员配置表　　表 7-6

| 序　号 | 人员名称 | 数　量 | 备　注 |
| --- | --- | --- | --- |
| 1 | 负责人 | 2 人 | 现场安全操作和技术负责 |
| 2 | 机械操作手 | 2 人 | 操作钻机 |
| 3 | 泵工 | 2 人 | 操作高压泵 |
| 4 | 车床工人 | 1 人 | |
| 5 | 普工 | 8 人 | 接管、拆管、拌制水泥浆 |

### 6）施工注意事项

（1）钻机在顶进过程中，全风化地层中含有孤石，遇见该种情况时应增加顶进压力，减小钻进速度，缓慢通过该夹层。

（2）为保证水平旋喷桩桩体的连续性，现场应安排专职电工检查所有电线路，保证旋喷桩钻机的正常工作，并及时储备应急物资。

（3）钻孔深度较长，钻进过程中钻杆扭矩较大，对钻杆的质量要求较高。

（4）定位应准确，保证每根水平旋喷桩之间相互咬合，形成连续的拱部整体，承受土体竖向压力。

（5）旋喷压力应严格控制在 35 ～ 38MPa 之间，保证水泥浆能够分散喷射进入钻头周围土体中，改良土体质量，并加固钻头周围土体。

（6）旋喷施工过程中返浆量较大，应提前在施工场地附近修建一个泥浆池，有效防止污染环境。

### 7）质量控制措施

（1）高压水平旋喷桩施工时应配置旋喷量自动记录仪、电子导向仪，保证旋喷质量和方向水平。

（2）钻机应按设计桩位就位，将钻杆调平。

（3）启动钻机成孔钻进至设计深度，并从孔底开始匀速旋喷拔管。

（4）旋喷桩施工应根据不同的地质条件选择合适方法成孔，插管时应防止泥沙堵塞喷嘴。

（5）旋喷注浆过程中，应检查注浆流量、空气压力、注浆泵压力、旋转速度、回拔速度等参数，并做好详细记录。

（6）配制的浆液应过滤，防止喷射过程中堵塞喷嘴；浆液宜随拌随用，旋喷过程中应有防止浆液沉淀的措施。

（7）钻机钻杆应匀速旋转、回拔，确保桩体连续、均匀。因故停喷后续喷时，喷射搭接长度不应小于 0.5m。

（8）钻机成孔和旋喷过程中，应将废弃的返浆回收集中处理，防止污染环境。

（9）注浆量不足影响成桩质量时，应采取复喷措施。

（10）旋喷注浆前应检查高压设备与管路系统，包括电线路、水路，所有送浆管应畅通，高压送浆管应密封良好。

图 7-5 ～图 7-7 为现场水平旋喷桩施工照片。

a）

b）

图 7-5　旋喷桩钻进及电子导向仪

a)

b)

图 7-6　旋喷桩回拔旋喷过程

图 7-7　开挖过程中的旋喷桩效果



# 7.2　超前大管棚施工技术

## 7.2.1　加宽 10.3m 段洞口长管棚施工技术

（1）加宽 10.3m 段洞口长管棚为“$\phi$180 无缝钢管 +$\phi$22 钢筋笼”，长度 39m，共计 75 根。每根长管棚均从双层水平旋喷桩中间打入，作业平台利用水平旋喷桩工作平台即可。图 7-8 为洞口 $\phi$180 长管棚设计图。

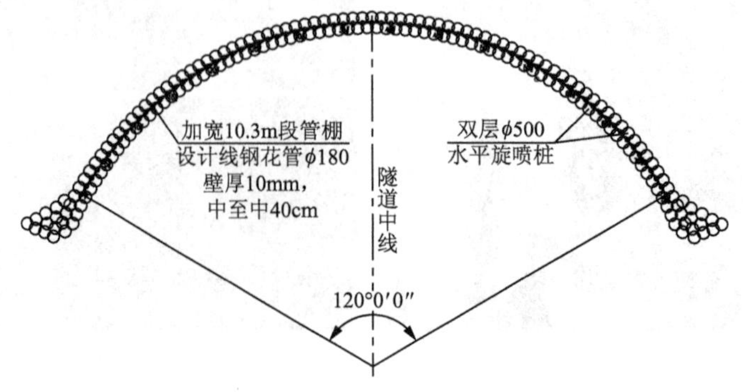


图 7-8　洞口 $\phi$180 长管棚设计图

(2)每根管棚内置由 4 根 $\phi$22 螺纹钢组成的钢筋笼，每个钢筋笼长 3m，通过焊接连接；螺纹钢之间由 $\phi$102 无缝钢管形成加筋箍，加筋箍间距 50cm。图 7-9 为内置钢筋笼设计图。

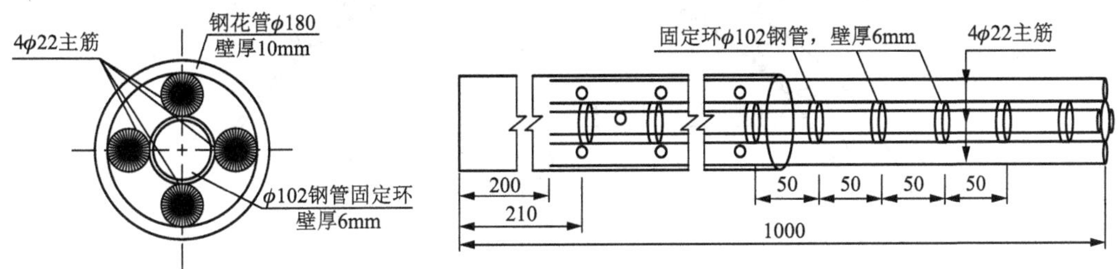


图 7-9　内置钢筋笼设计图(尺寸单位：cm)

(3)为保证每根长管棚的施工质量，专门安排人进行旁站记录，包括钻孔地质情况、钻孔深度、注浆压力等。

(4)施工质量控制参数如下：

①钢花管上钻注浆孔，孔径 10 ～ 16mm，每个截面设置 4 个注浆孔，纵向间距为 12.5cm，呈梅花形布置，尾部留不钻孔的止浆段 110cm。

②管距：环向间距中至中为 40cm。

③倾角：钢管轴线与衬砌外缘线夹角 1° ～ 3°。

④钢管施工误差：径向不大于 20cm，相邻钢管之间环向不大于 10cm。

(5)施工设备配备。

长管棚施工设备配置见表 7-7。

长管棚施工设备配置表　　表 7-7

| 序　号 | 设备及材料名称 | 数　量 | 设备型号 |
| --- | --- | --- | --- |
| 1 | 水平钻机 | 2 台 | SE-GYD-20B |
| 2 | 启动机 | 1 台 | 75 ～ 132kW（变频起动机） |
| 3 | 电子秤 | 1 台 | 5t（称重） |
| 4 | 电缆线 | 300m | 90 ～ 257mm$^2$ |
| 5 | 月蚀导向仪 | 2 台 | |
| 6 | 散装水泥罐 | 1 台 | 50t |

## 7.2.2 加宽 8m 段及加宽 6m 段洞身长管棚施工技术

(1)通过对加宽 10.3m 段的开挖轮廓线与加宽 8m 段的管棚设计中心对比发现，加宽 8m 段的管棚 1 ～ 45 可以根据因断面变化产生的错台直接施工，而 46 ～ 81 则应进行扩挖工作室完成。图 7-10 为加宽 8m 段管棚与加宽 10.3m 段开挖线关系图。

(2)通过对加宽 8m 段的开挖轮廓线与加宽 6m 段的管棚设计中心对比，加宽 8m 段的管棚 1 ～ 45 可以根据因断面变化产生的错台直接施工，而 46 ～ 71 则应进行扩挖工作室完成。图 7-11 为加宽 6m 段管棚与加宽 8m 段开挖线关系图。

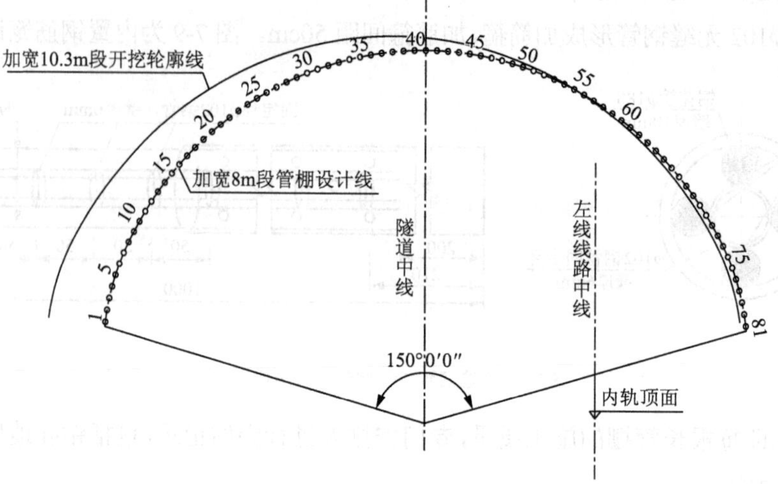


图 7-10　加宽 8m 段管棚与加宽 10.3m 段开挖线关系图

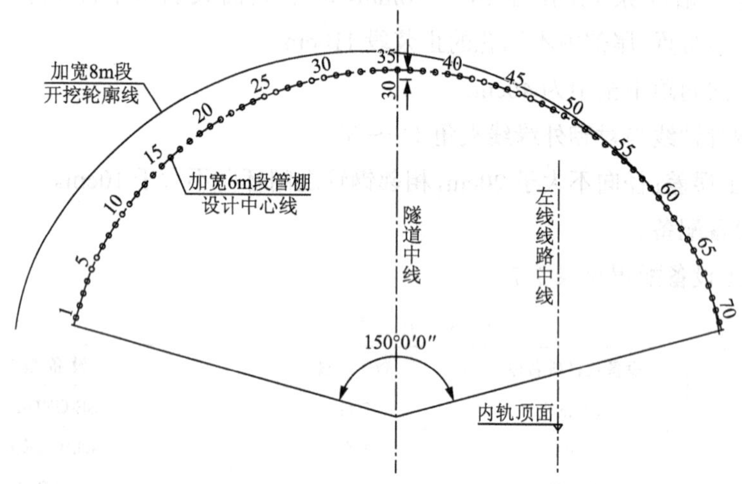


图 7-11　加宽 6m 段管棚与加宽 8m 段开挖线关系图

（3）为便于钻机打设支架和实际操作，管棚工作室长度为 8m，采用 I20a 工字钢支护，喷射 C30 混凝土封闭，间距 1m。图 7-12 为洞身长管棚施工情况。

a）

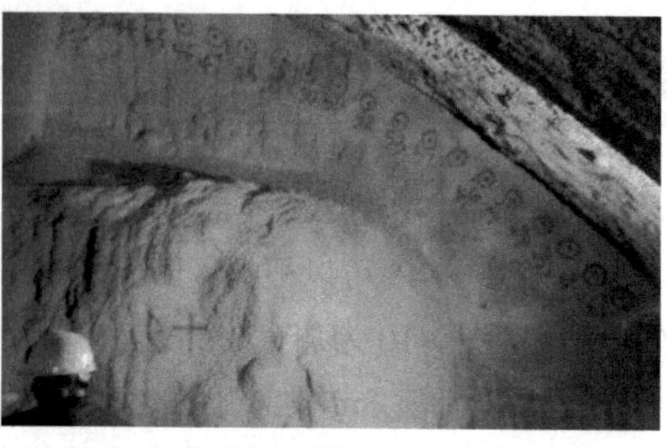

b）

图　7-12

c）

d）

图 7-12　现场洞身长管棚施工

# 7.3　靴型大边墙施工技术

## 7.3.1　靴型大边墙施工重点分析

两侧侧壁导洞开挖完成后，进行基底 $\phi$89 钢花管注浆加固，确保基底承载力满足要求，注浆完毕后进行靴型大边墙施工。

靴型大边墙混凝土具有以下特点：每个加宽段的混凝土量较大，构造钢筋多；导洞空间狭小，导致靴型大边墙混凝土基础工作面更加狭小，影响作业进度；而拱部初期支护是直接固定在靴型大边墙之上的，需在该混凝土达到一定强度后方可进行隧道拱部导洞施工，因此该步施工是影响后续工序的关键步骤。表 7-8 为各加宽段靴型大边墙工程量。

各加宽段靴型大边墙工程量　　表 7-8

| 加宽段名称 | 长度（m） | C35 混凝土（双侧）（$m^3$） | 结构钢筋（t） |
|---|---|---|---|
| 加宽 10.3m 段 | 32 | 1817.6 | 50.02 |
| 加宽 8m 段 | 36 | 1636.56 | 51.68 |
| 加宽 6m 段 | 36 | 1224.00 | 51.68 |
| 加宽 4m 段 | 46 | 1207.96 | 66.04 |

## 7.3.2　靴型大边墙施工工艺

（1）靴型大边墙混凝土分 3 层浇筑（加宽 4m 段分 2 层），每段长度为单个加宽段长度，由导洞里侧往外侧施工。模板采用 5cm 厚方木，由底部逐块向顶部拼装。月牙弧形通过钢筋弯曲实现，模板内外采用钢筋焊接加固。泵送混凝土浇筑，插入式振动棒捣固。

（2）混凝土浇筑至顶层后预留 20cm 沟，沟内预埋钢板，沟槽底部和 180 格栅钢架底部预埋 16mm 厚钢板。沟槽底部的预埋钢板两侧分别焊孔预埋 $\phi$22 钢筋，钢筋外露 10cm，埋入深度 20cm，底部与混凝土结构钢筋连接。图 7-13 为靴型大拱脚顶面预埋件布置图。

（3）沟槽底部预埋钢板单块长度为 1.2m，宽度 0.45m，严格控制埋设里程，保证两榀 HW200 型钢能准确落脚在一块钢板上。

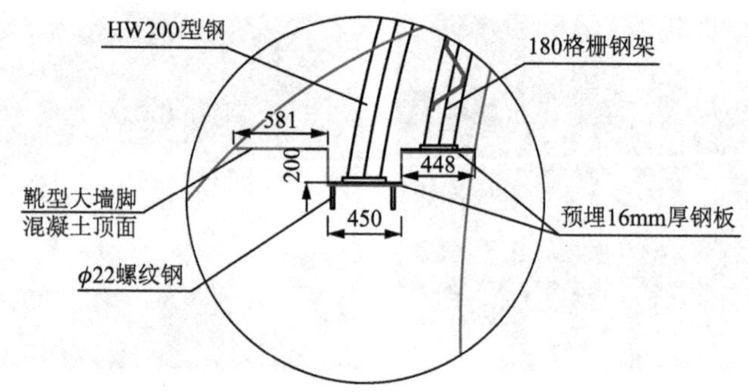


图 7-13 靴型大拱脚顶面预埋件布置（尺寸单位：mm）

（4）180 格栅钢架底部预埋钢板尺寸为 440mm×300mm，预埋时严格控制埋设里程，保证每榀 180 格栅钢架能准确落脚在同一块钢板上。钢架与混凝土预埋钢板采用满焊连接，保证钢板与混凝土连接紧密。

图 7-14 及图 7-15 为现场靴型大边墙施工照片。

图 7-14 靴型大拱脚第二层模板

图 7-15 加宽 10.3m 段靴型大拱脚



# 7.4 渐变段超大断面隧道开挖技术

## 7.4.1 开挖方法优化分析

新考塘隧道出口因道岔进隧道影响，形成了不同加宽段的超大跨隧道，采用突变式断面加宽，不同加宽段采用不同开挖方法，各加宽段的开挖断面参数见表 7-9。

新考塘隧道出口各加宽段设计参数表　　表 7-9

| 加宽段名称 | 长度（m） | 断面面积（m²） | 最大开挖宽度（m） | 最大开挖高度（m） |
|---|---|---|---|---|
| 加宽 10.3m | 32 | 396.14 | 30.26 | 16.97 |
| 加宽 8m 段 | 36 | 331.77 | 27.38 | 15.78 |
| 加宽 6m 段 | 36 | 274.65 | 24.42 | 14.71 |
| 加宽 4m 段 | 46 | 199.67 | 18.02 | 13.80 |
| 加宽 2m 段 | 20 | 161.5 | 15.72 | 12.73 |
| 加宽 0.8m 段 | 40 | 139.25 | 14.26 | 12.06 |

根据现场地质观察和超前地质预报分析，加宽 10.3m 段掌子面前方地下水较少，两侧底导洞先行施工，加之其他降水措施，掌子面水位线已降低至导洞底，不会出现涌水突泥现象，自稳能力好于预期。

因此，基于设计建议的施工工法，并结合施工现场的实际情况，采用信息化施工技术，对加宽 10.3m 段工法进行了小幅调整，并通过评审会议形式予以确认，见表 7-10。加宽 10.3m 段和加宽 8m 段调整后的开挖工法未改变 DWEA 工法的基本原理，仅是将拱部横撑降低，加大③-1和④-1部的开挖比例。

不同加宽段设计建议工法与实际施工工法对比表　　表 7-10

| 序号 | 工法特点 | 设计建议工法及图示 | 实际施工工法及图示 |
|---|---|---|---|
| 1 | 适用于加宽 10.3m、8m 段。结构安全稳定，沉降小，施工干扰小 | 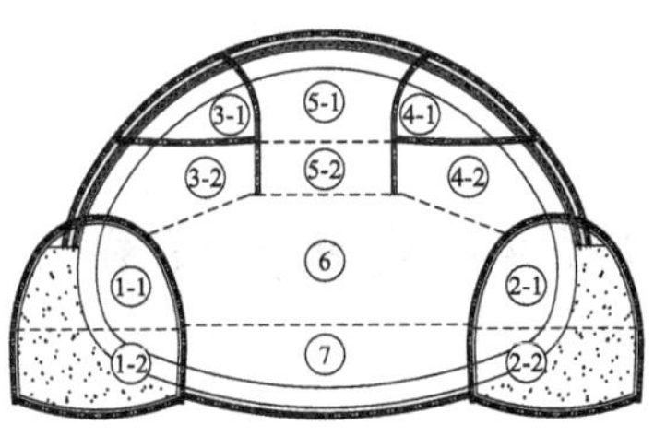 DWEA 法 | 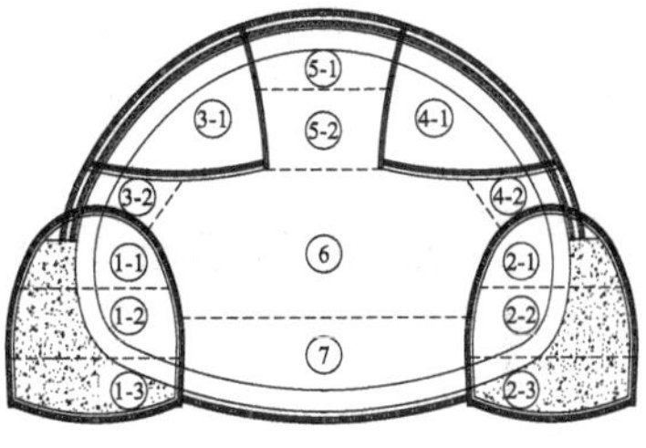 优化后的 DWEA 法 |
| 2 | 适用于加宽 6m 段，工法转换简单，结构安全稳定，施工速度快 | 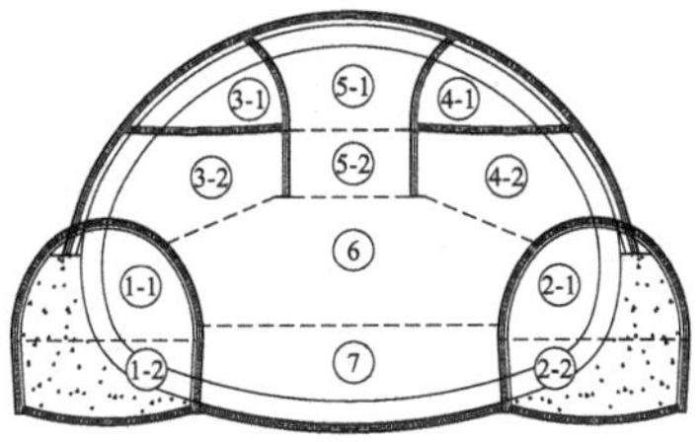 大墙脚双侧壁导坑单层支护法 | 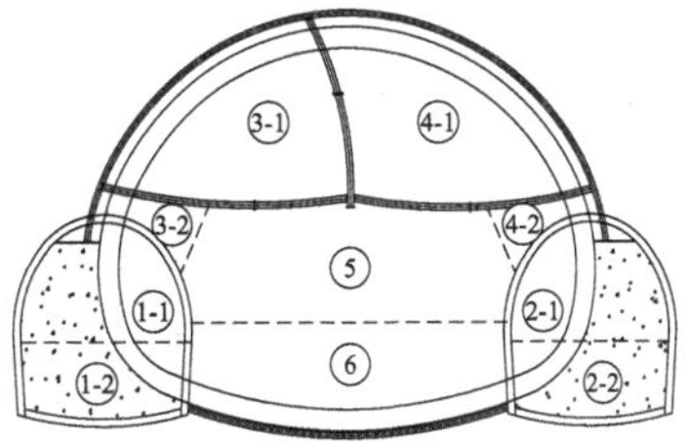 大墙脚双侧壁导坑单层 CD 法 |
| 3 | 适用于加宽 4m 段，工法转换简单，安全稳定，施工工艺成熟且速度快 | 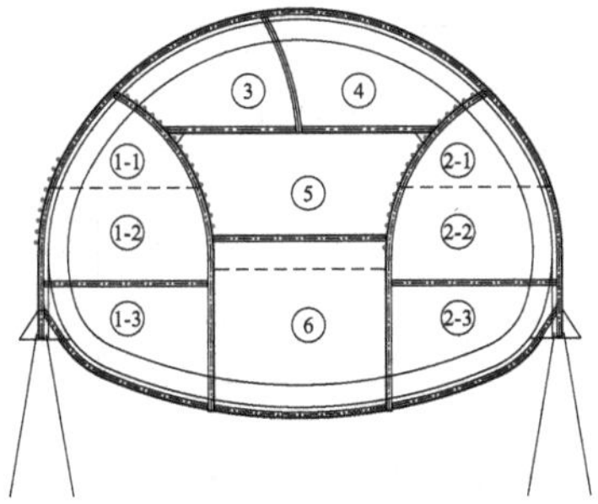 双侧壁导坑先墙后拱法 | 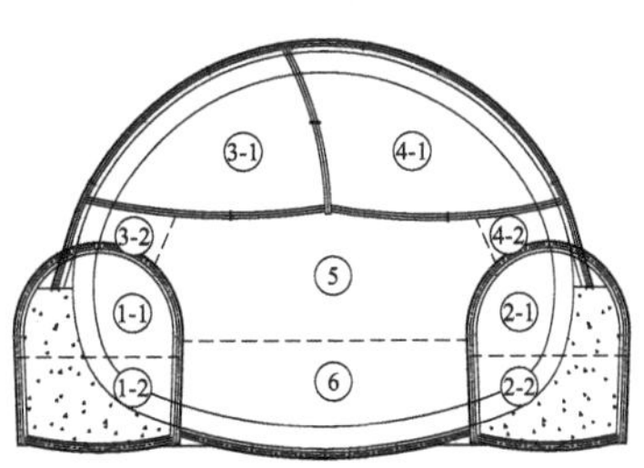 大墙脚双侧壁导坑单层 CD 法 |
| 4 | 适用于加宽 2m 段，工法简单，安全稳定，成本低，施工工艺成熟且速度快 | 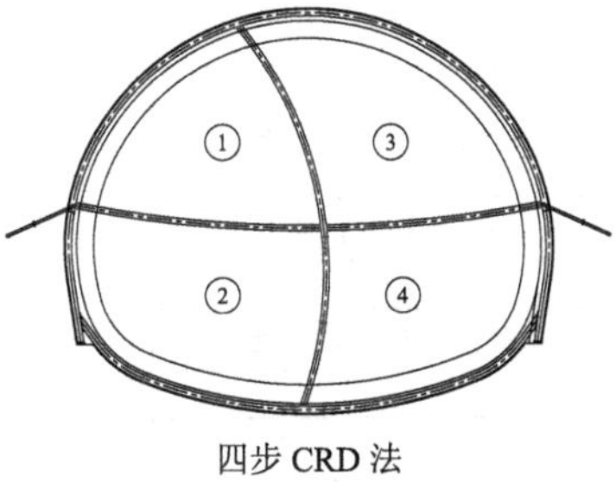 四步 CRD 法 | 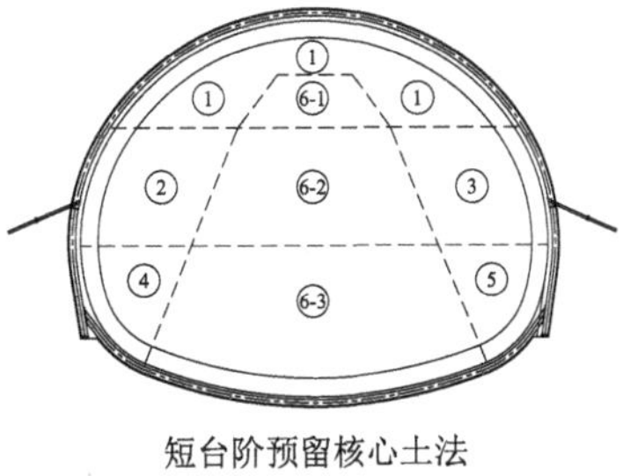 短台阶预留核心土法 |

## 7.4.2 预留变形量确定

考虑到新考塘隧道位于全风化花岗岩地层，埋深浅、地下水丰富、跨度大等因素，每个加宽段应综合考虑围岩预留变形量。以开始确定的预留变形量加宽 10.3m 段为初始依据，后续不同加宽段根据加宽 10.3m 段的最终沉降和收敛结果来确定。不同加宽段的隧道预留变形量见表 7-11。

不同加宽段的围岩预留变形量　　表 7-11

| 里　程　段 | 加宽值(m) | 长度(m) | 实际开挖断面面积($m^2$) | 拱顶沉降值(cm) | 水平收敛值(cm) |
|---|---|---|---|---|---|
| DK268+228 ～ DK268+260 | 10.3 | 32 | 410.32 | 50 | 30 |
| DK268+192 ～ DK268+228 | 8 | 36 | 351.20 | 30 | 20 |
| DK268+156 ～ DK268+192 | 6 | 36 | 292.36 | 20 | 20 |
| DK268+110 ～ DK268+156 | 4 | 46 | 205.88 | 20 | 20 |
| DK268+090 ～ DK268+110 | 2 | 20 | 167.21 | 20 | 15 |
| DK268+050 ～ DK268+090 | 0.8 | 40 | 143.55 | 15 | 15 |

## 7.4.3 加宽 10.3m 段及加宽 8m 段开挖技术

### 1）施工工艺流程

施工工艺流程如图 7-16 所示。

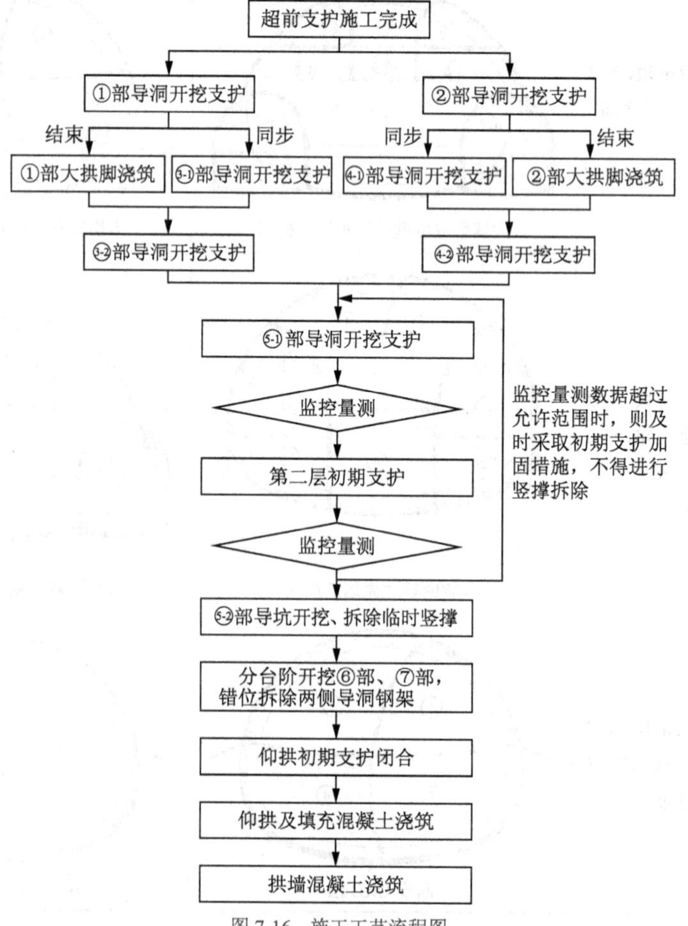


图 7-16　施工工艺流程图

2）施工步骤

加宽 10.3m 段及加宽 8m 段隧道施工步骤见表 7-12。

加宽 10.3m 段及加宽 8m 段隧道施工步骤　　表 7-12

| 步骤名称 | 简单图示 | 步骤说明 |
| --- | --- | --- |
| ①部、②部底导洞 | 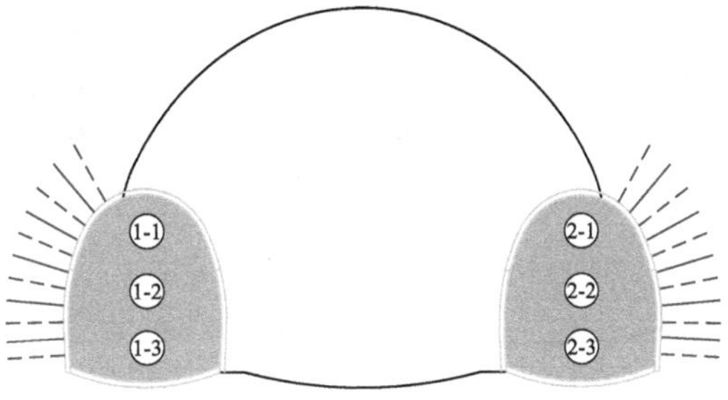 1-1 1-2 1-3 2-1 2-2 2-3 | 三台阶开挖①部、②部底导洞，超前支护为 $\phi$42 超前小导管，钢架采用 I18 工字钢，钢架间距 0.8m，湿喷 C30 混凝土封闭，每循环进尺一榀钢架距离。底导洞开挖支护完毕后，隧底 $\phi$89 钢花管注浆加固 |
| ③-1、④-1部导洞和靴型大拱脚基础 | 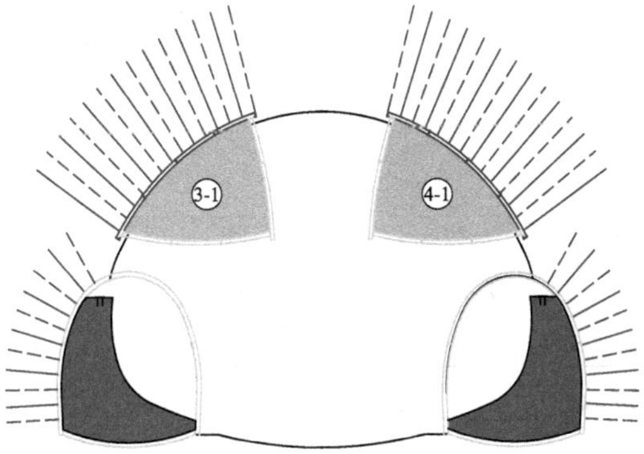 3-1 4-1 | 底导洞注浆完成后，分段、分层浇筑 C35 靴型大拱脚基础，并在靴型大拱脚基础顶部预埋钢板。上部导坑③-1部导洞、④-1部导洞与底导洞同步施工，其中④-1部导洞滞后③-1部导洞 5m 以上，环形台阶法开挖。HW200 型钢支护，间距 0.8m，打设 $\phi$32 自钻式锚杆，湿喷 C30 钢纤维混凝土封闭。临时竖撑和临时仰拱及时闭合成环，采用 I20 工字钢 |
| ④-2部导洞开挖支护 | 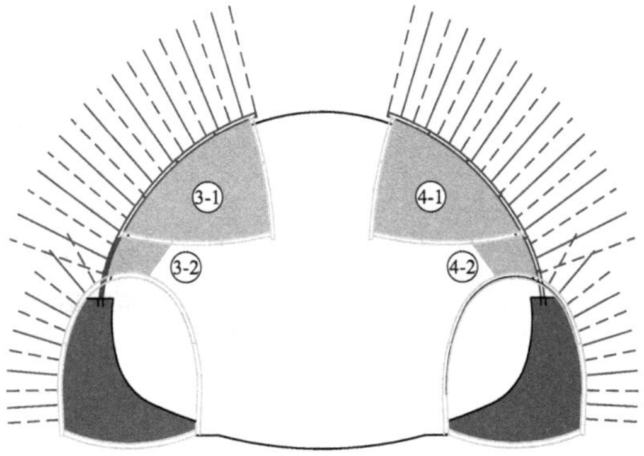 3-1 4-1 3-2 4-2 | 滞后③-1部和④-1部一段距离，待 1 号、2 号底导洞靴型大拱脚混凝土基础强度达到 70% 以后，人工风镐开挖③-2部导洞和④-2部导洞，将第一层初期支护 HW200 钢架接长并与靴型大拱脚预埋钢板满焊加固，湿喷 C35 钢纤维混凝土封闭 |
| ⑤-1部导洞开挖支护 | 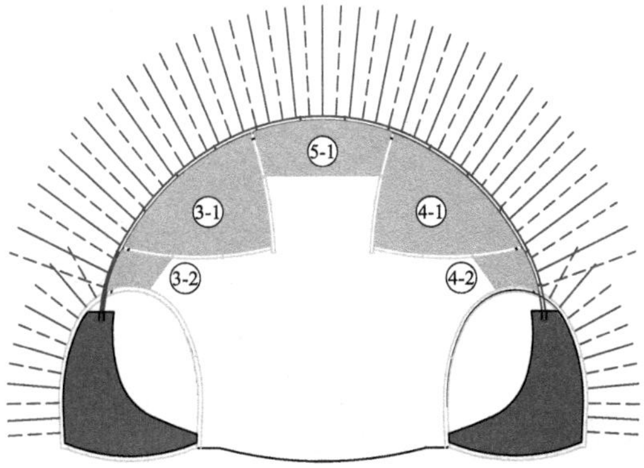 5-1 3-1 4-1 3-2 4-2 | 待③-2部导洞和④-2部导洞开挖支护一段距离后，进行⑤-2部导洞开挖支护，将 HW200 钢架与两侧③部、④部导洞通过螺栓连接，拱部打设 $\phi$32 自钻式锚杆，湿喷 C30 钢纤维混凝土封闭 |

续上表

| 步骤名称 | 简单图示 | 步骤说明 |
|---|---|---|
| 第二层初期支护 | 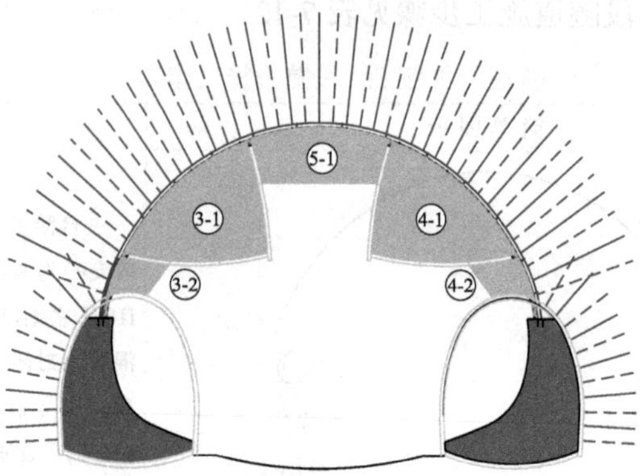 | 利用⑤-1部导洞为作业平台，将临时竖撑之间的混凝土凿穿，全环架设180格栅钢架，钢架脚趾与靴型大拱脚预埋钢板进行满焊加固，湿喷C30钢纤维混凝土封闭 |
| ⑤-2部 | 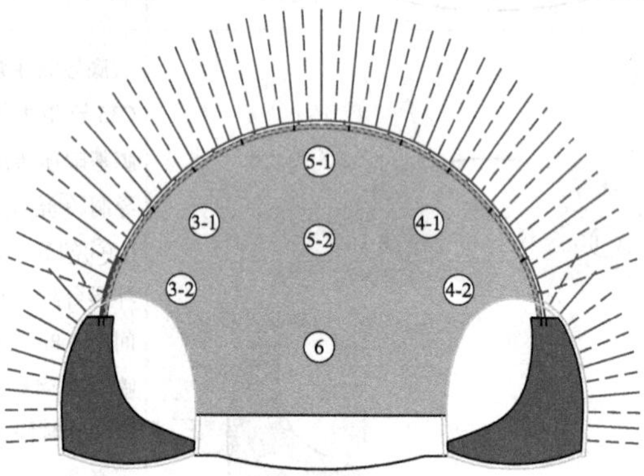 | 第二层格栅钢架支护完毕后，机械开挖⑤-2部 |
| 临时钢架拆除和开挖⑥部、⑦部 | 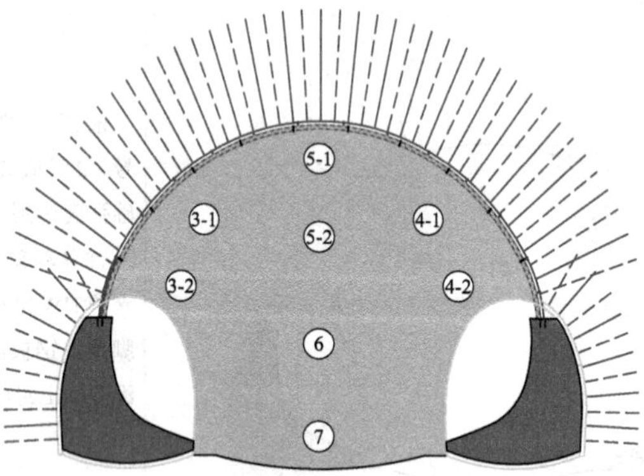 | 根据监控量测数据分析，逐榀拆除③部、④部导洞临时竖撑和临时仰拱。分台阶逐步开挖⑥部、⑦部仰拱初期支护与两侧靴型大拱脚混凝土连接，湿喷混凝土封闭 |
| 浇筑仰拱混凝土 | 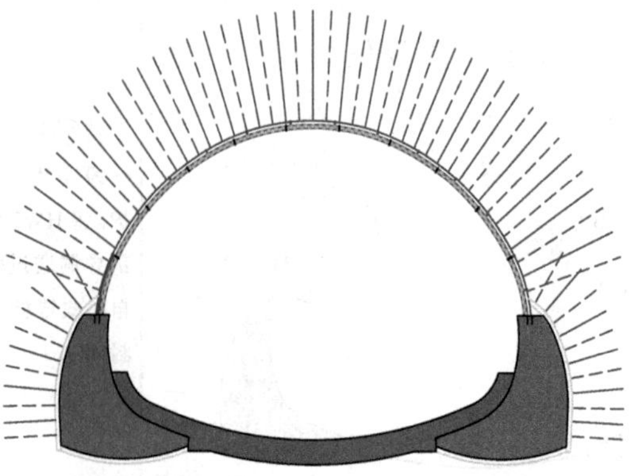 | 仰拱初期支护长度达到6m以后，绑扎仰拱钢筋，架设仰拱弧形模板，浇筑C35仰拱混凝土 |

续上表

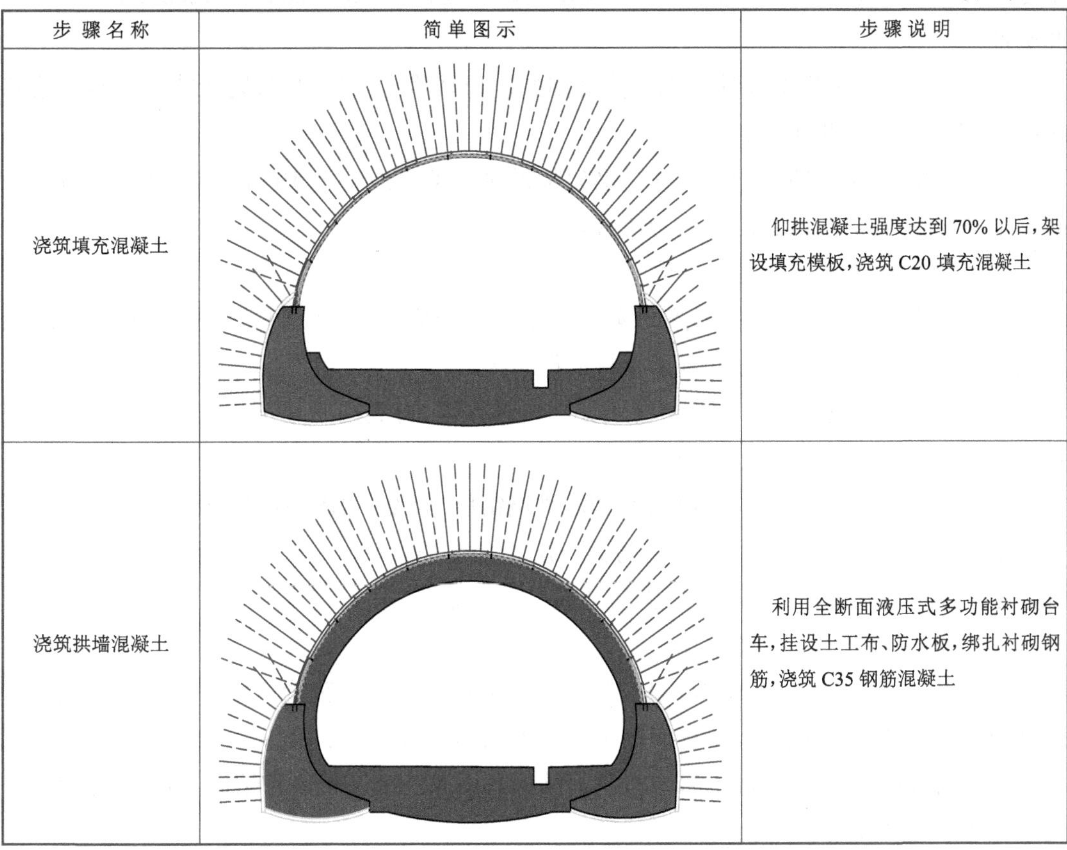

| 步骤名称 | 简单图示 | 步骤说明 |
| --- | --- | --- |
| 浇筑填充混凝土 |  | 仰拱混凝土强度达到70%以后，架设填充模板，浇筑C20填充混凝土 |
| 浇筑拱墙混凝土 |  | 利用全断面液压式多功能衬砌台车，挂设土工布、防水板，绑扎衬砌钢筋，浇筑C35钢筋混凝土 |

### 3）施工注意事项

（1）HW200型钢钢架架设注意事项

①根据设计要求，加宽10.3m段和加宽8m段采用双层初期支护进行施工，第一层初期支护采用HW200型钢钢架，第二层初期支护采用180格栅钢架。

② HW200各单元型钢统一按标准加工，加工制作好后分节运至施工现场；由现场物资管理人员和技术人员进行尺寸数量验收，验收合格后方可使用。

③(3-1)、(4-1)部导坑施工时，先拼装好三节型钢，将型钢底部固定于底部混凝土垫块上，中部位置用简易螺旋钢叉进行临时支撑，再人工拼装第四节型钢，第四节型钢应与竖撑I20a工字钢进行连接，竖撑应置于混凝土垫块上。

④(3-2)、(4-2)部导坑型钢分两节进行拼装，中间用螺栓连接加固，其中底部应与靴型大边墙混凝土基础预埋的钢板进行焊接加固。

⑤每节型钢之间采用M27×80的螺栓连接件进行连接，配备大活动扳手人工加固，安装时应保证型钢连接板之间无缝隙，螺母不松动。

⑥落底于靴型大边墙混凝土上的型钢连接板与预埋在靴型大拱脚混凝土顶面的槽钢四周应保证焊缝饱满，无虚焊、假焊和漏焊现象发生。

⑦ HW200型钢架设里程应位于两侧导洞I18工字钢的中间位置，型钢间距0.8m。每

个导坑应严格控制型钢架设里程，要求架设起始里程为DK268+260、DK268+259.2……以此类推。

⑧③-1和④-1部导坑先架设的型钢端头处用蛇皮口袋将连接板包裹，防止喷射混凝土堵塞螺栓孔，不利于下一步施工。

⑨ HW200型钢钢架自重大，每榀钢架架设时立架工应保证10人以上，且应利用简易螺旋顶撑杆临时固定，防止造成人身伤害。

（2）180格栅钢架架设注意事项

① 180格栅钢架应从两侧底部开始分节进行拼装固定，最底部与靴型大边墙预埋的钢板进行焊接加固，其余每节之间利用螺栓进行连接。

②其中⑤-1部导坑部位的180格栅钢架因自重原因，可利用千斤顶或人工将其强行顶至设计位置。

③ 180格栅钢架架设里程应与HW200型钢错位，架设在HW200型钢侧边处。

④ 180格栅钢架安装时，应保证与第一层初期支护紧密，节与节之间利用M27×60的螺栓连接件进行连接。连接处利用大活动扳手进行加固，保证不松动。

（3）自钻式锚杆施工注意事项

①根据设计要求，加宽10.3m段和加宽8m段拱部120°角范围内采用$\phi 32$自钻式锚杆进行径向加固，单根长度6m，锚杆间距1.5m×1.2m（环×纵）。

②现场自钻式锚杆为3m/根，自身作为钻杆利用YT-28钻机进行钻进，锚杆中部利用套筒进行连接加固，形成6m长锚杆。

③锚杆钻进至设计深度后，及时拌制水泥浆，利用单液注浆机注浆，水灰比1:1。

④压浆完毕后，立即安装好止浆塞，再进行锚固，将配套垫板套在锚杆外露部分，与喷射混凝土表面密贴，在垫板外上好球形螺母。

⑤锚杆施工时应保证与岩面垂直，尾部预留一定长度，但不超过20cm。

（4）喷射钢纤维混凝土施工注意事项

①根据设计要求，初期支护采用喷射C30钢纤维混凝土，钢纤维掺量40kg/m$^3$。

②现场施工前，应首先进行喷射钢纤维混凝土工艺性能试验，确定各种原材料掺量及要求，达到设计强度要求。

③喷射钢纤维混凝土施工时，混凝土随拌随用，掺入速凝剂时存放时间不得超过20min，不掺入速凝剂时干混合料存放时间不超过2h，否则视为废料，不可再行使用。在运输和存放过程中不得淋雨、流入水或混合杂物。

④由于混凝土通过胶管长距离高速输送，在喷头处已稍有分离，故应在距受喷面1m左右处加水，并根据其当前标定的给水速度调整水阀，按混凝土配合比设计时确定的水灰比供水。

⑤喷射混凝土时，喷枪要垂直正对工作面，连续平稳地自下而上水平横向移动，喷头一圈压半圈旋转喷射。

⑥在混合料输送时，采用适当风压可使钢纤维均匀分布、减少回弹。风压太大钢纤维的

分布不均匀。一般输送距离在 100m 以内时，喷射风压宜控制在 0.15 ～ 0.2MPa。

⑦在混凝土喷射完毕后要及时洒水或喷水雾养护。避免因养护不及时而导致喷射钢纤维混凝土的质量不合格。

⑧喷射混凝土施工作业时，喷射手应佩戴安全防护面罩，防止喷射回弹的原材料伤人，且喷嘴不得对着人群方向。

（5）各导洞开挖注意事项

①底部①部导洞和②部导洞采用三台阶法开挖，③部导洞和④部导洞采用扇形预留核心土法开挖，⑤部导洞采用台阶法开挖。

②各导洞根据空间大小采用不同的设备进行开挖，①和②导洞采用 PC120 挖掘机开挖，③-1部、④-1部、⑤部采用 PC60 挖掘机开挖，③-2部和④-2部采用人工开挖，每次开挖进尺均不得大于 1 榀钢架距离。机械开挖完成后，再用人工修整轮廓线，减少超挖。

③③-2部和④-2部导洞开挖空间小，利用①部和②部导洞钢架与上部钢架的交叉位置将①部和②部导洞钢架间的喷射混凝土凿开，通过钢架之间的缝隙将洞渣漏入①部和②部导洞转运。

④开挖过程中如遇孤石，则应采取潜孔弱爆破解体。

### 4）机械设备及人员配置

机械设备配置见表 7-13，人员配置见表 7-14。

机械设备配置表　　表 7-13

| 导洞名称 | 设备名称 | 型号规格 | 单　位 | 设备数量 | 备　注 |
|---|---|---|---|---|---|
| ①部、②部导洞 | 挖掘机 | PC120 | 台 | 1 | 主要采用挖掘机挖掘、装载机出渣 |
| | 装载机 | 柳工 856 | 台 | 2 | |
| | 风钻 | YT-28 | 把 | 14 | |
| | 喷浆机 | TK500 | 台 | 3 | 湿喷机（1 台备用） |
| | 自卸汽车 | 8t | 台 | 2 | 导洞长度短，洞渣弃至弃渣场 |
| ③部、④部⑤部导洞 | 挖掘机 | PC60 | 台 | 2 | 带破碎头 |
| | 装载机 | CLG850 | 台 | 1 | 主要与①部、②部底导洞共用 |
| | 风钻 | YT-28 | 把 | 15 | |
| | 喷浆机 | TK500 | 台 | 1 | 主要与其他导洞共用 |
| | 自卸汽车 | 8t | 台 | 4 | 包括后续⑥部、⑦部及仰拱出渣 |

人员配置表　　表 7-14

| 序　号 | 工种名称 | 单　位 | 人　数 | 人员配置说明 |
|---|---|---|---|---|
| 1 | 开挖工 | 人 | 19 | 工班长 1 人，打锁脚、小导管共 12 人，仰拱开挖 6 人 |
| 2 | 立架工 | 人 | 39 | 工班长 3 人，立架工每班 12 人，三班倒 |
| 3 | 喷浆工 | 人 | 15 | 每台喷浆机 5 人（按 3 台喷浆机配置） |
| 合计 | | 人 | 73 | |

### 5）现场施工照片

图 7-17 ～图 7-22 为现场施工照片。

a） b）

图 7-17　底导洞三台阶开挖及上部③部、④部导洞图

a） b）

图 7-18　③-2部开挖及⑤部导洞开挖

a） b）

图 7-19　第二层格栅钢架支护

a） b）

图 7-20　靴型大拱脚与上部钢架连接处

a）

b）

图 7-21　临时钢架拆除

a）

b）

图 7-22　加宽 10.3m 段和加宽 8m 段

## 7.4.4 加宽 6m 段及加宽 4m 段开挖技术

加宽 6m 段和加宽 4m 段的开挖工法结合了已施工完成的加宽 10.3m 段和加宽 8m 段的成功经验，无论是现场施工组织，还是安全质量进度控制目标均得到顺利实施。

### 1）施工步序及工艺流程

新考塘隧道加宽 6m 段及加宽 4m 段采用大墙脚双侧壁导坑单层支护 CD 法施工，其施工步序如图 7-23 所示。

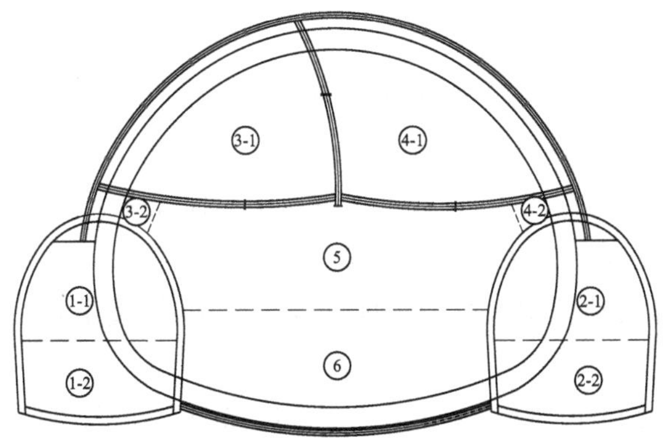


图 7-23　大墙脚双侧壁导坑单层支护 CD 法施工示意图

（1）两台阶法开挖底部①和②底导洞，初期支护钢架采用 I18 工字钢，喷 C30 混凝土封闭，超前支护采用 $\phi$42 小导管，锚杆采用 $\phi$22 砂浆锚杆。

（2）上部超前大管棚施作完成后，扇形预留核心土法开挖③-1部，架设钢架，打设锁脚锚管，喷 C30 混凝土封闭。

（3）底部①部②部导洞开挖完成且仰拱初期支护封闭完成后，立模绑扎钢筋，浇筑 C35 靴型大拱脚混凝土。

（4）靴型大拱脚混凝土强度达到 70% 以后，人工开挖③-2导洞。架设钢架，钢架通过螺栓与上部钢架连接，钢架下部与靴型大拱脚混凝土预埋钢板满焊连接。

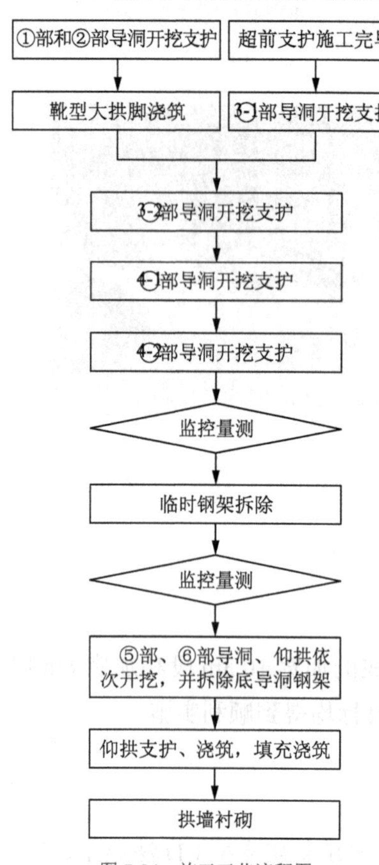

图 7-24　施工工艺流程图

（5）③-2部施工长度 5m 以后，开挖④-1部，采用扇形预留核心土法开挖，架设钢架，打设锁脚锚管，喷射 C30 混凝土封闭。

（6）④-1部开挖进尺 3m 以后，及时开挖④-2部，方法同③-2部。

（7）③-2部与④-2部均施作完毕后，通过监控量测数据分析，初期支护沉降与收敛均满足要求后，开始将钢架逐榀拆除，每次拆除 1 榀钢架，并及时进行监控量测分析。

（8）临时支护钢架拆除后，应及时进行监控量测数据分析，满足要求后，进行掌子面核心土开挖。

（9）仰拱开挖完成后，及时进行仰拱钢架安装，喷射 C30 混凝土封闭。

（10）绑扎钢筋，立模浇筑 C35 仰拱混凝土。

（11）立填充模板，浇筑 C20 填充混凝土。

（12）台车就位，绑扎钢筋，浇筑 C35 拱墙混凝土。

施工工艺流程如图 7-24 所示。

### 2）施工注意事项

（1）加宽 6m 段和加宽 4m 进入强风化花岗岩地层，围岩松散、破碎，易掉块。开挖过程中采用控制爆破施工，减少对周边围岩的扰动。

（2）拱部初期支护为单层支护，钢架架设过程中应保证钢架的垂直度，脚趾位置应加强锁脚锚管施工，钢架与钢架连接处螺栓应拧紧密贴。

（3）③-2部与④-2部导洞与靴型大拱脚预埋钢板应密贴、焊接牢固，确保无假焊、漏焊现象产生。

（4）施工中严格执行报检制度，上一道工序未达标，严禁进入下一道工序施工。

3)施工现场照片

图 7-25、图 7-26 为现场施工照片。

a)

b)

图 7-25 人工架设钢架

a)

b)

图 7-26 加宽 6m 段和加宽 4m 段

## 7.5 渐变段超大断面隧道拱墙衬砌施工技术

拱墙衬砌混凝土作为很重要的分项工程,不仅要保证拱墙衬砌的施工质量,还要保证拱墙衬砌与前面掌子面之间的安全距离。所以,施工中应综合考虑拱墙衬砌的关键因素,包括台车设计、钢筋施工、防水板施工、土工布施工、仰拱施工、混凝土浇筑施工等。

### 7.5.1 衬砌台车设计与改装

因工期关系,新考塘隧道出口主要承担加宽 10.3m、8m、6m 和 4m 四个加宽段的二次衬砌,如图 7-27 所示。台车设计时应考虑拆装方便、混凝土浇筑便利、承重力满足要求、功能多样化。

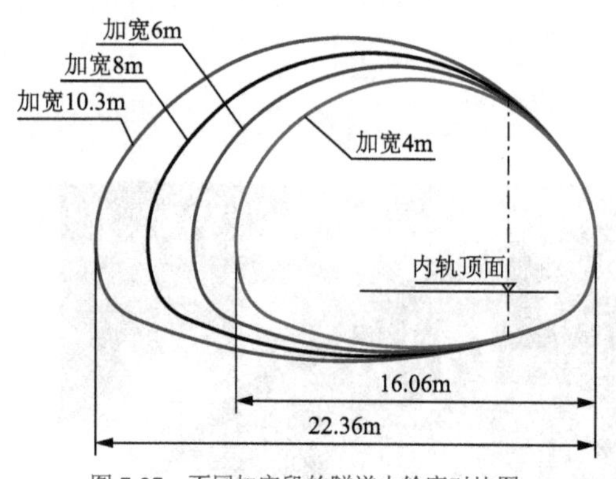

图 7-27　不同加宽段的隧道内轮廓对比图

通过对比发现，四种加宽的净空半径在进洞右侧是一致的，不同的变化主要表现在进洞左侧，且相差距离依次分别为 2.3m、2m、2m。因此，以加宽 4m 段台车作为主骨架衬砌台车，其余加宽段分别配以不同宽度的钢桁架均能满足设计净空要求。

### 1）台车设计

台车设计主要包括以下主要内容：

（1）台车设计长度为 6.1m，用于新考塘隧道出口段加宽 10.3m、8m、6m、4m，四个加宽断面的二次衬砌施工。

（2）台车门架由主、副门架组成，副门架设计在加宽侧，台车进入不同断面施工时，只需拆装副门架，主门架不拆装，行走钢轨不换位，主门架沿既有的钢轨前移即可。

（3）台车模板设计为大块钢模板，模板按加宽 10.3m 断面放大 10cm 设计；侧模通用，顶模由 8 块 2m 左右模板拼装而成，可满足加宽 4m、6m、8m、10.3m 四种断面的需要。

（4）模板弧长选取中间值加宽 8m 设计，在施工其 6m、10.3m 断面时，实际设计轮廓与标准二次衬砌轮廓线内外偏差在 2cm 以内，加宽 4m 误差在 3cm 以内。

（5）为了方便施工，减小模板弧长，减轻台车负重，同时消除模板在不同加宽断面变换时产生的弧长误差，在二次衬砌施工前，建议先行施工小边墙，小边墙施工高度在内轨顶面以上 200mm 处。

（6）为了保证台车施工及行走过程中的稳定性，考虑台车下纵梁长度设计为 10m。

（7）防水布施工方法为在台车一侧门架上设计三角撑支架及伸缩杆，具体设计位置、高度、伸长量通过现场实际调整。

### 2）台车结构荷载分析

台车模板由顶模及左右边模组成，由于顶模受到混凝土自重、施工荷载及注浆口封口时的挤压力等荷载的作用，其受力条件显然比其他部位的模板更复杂、受力更大、结构要求更高。由于边模与顶模的结构构造基本相同，边模不受混凝土自重，荷载较小，因此对其强度分析时主要考虑顶模。

顶模板通过两端上纵梁和中间上纵梁总成承受整个上部模板的荷载，而上纵梁主要有 20 个支承点（16 个机械千斤顶，4 个液压油缸）承受竖向荷载并传力至门架。由于混凝土输送泵通过管道向台车输送混凝土，与注浆口接口处的局部挤压力较大，其他地方压力较小。在施作衬砌时的混凝土自重及边墙压力靠模板承受。模板的整体强度既有拱板承受又有千斤顶承受，以保证模板工作时的绝对可靠。

### 3）各加宽段台车改装

因新考塘隧道出口是从加宽10.3m段→加宽8m段→加宽6m段→加宽4m段顺序施工，首次台车拼装是按照加宽10.3m段台车拼装，然后再缩小净空进行转换改装。为保证台车拼装和改装速度，每种断面的台车改装均在洞口前方场地进行。具体改装过程见表7-15，现场改装后的台车如图7-28所示。

二次衬砌台车改装过程　　表7-15

| 分　段 | 台车设计图 | 改装过程 |
|---|---|---|
| 加宽10.3m段 | 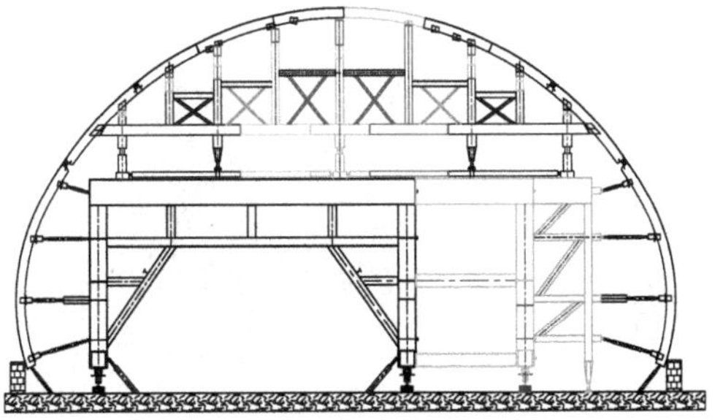 | 将所有台车配件按照图纸进行现场拼装、调节、加固 |
| 加宽8m段 | 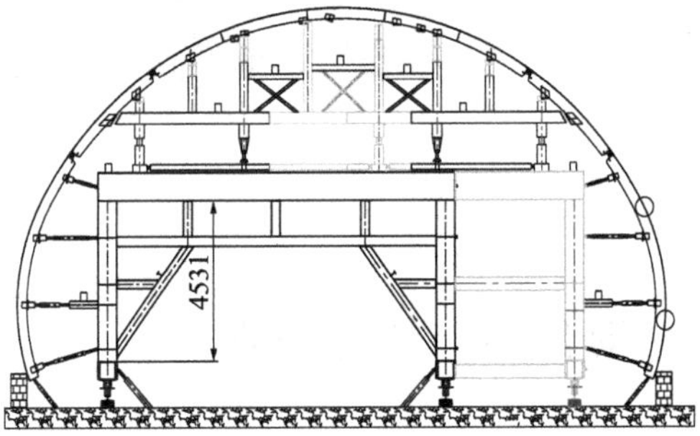 | 将加宽10.3m段台车宽度为2m的副门架拆除，在顶部拆除一块弧形模板和立柱，再将剩余的模板拼装、调节、加固成为加宽8m段台车 |
| 加宽6m段 | 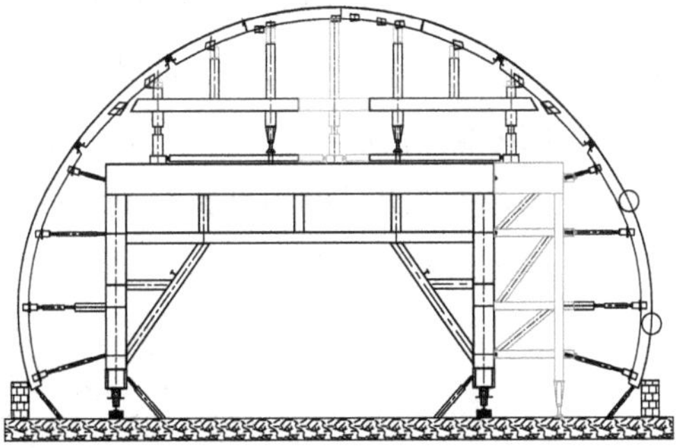 | 将加宽8m段台车宽度为4m的副门架拆除，再将加宽10.3m段拆除下来的宽度为2m的副门架安装到台车上，顶部拆除一块弧形模板，铰接位置利用工具切割掉，重新利用铰链调节模板弧度，以满足加宽6m段净空要求 |
| 加宽4m段 | 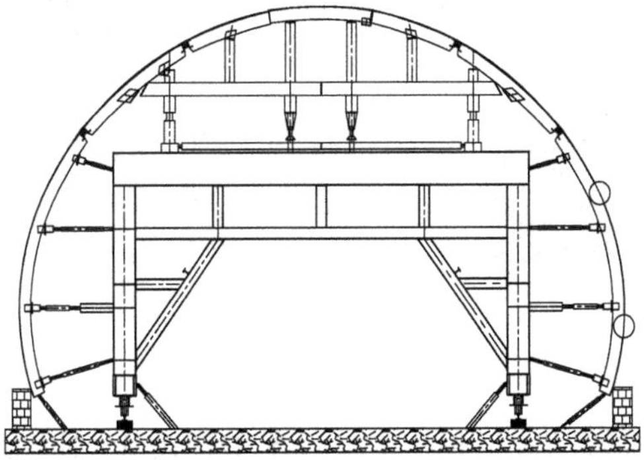 | 将加宽6m段台车的副门架全部拆除掉，只剩下主门架，台车顶部弧形模板拆除一块，剩余部分拼装合拢、调节加固形成加宽4m段衬砌台车 |

a)加宽 10.3m 段台车

b)加宽 8m 段台车

c)加宽 6m 段台车

d)加宽 4m 段台车

图 7-28 现场各加宽段台车照片

## 7.5.2 防水板台车与二次衬砌台车一体化技术

新考塘隧道出口处于富水地层，施工阶段通过井点降水、超前水平旋喷防水，基本解决了地下水对施工的影响问题，因此重点需要考虑后期运营阶段的防排水要求。本研究将防水板台车与二次衬砌台车一体化，既降低了成本，方便与二次衬砌台车同步前移走行，同时由于减少了隧道纵向上一板台车的距离，也使得二次衬砌与仰拱之间的距离不致拉得太大（图 7-29）。防水板台车与二次衬砌台车一体化技术特点如下：

a)

b)

图 7-29 防水板台车支架

（1）成本低。若采用传统的二次衬砌台车和防水板台车单独设计，则本隧道需要 4 台防水板台车，且防水板台车跨度大、体积大，所需要的型钢横纵梁、连接杆件、钢筋网片非常大。本项目采用角钢和槽钢与二次衬砌台车尾端大梁焊接固定，形成稳固的三角形姿态，支架上方放置竹跳板作为防水板的工作平台，沿着拱墙外边缘周边悬挑长度为3m，是二次衬砌台车长度的1/2。

（2）速度快。防水板台车行走主要采用装载机推送，推送过程中极易造成防水板台车倾覆、失稳、散架。防水板台车与二次衬砌台车一体，则可以通过二次衬砌台车行走同步带动防水板支架行走。钢筋作业、土工布作业、防水板作业与二次衬砌混凝土浇筑可以同步进行，节约大量时间。

（3）利用空间小。防水板支架台车位于二次衬砌台车上部，可以减少防水板台车所占填充面空间，对于这类超大跨隧道，安全距离很重要，这样就可以减小二次衬砌与掌子面之间的距离，确保安全。

## 7.5.3 渐变段超大断面隧道拱墙衬砌混凝土浇筑技术

### 1）大跨度隧道衬砌混凝土浇筑存在问题及对策

大跨度隧道衬砌混凝土浇筑存在问题及对策见表7-16。

大跨度隧道衬砌混凝土浇筑存在的问题及对策　　表7-16

| 序号 | 存在问题 | 解决对策 |
|---|---|---|
| 1 | 台车宽度大，混凝土对称浇筑难以控制 | 2台混凝土输送泵同时进行泵送，混凝土泵送速度控制在10m³/h左右 |
| 2 | 台车高差大，混凝土易离析 | 混凝土利用软管通过每个捣固窗口送入，混凝土坍落度控制在160～180mm |
| 3 | 钢筋间距小、密度大，难以捣固 | 因混凝土厚度达90cm左右，专门固定4个捣固手，进入钢筋层间距内逐步捣固 |
| 4 | 台车长度短，易发生位移 | 行走钢轨位置下纵梁两侧均用斜撑顶死，呈“八”字形，钢轨行走轮处每次对位后用木楔子卡死 |
| 5 | 拱部混凝土厚度大，压顶时易脱空 | 混凝土开始压顶时，由当班领工员负责混凝土压顶状况检查，必须待混凝土压满后方可停止输送 |

### 2）各加宽段断面突变位置处理

因不同加宽度交界断面是突变加宽，导致不同加宽断面交界处均出现了很大的错台，最大错台2.3m，并逐步与下一加宽段重合。断面突变位置在衬砌施工中应小心处理，否则会造成脱空、掉块等危害。

（1）在开挖过程中每个加宽段多开挖50cm距离，如加宽10.3m段的终止里程是DK268+228，则在开挖时加宽10.3m段的最终里程为DK268+227.5。衬砌混凝土浇筑时，两个加宽段断面交界处衬砌位置重叠50cm。

（2）为保证突变位置混凝土与整体主拱圈混凝土的连接性，首先在上一加宽段已浇筑的混凝土内植入环向锚杆，锚杆长度以断面变化弧形控制。然后绑扎两层钢筋，钢筋应与正洞主体钢筋连接成一体。

(3)堵头板统一采用5cm厚松木板，从底部逐块向上拼装，每块模板之间应保证拼缝严密，减少漏浆。模板与上一加宽段的衬砌表面摩擦力小，极易造成模板倾斜，在上一加宽段的混凝土内用冲击钻钻眼，并植入锚筋，然后利用钢管套入，钢管另一端与衬砌台车相连。

(4)为保证混凝土外观质量，在每块堵头板的内侧覆盖一层保泥板，提高混凝土脱模后的光洁度。

图7-30　施工完成后的渐变段超大断面隧道

施工完成后的渐变段大断面隧道衬砌如图7-30所示。



# 7.6　信息化施工技术

采用DWEA工法在软弱围岩中修建开挖面积超过300m$^2$的铁路隧道，是一种新工法新工艺的尝试，无先前经验可供借鉴。在这样的条件下，新奥法的又一大特点——信息化施工表现出强大的适应性。通过现场监控量测，并将量测数据及时反馈、指导施工，形成与隧道施工过程中的地质条件、力学动态等不断变化相适应的“信息化施工”。本工程的现场监测一方面作为施工监测，为施工安全提供保证，另一方面作为现场科研试验，掌握施工过程力学行为规律，验证或修正部分数值计算和模型试验结论，如有必要，则据此调整优化施工方案和支护参数。因此，除了拱顶沉降和水平收敛等A类项目（必测项目）外，还进行了大量的B类项目(选测项目)监测。

## 7.6.1　A类项目监测

A类项目监测由中铁西南研究院负责实施，基于其研发的“隧道施工监测信息管理系统”，对本工程的变形(位移)情况进行实时监控量测。

### 1)测点布置与安装

各个加宽断面的变形(位移)监测点布置如图7-31所示。由于实际施工过程中，对原设计开挖方法进行了一定调整，实际布点也跟着开挖分部进行了一定调整。DWEA法主要是把拱部上台阶拉大，保留少部分下台阶。

①部②部导洞（侧壁导洞）测点：加宽10.3m段，纵向每3m布置一组；加宽8m、6m、4m、2m段纵向每5m布置一组。

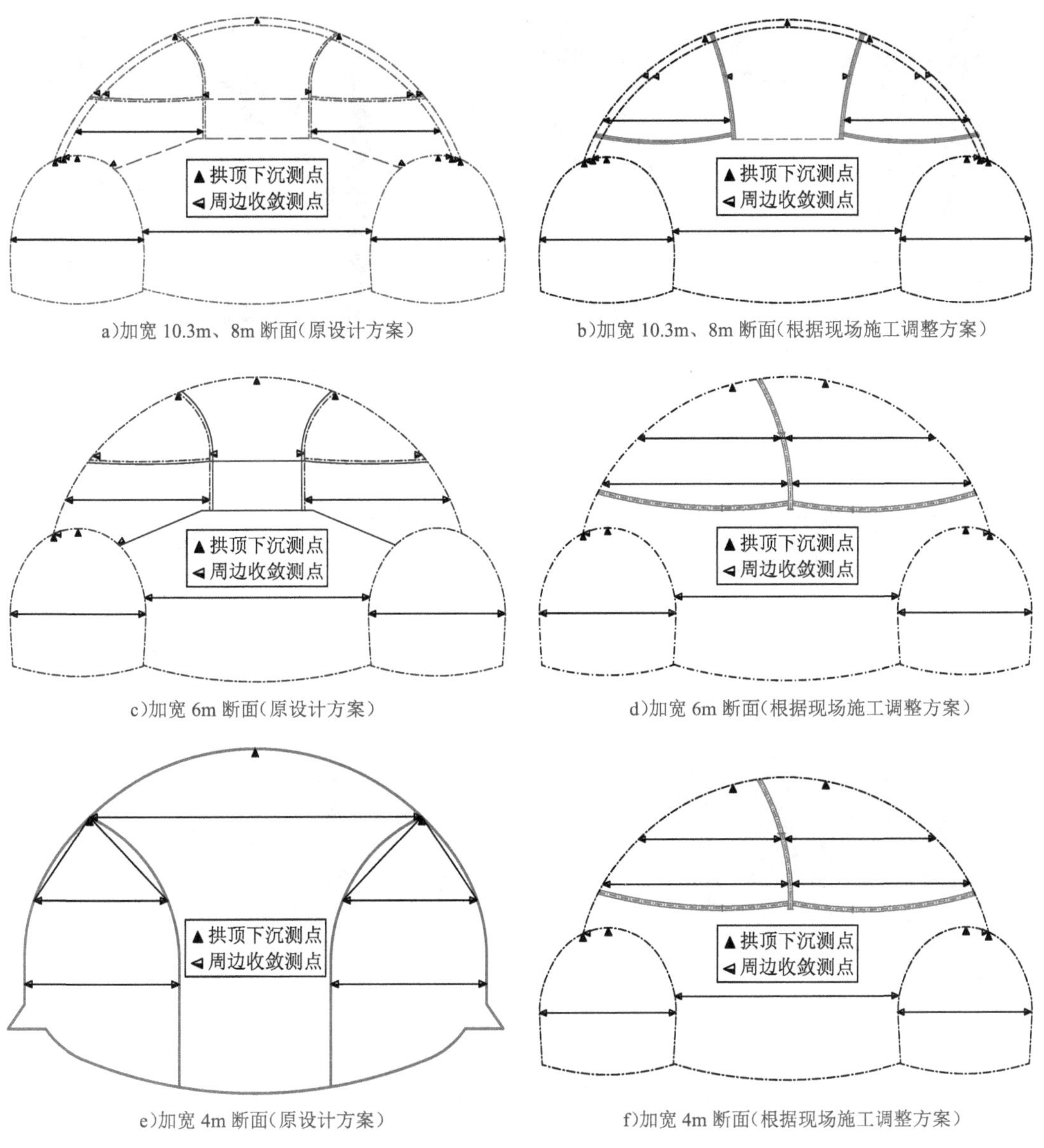

a)加宽 10.3m、8m 断面(原设计方案)　b)加宽 10.3m、8m 断面(根据现场施工调整方案)

c)加宽 6m 断面(原设计方案)　d)加宽 6m 断面(根据现场施工调整方案)

e)加宽 4m 断面(原设计方案)　f)加宽 4m 断面(根据现场施工调整方案)

图 7-31　各加宽断面的拱顶下沉、净空收敛监测点布置图

拱部测点:加宽 10.3m 段和加宽 8m 段纵向每 3m 设置一组。加宽 6m、4m、2m 段纵向每 5m 设置一组。

拱顶下沉和净空收敛的测点安装如下:

(1)采用 $\phi$16 钢筋(长度 25 ~ 35cm)与 50mm×50mm×3mm 钢板焊接牢固;购买 50mm×50mm 带十字丝靶位($\phi$20)的专用反光贴片;埋设测点前用强力胶将反光贴片贴在钢板上(图 7-32)。

(2)用冲击钻在喷射混凝土中钻 $\phi$18 圆孔,孔深 20 ~ 30cm。

(3)在圆孔中灌注水泥砂浆或锚固剂,将测点安装牢固。

(4)将已贴好反光贴片的测点插入已灌入水泥砂浆或锚固剂的圆孔中,确保钢板露出喷混凝土面 5cm 左右,并保证反光贴片朝向洞口(或有利于观测)的方向,以便于观测。

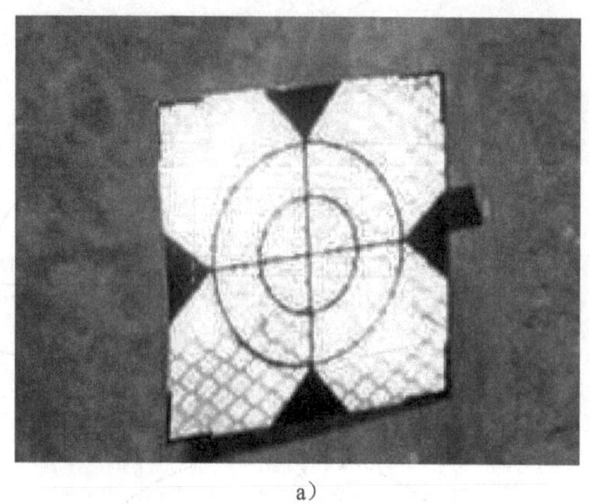
a)

b)

图 7-32　监控量测点反光片

(5)在外露的钢筋上悬挂监控量测标识牌。

现场测点布置效果如图 7-33 所示。

a) 导洞监测点布置图 1

b)导洞监测点布置图 2

c)拆除临时支撑后监测点

图 7-33　现场测点布置

## 2)监控量测操作流程

变形监控量测操作流程如图 7-34 所示。

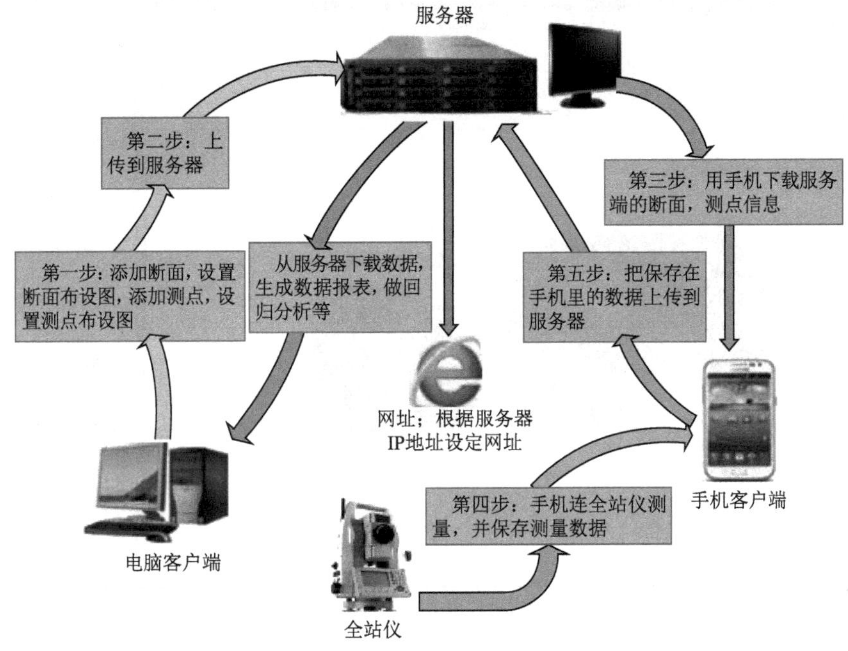


图 7-34　监控量测信息化技术操作流程图

### 3）监控量测系统设备配置

（1）徕卡 TS06 全站仪 1 台。

（2）手机两台，双核、操作系统为 Android4.0 及以上。

（3）蓝牙通信设备 2 个。

（4）电脑 1 台，32 位操作系统，windows XP 系统。

### 4）监控量测频率

（1）收敛值≥ 5mm，每天 2 次；收敛值＜ 5mm，每天 1 次。

（2）二次衬砌须在围岩变形已基本稳定的情况下施工，当量测的数据满足下列要求时即可认为围岩变形已基本稳定：

①各项测试项目的位移速率明显收敛。

②已产生的各项位移已达预计总位移量的 80% ～ 90%。

③周边位移速率小于 0.1 ～ 0.2mm/d，或拱顶下沉速度小于 0.1 ～ 0.15mm/d。

### 5）监控量测数据查看及整理

（1）登入系统

监控量测信息系统操作界面如图 7-35 所示。

（2）选择数据分析及相应查看部位

选择数据分析及相应查看部位如图 7-36 所示。

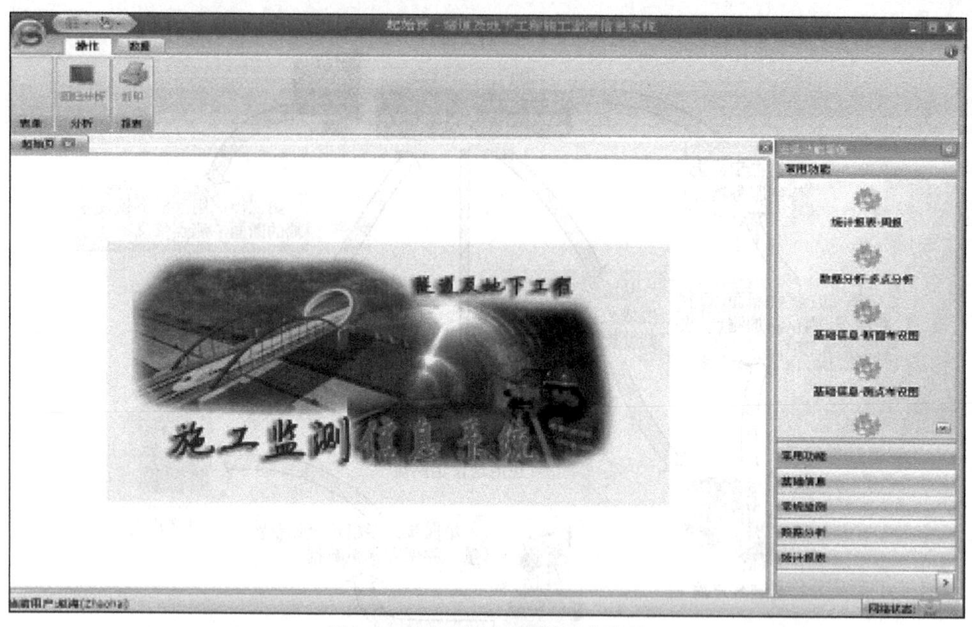

图 7-35　监控量测信息系统操作界面

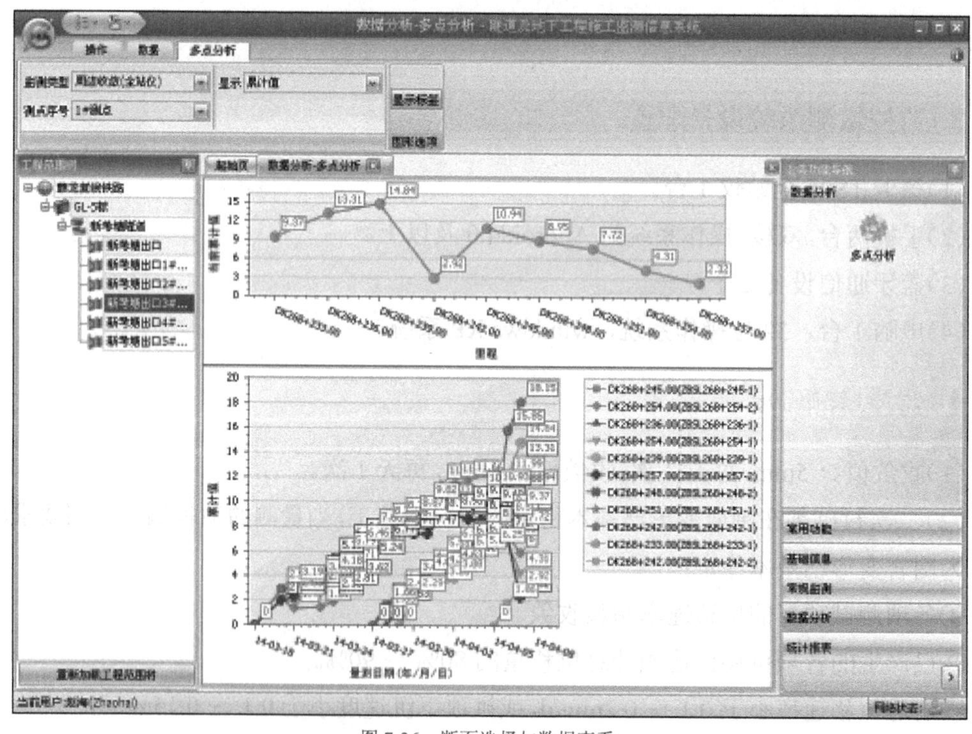

图 7-36　断面选择与数据查看

## 6）监控量测数据统计分析

（1）通过监控量测信息系统的应用，现场量测数据能及时上传到服务器，若实测收敛速度超过预警值，则会通过短信方式提醒相关负责人，及时采取相应措施。表 7-17 列出了本工程各加宽段量测数据预警情况统计。

各加宽段监控量测数据统计表　　表 7-17

| 加宽段名称 | 测点位置 | 测点个数 | 开始时间 | 结束时间 | 监控频率 | 预警情况 | 备注 |
|---|---|---|---|---|---|---|---|
| 加宽 10.3m 段 | 第一层支护 | 267 | 2013-12-11 | 2014-5-20 | 2 次 /d | 开累预警 9 次 | 经分析，造成预警的原因主要为现场埋设的测点在施工时被破坏，第一次和第二层测量的结果相差太大引起的预警 |
| | 第二层支护 | 139 | 2014-4-18 | 2014-6-30 | 2 次 /d | 开累预警 5 次 | |
| | 二次衬砌 | 58 | 2014-6-17 | 2014-8-17 | 1 次 / 周 | 未发生 | |
| 加宽 8m 段 | 第一层支护 | 300 | 2014-2-19 | 2014-7-5 | 2 次 /d | 开累预警 4 次 | |
| | 第二层支护 | 156 | 2014-5-27 | 2014-8-10 | 2 次 /d | 开累预警 3 次 | |
| | 二次衬砌 | 65 | 2014-8-29 | 2014-10-25 | 1 次 / 周 | 未发生 | |
| 加宽 6m 段 | 初期支护 | 300 | 2014-4-18 | 2014-9-27 | 2 次 /d | 开累预警 5 次 | |
| | 二次衬砌 | 65 | 2014-10-27 | 2014-11-30 | 1 次 / 周 | 未发生 | |
| 加宽 4m 段 | 初期支护 | 307 | 2014-9-14 | 2014-1-2 | 2 次 /d | 未发生 | |
| | 二次衬砌 | 83 | 2014-12-7 | 2014-1-18 | 1 次 / 周 | 未发生 | |
| 加宽 2m 段 | 初期支护 | 36 | 2014-10-2 | 2014-11-15 | 2 次 /d | 未发生 | |
| | 二次衬砌 | 36 | 2014-12-15 | 2015-1-20 | 1 次 / 周 | 未发生 | |

（2）监控量测小组通过每天的数据分析，根据《铁路隧道监控量测技术规程》（QCR 9218—2015）和设计要求进行回归分析。当围岩沉降收敛已稳定后，及时向施工现场下达临时钢架拆除指令单，如图 7-37 所示。施工现场收到临时钢架拆除指令单后，按照临时钢架拆除技术交底对临时竖撑及临时仰拱逐榀拆除。

新考塘隧道出口临时钢架拆除作业指令单

| 序号 | 里程 | 部位 | 日期 | 拆除类别 | 累计沉降（mm） | 是否稳定 |
|---|---|---|---|---|---|---|
| 1 | DK268+259.2 | 3#导坑 | 2014.4.10 | I20a临时竖撑 | 21.2 | 已稳定 |
| 2 | DK268+258.4 | 3#导坑 | 2014.4.10 | I20a临时竖撑 | 23.6 | 已稳定 |
| 3 | DK268+257.6 | 3#导坑 | 2014.4.11 | I20a临时竖撑 | 33.2 | 已稳定 |
| 4 | DK268+256.8 | 3#导坑 | 2014.4.11 | I20a临时竖撑 | 25.2 | 已稳定 |
| 5 | DK268+256.0 | 3#导坑 | 2014.4.11 | I20a临时竖撑 | 18.6 | 已稳定 |
| 6 | DK268+255.2 | 3#导坑 | 2014.4.12 | I20a临时竖撑 | 24.6 | 已稳定 |
| 7 | DK268+254.4 | 3#导坑 | 2014.4.12 | I20a临时竖撑 | 22.5 | 已稳定 |
| 8 | DK268+259.2 | 4#导坑 | 2014.4.13 | I20a临时竖撑 | 22.8 | 已稳定 |
| 9 | DK268+258.4 | 4#导坑 | 2014.4.13 | I20a临时竖撑 | 30.9 | 已稳定 |
| 10 | DK268+257.6 | 4#导坑 | 2014.4.13 | I20a临时竖撑 | 31.2 | 已稳定 |
| 11 | DK268+256.8 | 4#导坑 | 2014.4.14 | I20a临时竖撑 | 31.2 | 已稳定 |
| 12 | DK268+256.0 | 4#导坑 | 2014.4.14 | I20a临时竖撑 | 14.5 | 已稳定 |
| 13 | DK268+255.2 | 4#导坑 | 2014.4.14 | I20a临时竖撑 | 17.2 | 已稳定 |
| 14 | DK268+254.4 | 4#导坑 | 2014.4.14 | I20a临时竖撑 | 18.4 | 已稳定 |
| 监控量测小组结论：同意按照临时钢架拆除技术交底进行 | | | | 组长： | | |
| 接收人： | | | | | | |

图 7-37　临时钢架拆除指令

### 7）安全质量保证措施

（1）监控量测应考虑方案不合理、反光贴片损坏、采集数据失真等危害。

（2）监控量测前需对工作面进行处理，如找顶、支护、光照等措施。

（3）监控量测人员必须经过隧道施工安全教育培训，掌握安全操作技术和安全生产基本知识。

（4）隧道施工过程中要妥善保护监控量测的反光贴片，并有显著的安全标识。

（5）在富水区隧道安装量测仪器或进行钻孔时，法线岩壁松软、掉块或钻孔中的水压、水量突然增大，以及有顶钻等异常情况时，必须停止钻进，立即上报有关部门，并派人检测水情。

### 8）部分监测数据分析

限于篇幅，下面仅对加宽 10.3m 段及加宽 8m 段的监测数据进行分析。

（1）加宽 10.3m 段监测数据分析

以 DK268+242 监测断面为例，考查如图 7-38 所示的沉降测点、收敛测线的数据随时间变化规律，具体数据变化曲线如图 7-39、图 7-40 所示。



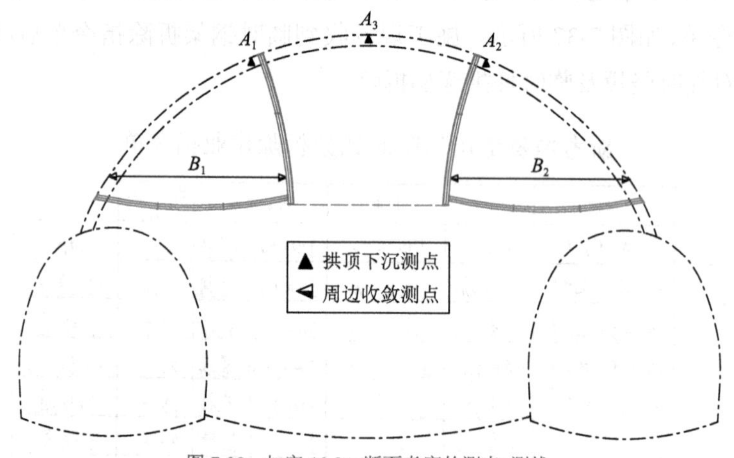


图 7-38　加宽 10.3m 断面考察的测点、测线

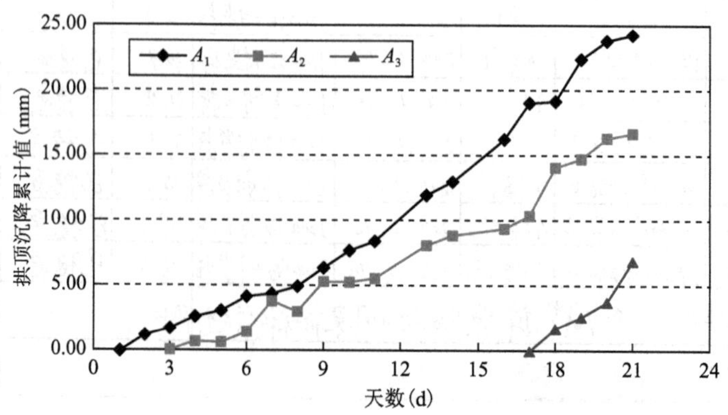


图 7-39　加宽 10.3m 断面拱顶沉降曲线

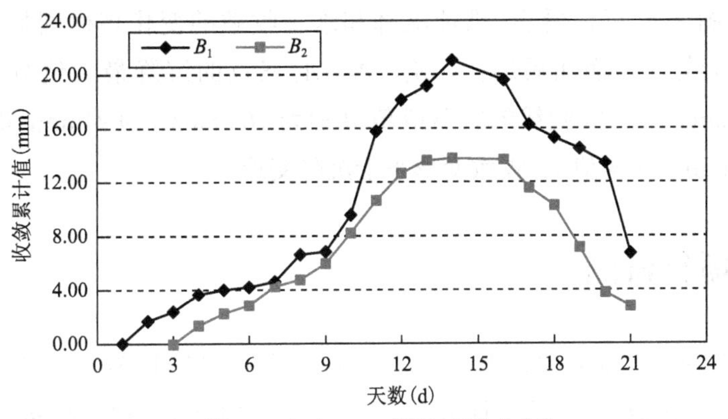


图 7-40　加宽 10.3m 断面水平收敛曲线

从图 7-39 及图 7-40 可以看出：$A_1$、$A_2$、$A_3$ 三点的最终测到的沉降值分别为 24.31mm、16.70mm、6.92mm，即 $A_1 > A_2 > A_3$，这与开挖的先后顺序是一致的，三点沉降规律均表现为单调递增。而 $B_1$、$B_2$ 两条测线的收敛变化规律表现为先增加后减小，究其原因主要是相邻块的开挖是一种卸载作用，相比测线所在分块是往外变形。从量值上来看，收敛变形最大值为 21.01mm，小于沉降变形。

（2）加宽 8m 段监测数据分析

加宽 8m 断面考察的沉降测点、收敛测线与加宽 10.3m 断面相同，即如图 7-38 所示。以 DK268+212 监测断面为例，具体数据曲线见图 7-41、图 7-42 所示。

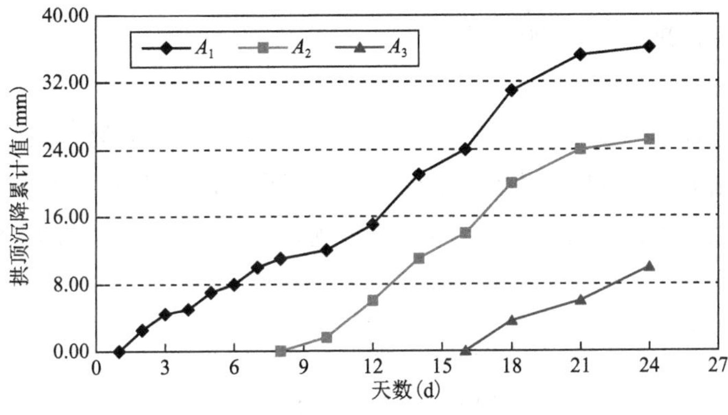


图 7-41　加宽 8m 断面拱顶沉降曲线

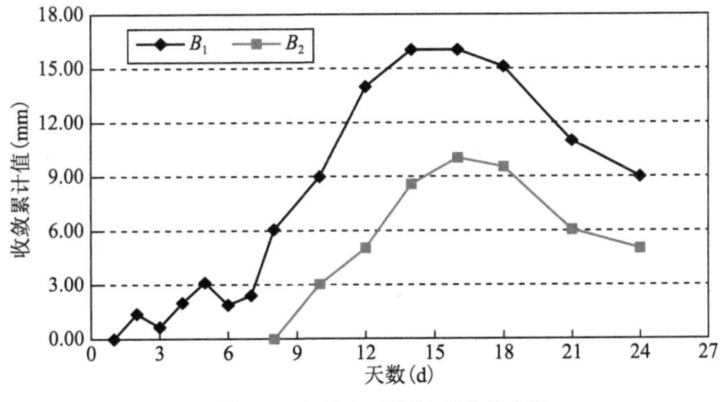


图 7-42　加宽 8m 断面水平收敛曲线

从图 7-41 及图 7-42 可以看出：拱顶沉降和水平收敛的变化规律同加宽 10.3m 断面，即沉降单调递增，收敛先增加后减小，$A_1$、$A_2$、$A_3$ 三点的沉降最大值分别为 36.19mm、24.98mm、10.03mm。$B_1$、$B_2$ 测线的收敛峰值分别为 16.08mm、9.94mm，最终收敛值分别为 9.05mm、4.91mm。在量值上，收敛变形小于沉降变形。

## 7.6.2 B 类项目监测

为更好地掌握施工过程力学行为与安全控制，分别对加宽 10.3m、加宽 8m、加宽 6m、加宽 4m 断面等进行了 B 类项目监测，且考虑到现场传感器的存活率问题，每种加宽断面各布置了两个监测断面。与 A 类监测项目相同，这里仍然重点是考察拱部结构的受力情况。限于篇幅，下面仅对加宽 10.3m 段及加宽 8m 段的监测数据进行分析。

### 1）加宽 10. 3m 断面监测数据及分析

一次初期支护的监测部位主要为拱部，监测项目为 HW200 钢架应力及 C30 喷射混凝土应力，采用传感器为钢架表面应变计及混凝土埋入式应变计；二次初期支护的监测部位主要为拱部，监测项目为 180 格栅钢架应力及 C30 喷射混凝土应力，采用传感器为钢架表面应变计及混凝土埋入式应变计；二次衬砌的监测部位为拱墙全环，监测项目为主筋应力及 C35 模筑混凝土应力，采用传感器为钢筋应力计及混凝土埋入式应变计。

（1）一次初期支护拱部 HW200 钢架应力

①监测点布置。

钢架应力监测测点布置如图 7-43 所示，“W-G”表示外侧钢架测点，“N-G”表示内侧钢架测点，整个断面埋设 11 对表面应变计。现场埋设时应注意将应变计（底座）焊接于 HW200 型钢的翼缘内侧，待底座冷却后将传感器固定，并用铁罩加以保护，如图 7-44 所示，在仪器周围喷射混凝土。

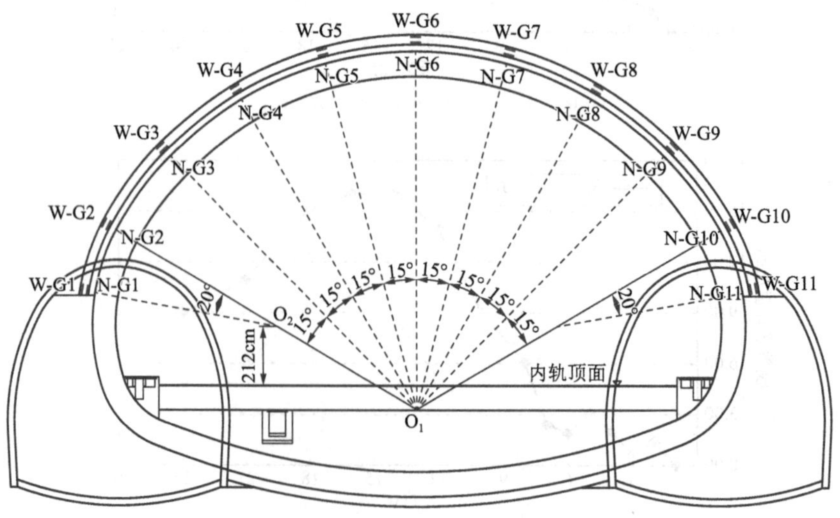


图 7-43 一次初期支护钢架应力测点布置

图 7-44　现场表面应变计埋设于 HW200 钢架

②监测数据分析。

由于测点多，为避免数据堆积在同一副图中杂乱看不清，这里分为左拱部、拱顶、右拱部（编号分别为 1 ～ 4、5 ～ 7、8 ～ 11）分别绘制不同测点的数据变化时程曲线，如图 7-45 所示。

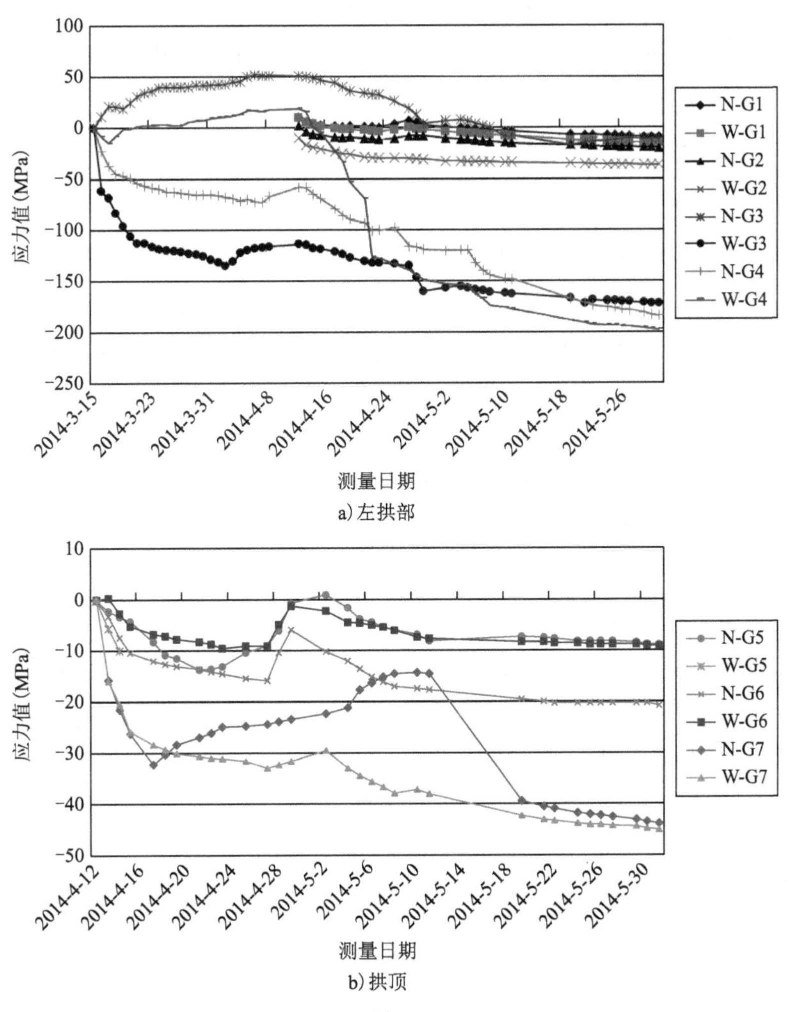


a)左拱部

b)拱顶

图　7-45

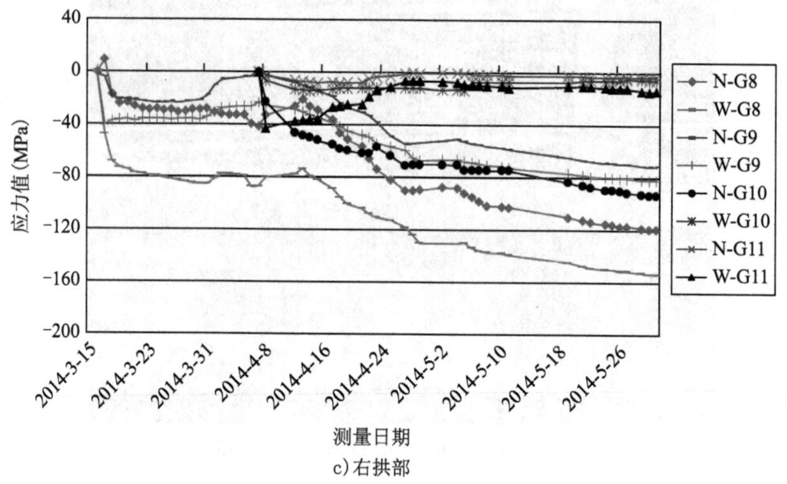

c)右拱部

图 7-45　一次初期支护钢架应力变化时程曲线

从图 7-45 中可以看出，钢架受力在施作初期有一个向受压发展的趋势（即内外侧传感器从量测数值上均有一个朝负值方向发展的规律），而后逐渐趋于稳定，最大值不超过 200MPa，小于钢材屈服强度。过程中有少量传感器出现受拉，但最终状态基本都表现为压应力状态，也即最终未有明显大偏心受力特点。

（2）一次初期支护拱部 C30 喷射混凝土应力

①监测点布置。

一次初期支护喷射混凝土应变测点布置如图 7-46 所示，“W-C”表示一次初期支护混凝土的外侧应变测点，“N-C”表示内侧测点，与钢架应变计相对应，整个断面埋设 11 对混凝土应变计。现场安装时将埋入式混凝土应变计绑扎于附近钢架处，或者专门焊接细钢架用于绑扎固定混凝土应变计，如图 7-47 所示。

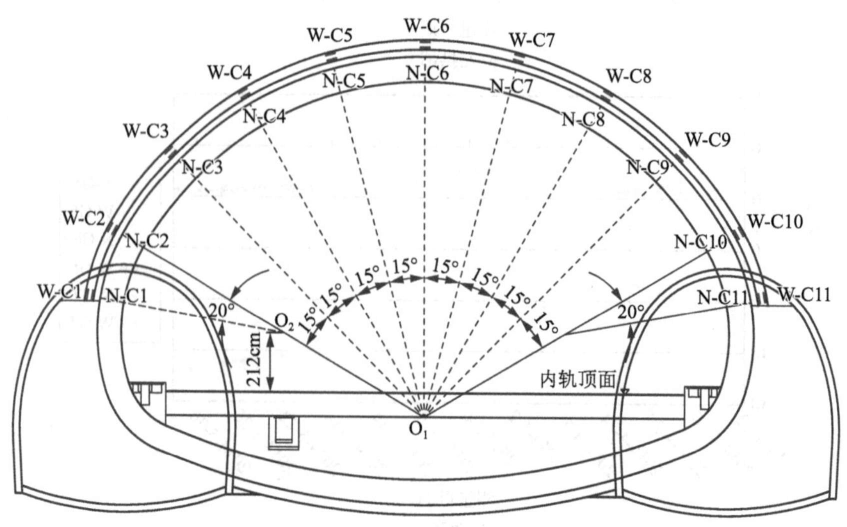


图 7-46　一次初期支护混凝土应变测点布置

图 7-47　现场喷射混凝土应变计埋设

②监测数据分析。

与钢架应力数据分析同理，这里分为左拱部、拱顶、右拱部分别绘制不同测点的数据变化时程曲线，如图 7-48 所示，图中数据已经将所测混凝土应变换算为应力。

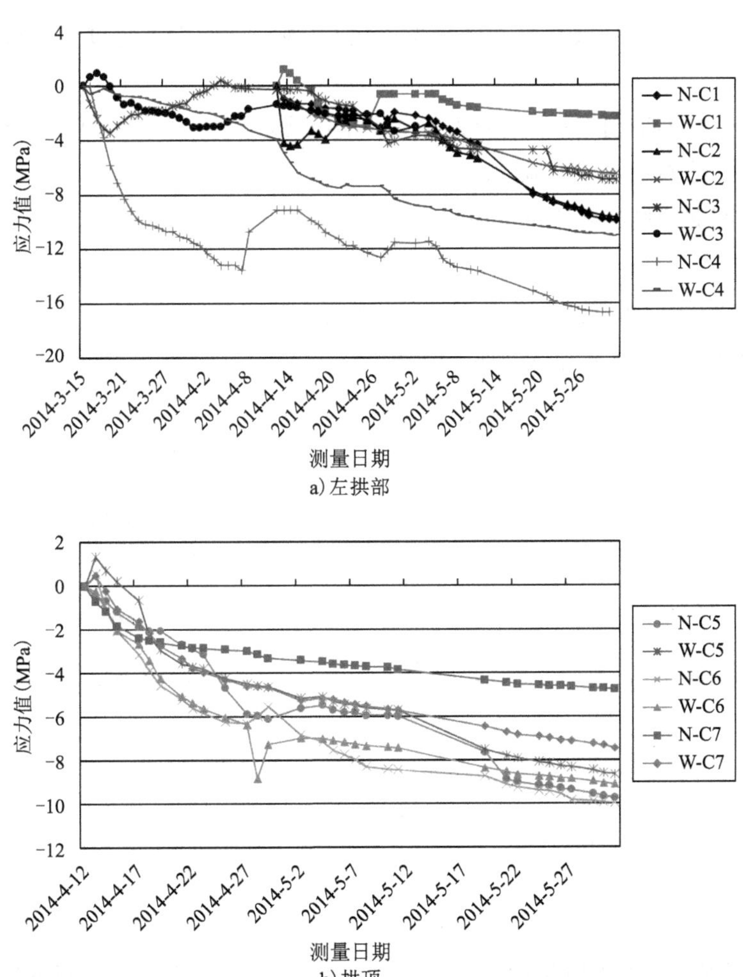


a）左拱部



b）拱顶

图　7-48

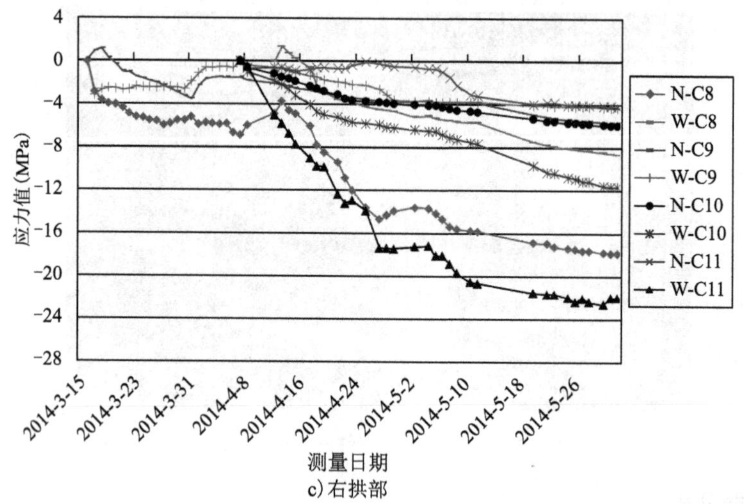

c)右拱部

图 7-48 一次初期支护混凝土应力变化时程曲线

从图 7-48 中可以看出，与钢架应力变化同步，一次初期支护喷射混凝土也在施作后初期有一个向受压发展的趋势（内外侧混凝土应变计从量测数值上都表现为朝负值方向发展趋势），而后逐渐趋于稳定，最终基本处于受压状态，最大压应力不超过 20MPa，小于混凝土抗压强度设计值。

综合拱部一次初期支护的钢架应力监测和混凝土应变监测结果，可以判定在施工过程中，一次初期支护结构是安全可靠的。

(3)二次初期支护拱部格栅钢架应力

①监测点布置

钢架应力监测测点布置如图 7-49 所示，“W-G”表示外侧钢架测点，“N-G”表示内侧钢架测点。整个断面埋设 11 对钢架应变计。

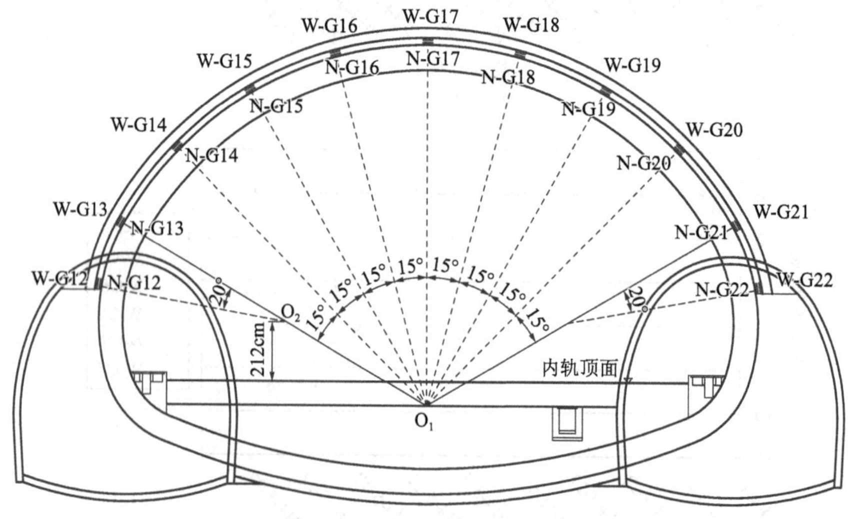

图 7-49 二次初期支护钢架应力测点布置

与一次初期支护的型钢钢架同理，这里将表面应变计焊接于 180 格栅钢架的内外肢，如图 7-50 所示，并用保护罩加以保护。

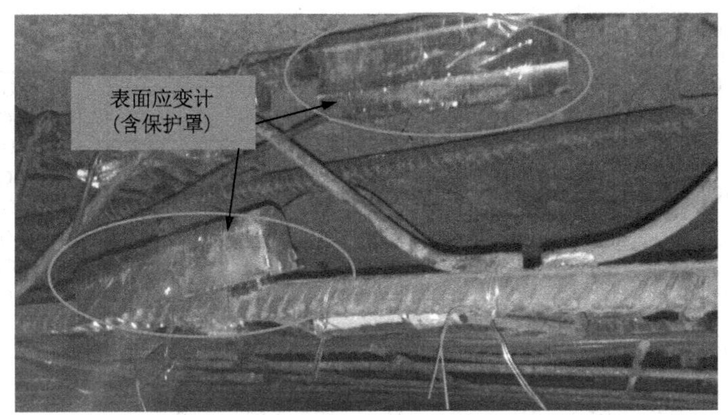


图 7-50　现场二次初期支护格栅钢架表面应变计埋设

②监测数据分析

这里分为左拱部、拱顶、右拱部（编号分别为 12 ～ 15、16 ～ 18、19 ～ 22）分别绘制不同测点的数据变化时程曲线，如图 7-51 所示。

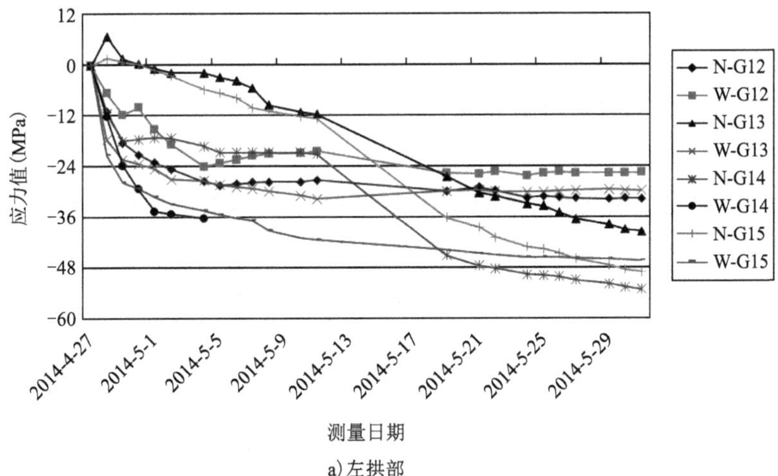


a）左拱部

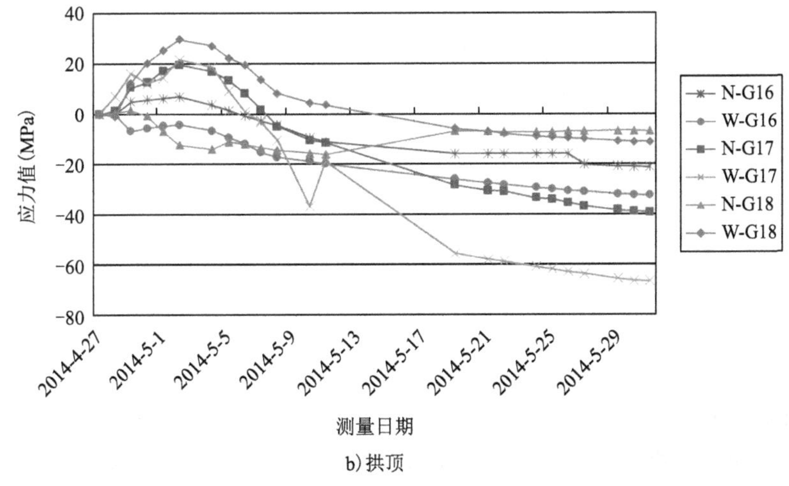


b）拱顶

图　7-51

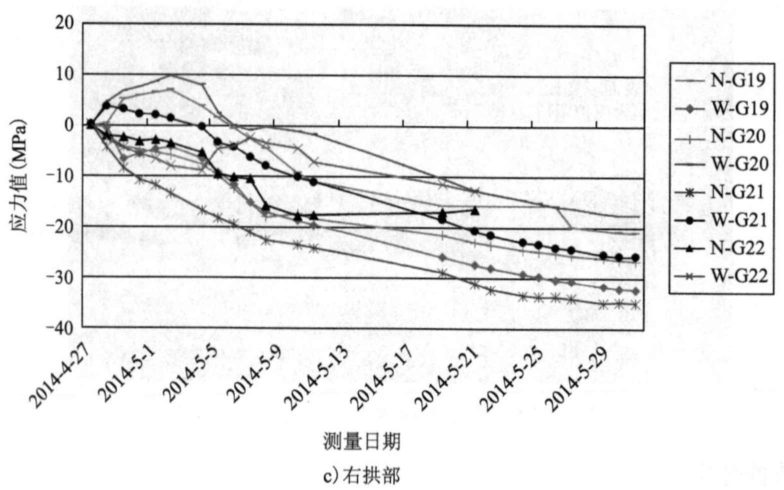


c)右拱部

图 7-51　二次初期支护钢架应力变化时程曲线

从图 7-51 中可以看出，格栅钢架在整个施工过程中，总体受力处于一个缓慢增加过程，后期趋于稳定，最终除极个别传感器外，最大压应力不超过 50MPa，远小于钢材屈服强度，也远小于一次初期支护的钢架应力。



（4）二次初期支护拱部 C30 喷射混凝土应力

①监测点布置。

二次初期支护混凝土应变测点布置如图 7-52 所示，“W-C”表示二次初期支护混凝土的外侧应变测点，“N-C”表示内侧测点。与钢架表面应变计相对应，整个断面埋设 11 对混凝土应变计，其现场埋设方法同一次初期支护，如图 7-53 所示。

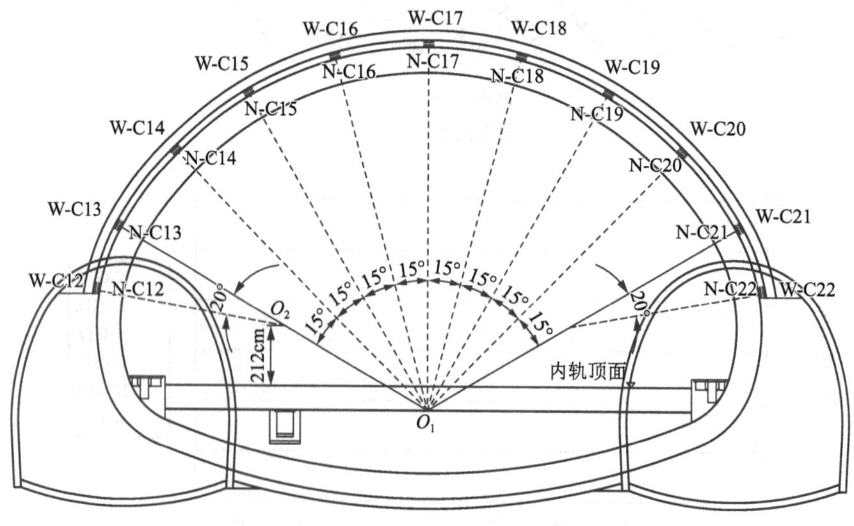


图 7-52　二次初期支护混凝土应变测点布置

②监测数据分析。

与格栅钢架应力数据分析同理，这里分为左拱部、拱顶、右拱部分别绘制不同测点的数据变化时程曲线，如图 7-54 所示，图中数据已经将所测混凝土应变换算为应力。

图 7-53　现场混凝土应变计埋设

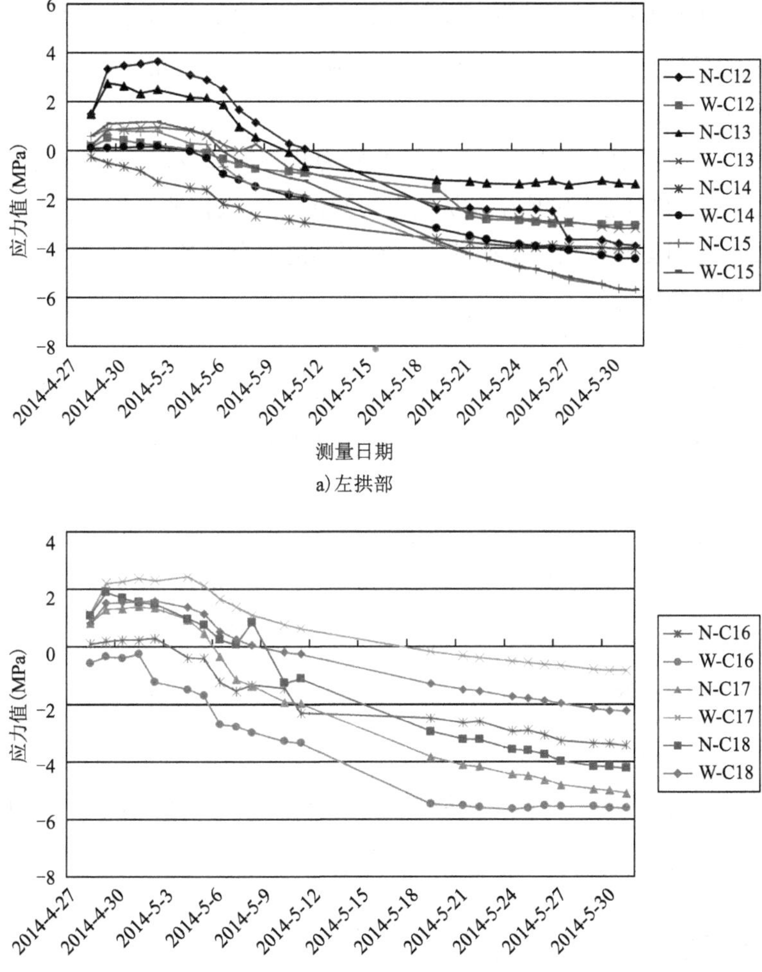


a)左拱部

b)拱顶

图　7-54

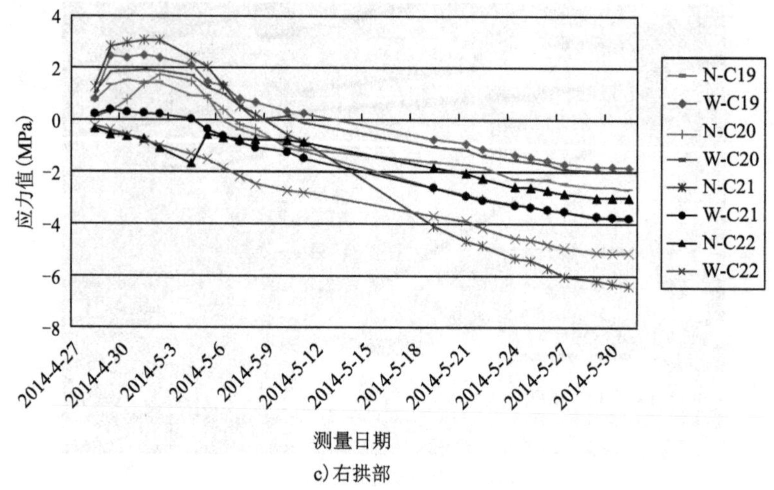


c) 右拱部

图 7-54 二次初期支护混凝土应力变化时程曲线

从图 7-54 中可以看出，二次初期支护混凝土应力尽管在施作后前期又出现受拉的趋势，但随着隧道的后续施工，很快转为受压状态，最后趋于稳定，最大压应力在 6MPa 左右，小于混凝土抗压强度设计值。

综合分析一次初期支护和二次初期支护的应力状态可以发现，两者均未出现应力超过材料屈服强度或者是设计强度的情况，是安全可靠的。二次初期支护总体受力远小于一次初期支护，且二次初期支护相比一次初期支护有更高的安全储备。

（5）二次衬砌钢筋应力

①监测点布置

钢筋应力监测包括拱墙二次衬砌和仰拱两部分，测点布置如图 7-55 所示，“WG-”表示外侧钢筋测点，“NG-”表示内侧钢筋测点，数字表示测点编号。整个断面埋设 16 对钢筋应力计。

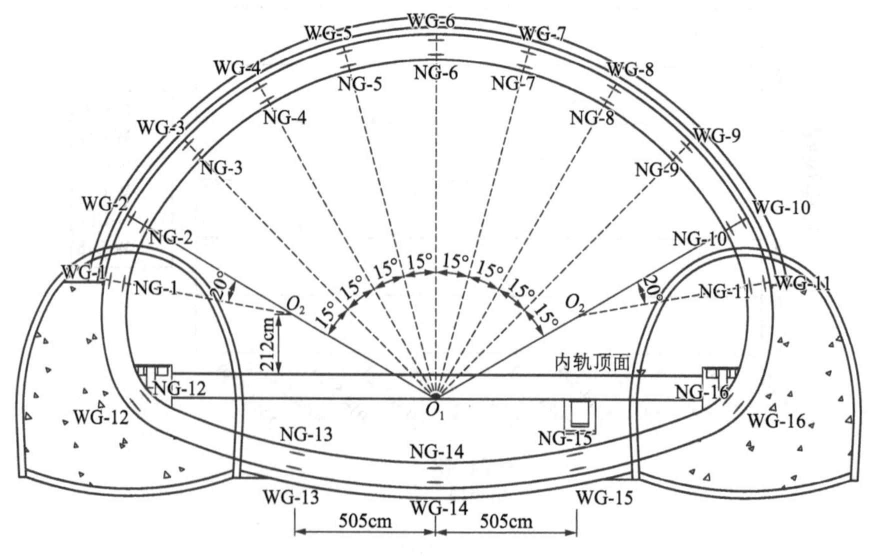


图 7-55 二次衬砌钢筋应力测点布置

现场埋设钢筋应力计如图 7-56 所示，选择受力主筋，切断钢筋，切断长度根据仪器长度和搭接要求确定；然后按钢筋直径选配相应规格的钢筋计。钢筋计安装采用姊妹杆法焊接，焊接时，要注意对钢筋应力计进行水冷却，以免由于焊接时的高温损坏钢筋应力计内部电器元件。确定仪器工作正常后，方可浇筑混凝土，仪器周围振捣需谨慎。

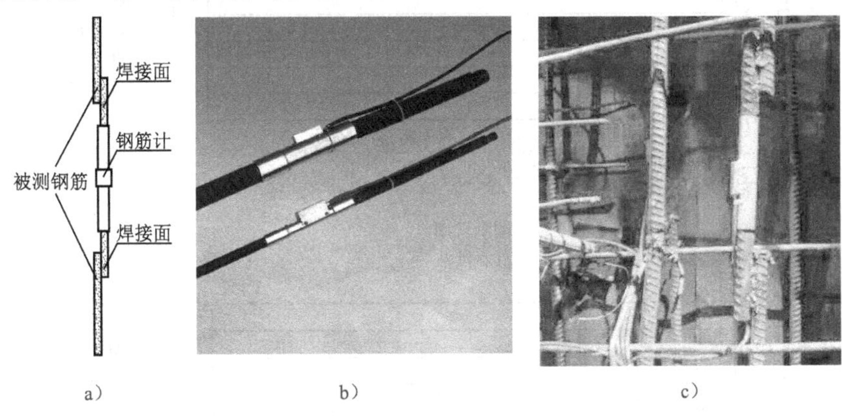


图 7-56 现场钢筋应力计埋设

②监测数据分析

由于测点多，为避免数据堆积在同一图中杂乱看不清，这里分为左拱部、拱顶、右拱部、仰拱等四部分分别绘制不同测点的数据变化时程曲线，如图 7-57 所示。

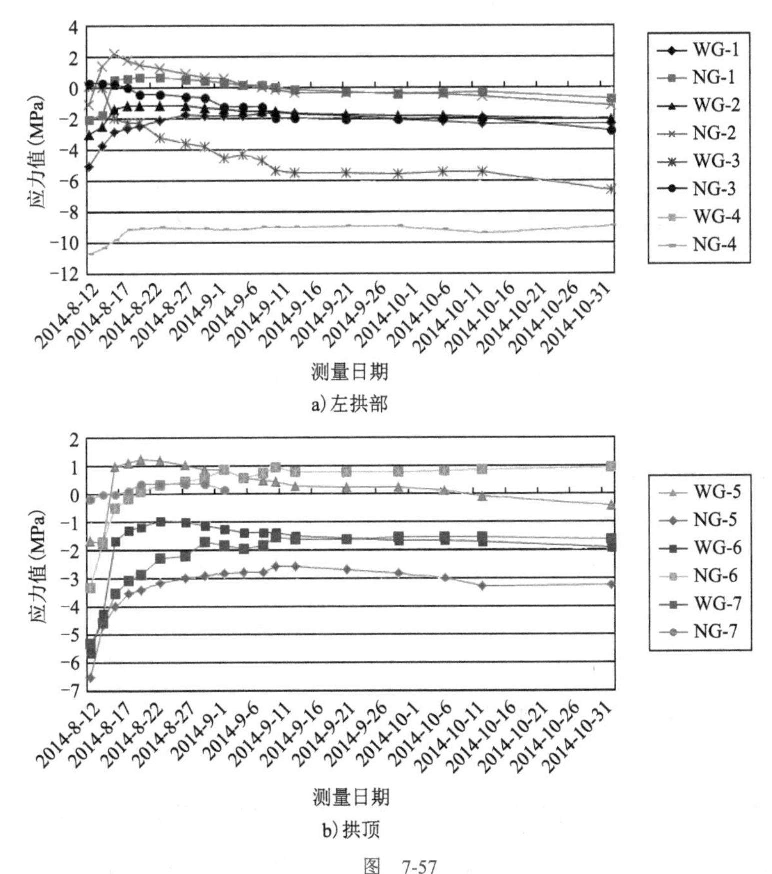


图 7-57

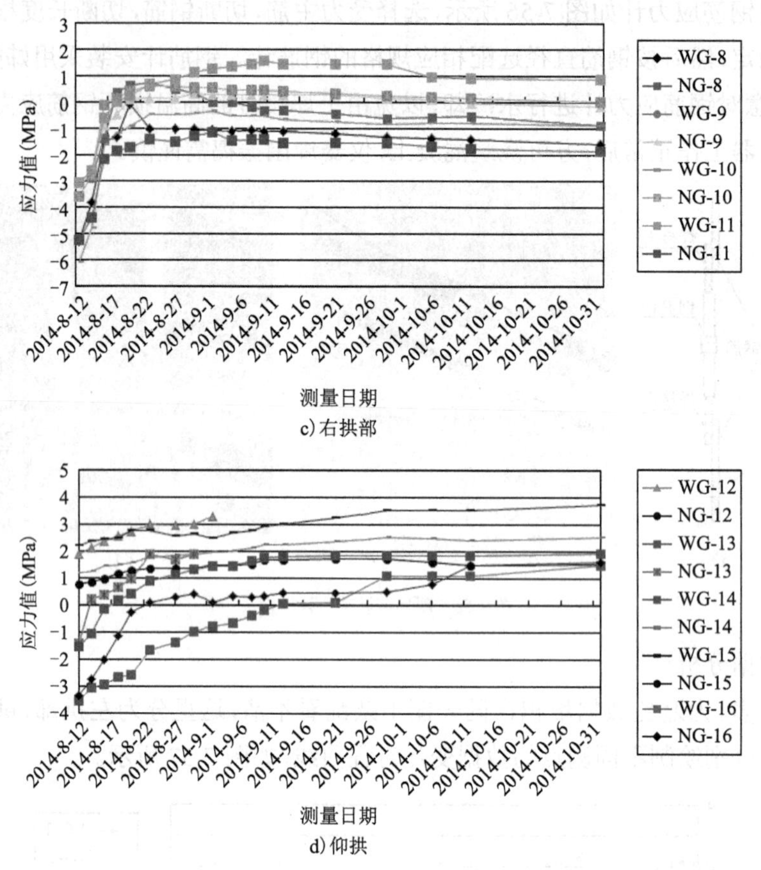


图 7-57　二次衬砌钢筋应力变化时程曲线

从图 7-57 中可以看出，钢筋计在安装后初期，也即二次衬砌混凝土刚浇筑完成后的初期，内外侧应力均有一个向受拉发展的趋势（从数值上看就是一个朝正值方向发展），而后逐渐趋于稳定，量值均不大，趋于 −5 ～ +5MPa 之间。这种二次衬砌初期表现为受拉趋势的监测结果在以往也有遇到，可能与大体积混凝土的硬化干缩有关，且受外荷载很小。基本符合二次衬砌初期基本不受力的假设，实测二次衬砌钢筋最大应力远小于钢筋抗拉强度设计值。

（6）二次衬砌 C35 模筑混凝土应力

①监测点布置。

二次衬砌混凝土应变测点布置如图 7-58 所示，“WC-”表示二次衬砌混凝土的外侧应变测点，“NC-”表示内侧测点，数字表点测点编号。与钢筋应力计相对应，整个断面埋设 16 对混凝土应变计。现场安装时将埋入式混凝土应变计绑扎于附近钢筋处，或者专门焊接细钢筋用于绑扎固定混凝土应变计，如图 7-59 所示。

②监测数据分析。

与钢筋应力数据分析同理，这里分为左拱部、拱顶、右拱部、仰拱分别绘制不同测点的数据变化时程曲线，如图 7-60 所示，图中数据已将所测混凝土应变换算为应力。

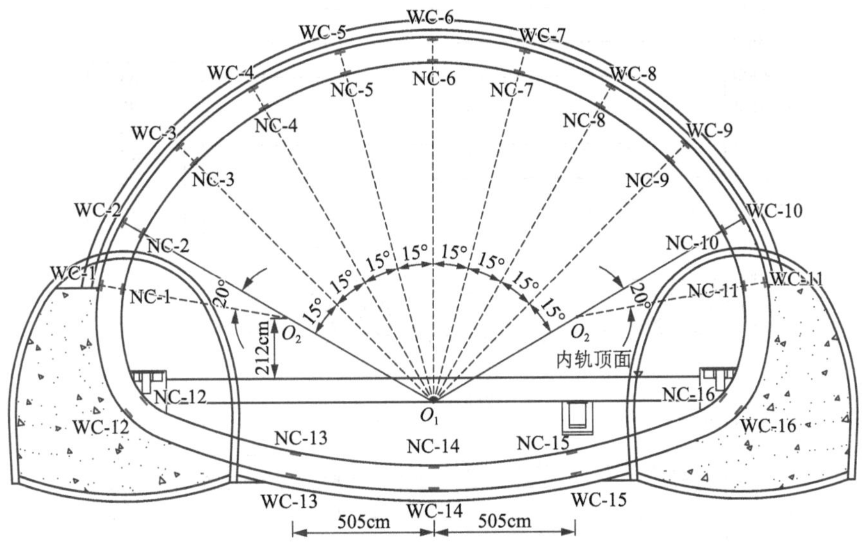


图 7-58 二次衬砌混凝土应变测点布置

图 7-59 现场混凝土应变计埋设

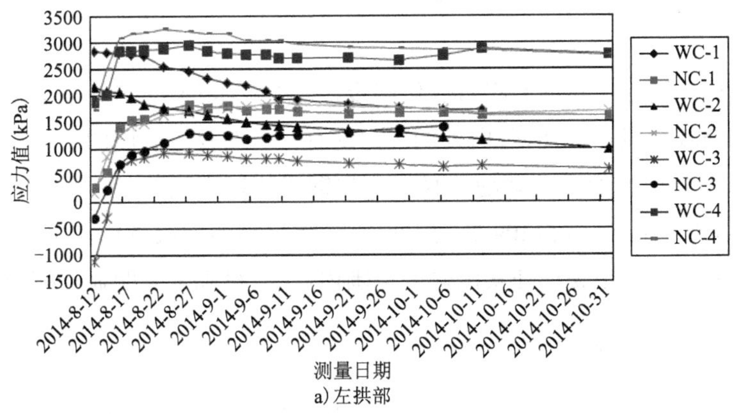


a)左拱部

图 7-60

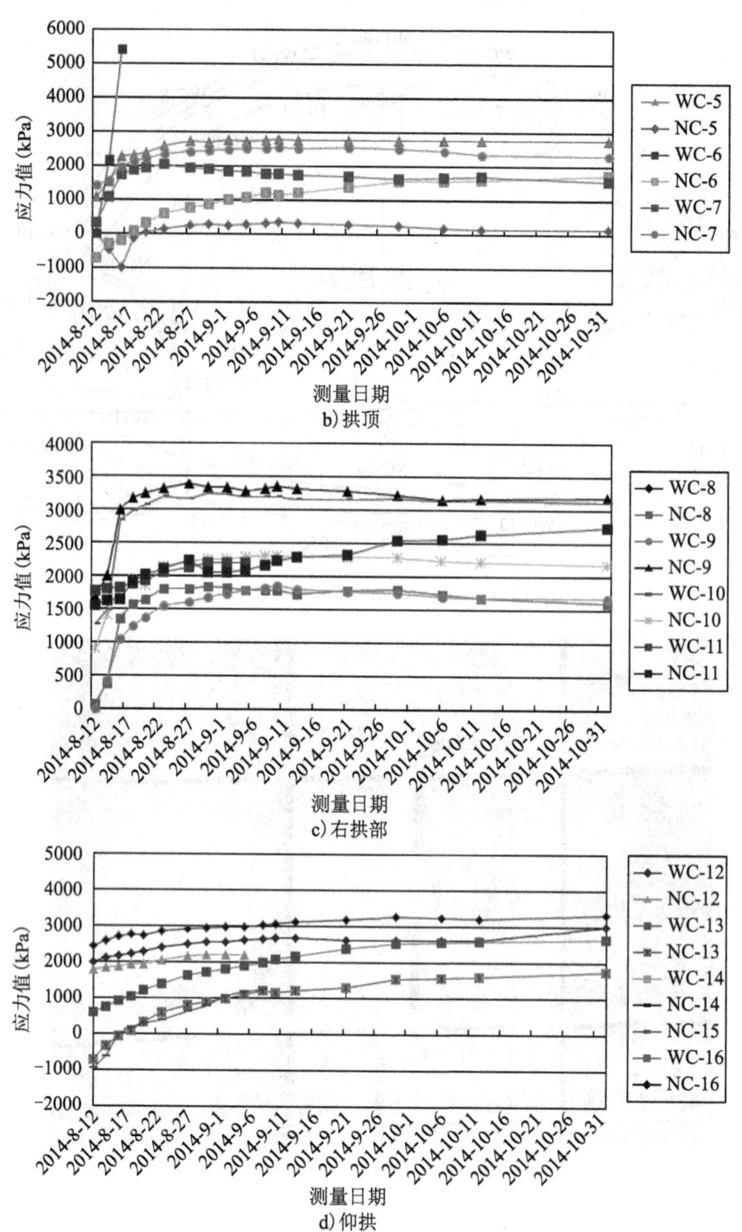


b)拱顶

c)右拱部

d)仰拱

图 7-60 二次衬砌混凝土应力变化时程曲线

从图 7-60 中可以看出，与钢筋应力变化同步，二次衬砌混凝土亦在安装后初期，也即二次衬砌混凝土刚浇筑完成后的初期，内外侧应力均有一个向受拉发展的趋势（从数值上看就是一个朝正值方向发展），而后逐渐趋于稳定。与钢筋数据不同的是，混凝土趋于稳定后的数值基本为正值，处于 0 ～ +3.5MPa 之间。说明二次衬砌初期或者说在浇筑养护二次衬砌时，应注意干缩防裂，同时也说明在实测时间范围内，二次衬砌未受明显外荷载。

### 2）加宽 8m 断面监测数据及分析

由于加宽 8m 断面与加宽 10.3m 断面类似，均采用 DWEA 工法施工，测点布置与加宽

10m 断面完全一样，此处不再列出，仅对监测数据进行分析。

（1）一次初期支护拱部 HW200 型钢钢架应力

和加宽 10.3m 断面一样，这里仍然分为左拱部、拱顶、右拱部（编号分别为 1 ～ 4、5 ～ 7、8 ～ 11）分别绘制不同测点的数据变化时程曲线，如图 7-61 所示。

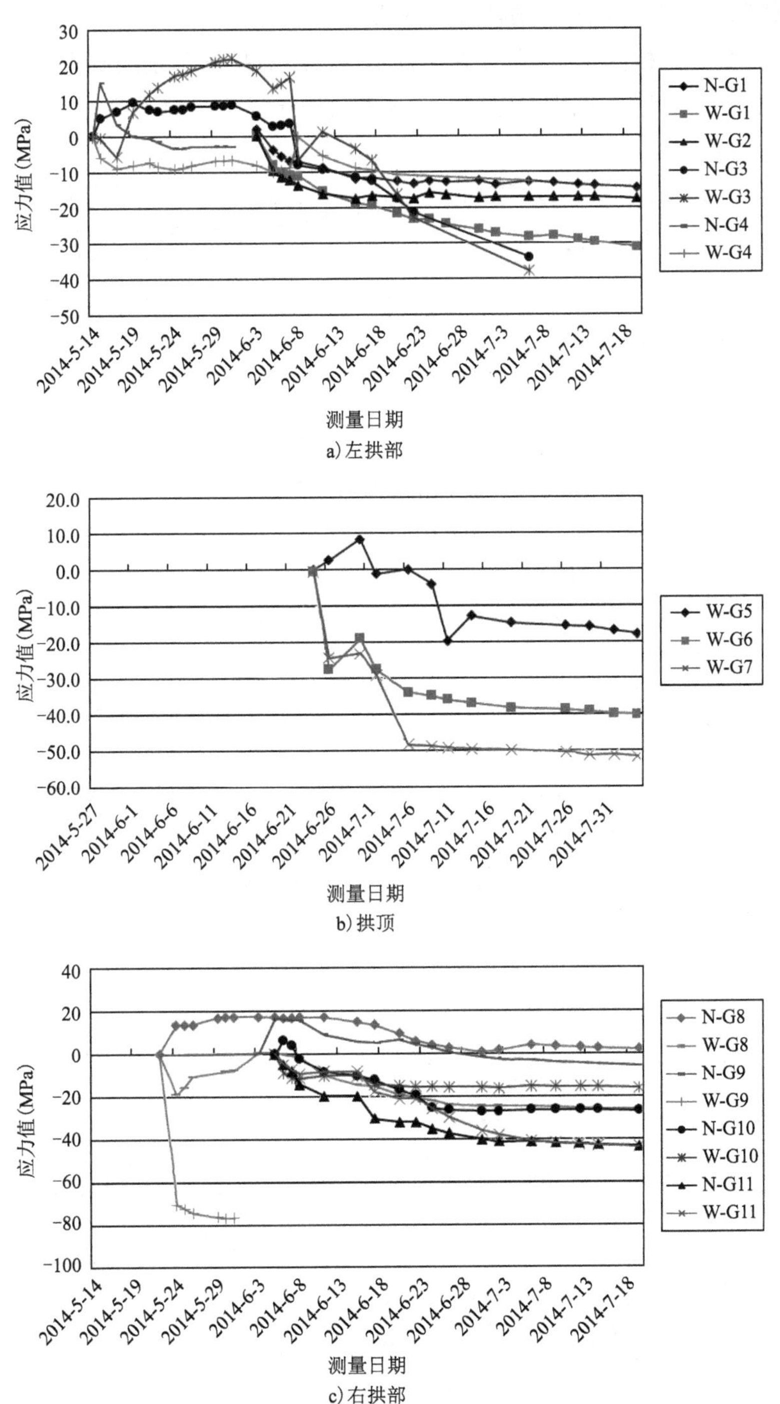


图 7-61　一次初期支护钢架应力变化时程曲线

从图 7-61 中可以看出：一次初期支护钢架受力在施作初期有正有负（负代表受压），说明构件有大偏心受压的特点，随着开挖的进一步推进，钢架内外侧传感器数据均显示朝受压趋势发展，最后趋于稳定，且除个别点（N-G8 点）外均为受压应力，说明构件有小偏心受压的特点。传感器测到的应力范围在 −80 ～ +21 MPa 之间，远小于钢材屈服强度 200MPa。

（2）一次初期支护拱部 C30 喷射混凝土应力

与钢架应力数据分析同理，这里分为左拱部、拱顶、右拱部分别绘制不同测点的数据变化时程曲线，如图 7-62 所示，图中数据已经将所测混凝土应变换算为应力。

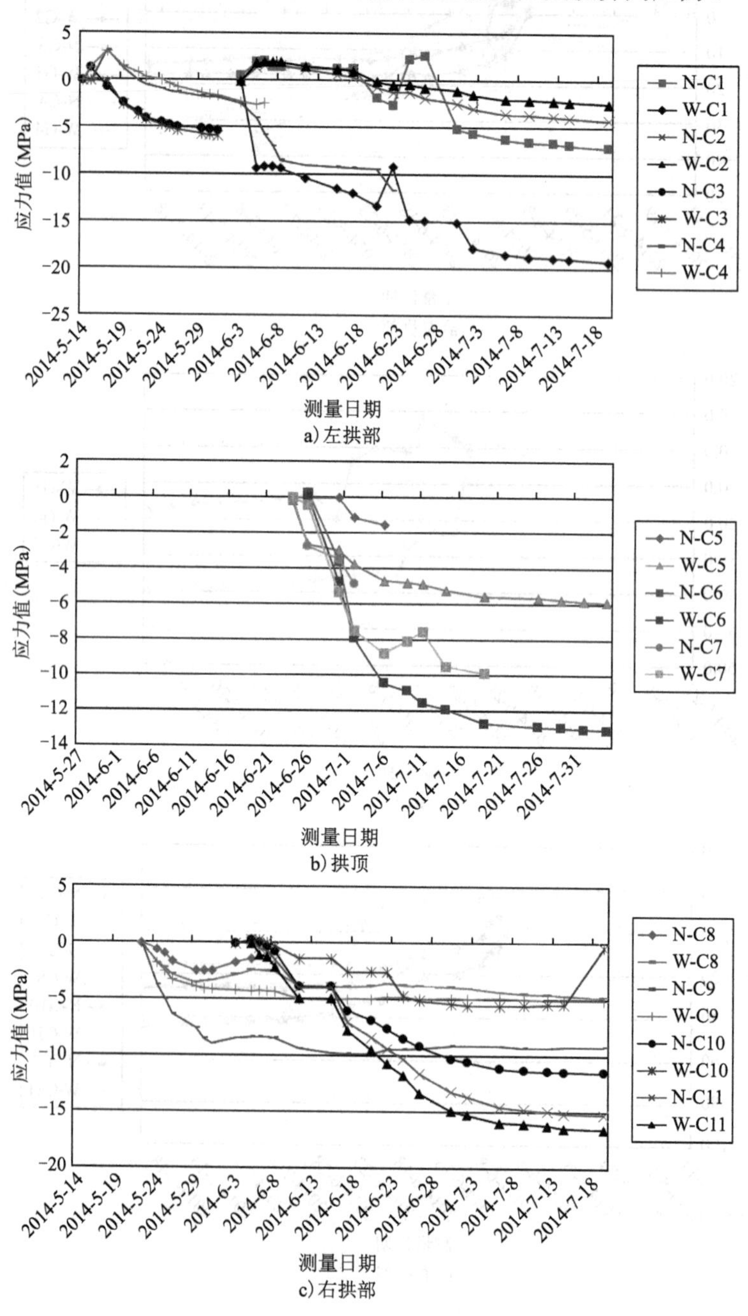

a) 左拱部

b) 拱顶

c) 右拱部

图 7-62　一次初期支护混凝土应力变化时程曲线

从图 7-62 中可以看出，一次初期支护喷射混凝土的内外侧传感器数据均朝受压趋势发展，最终基本趋于稳定，且均为负值，表现为小偏心受压特点，最大压应力不超过 20MPa，小于混凝土抗压强度设计值。

综合拱部一次初期支护的钢架应力监测和混凝土应变监测结果，可以认为在施工过程中，一次初期支护结构是安全可靠的。

（3）二次初期支护拱部格栅钢架应力

这里也分为左拱部、拱顶、右拱部（编号分别为 12 ～ 15、16 ～ 18、19 ～ 22）分别绘制不同测点的数据变化时程曲线，如图 7-63 所示。

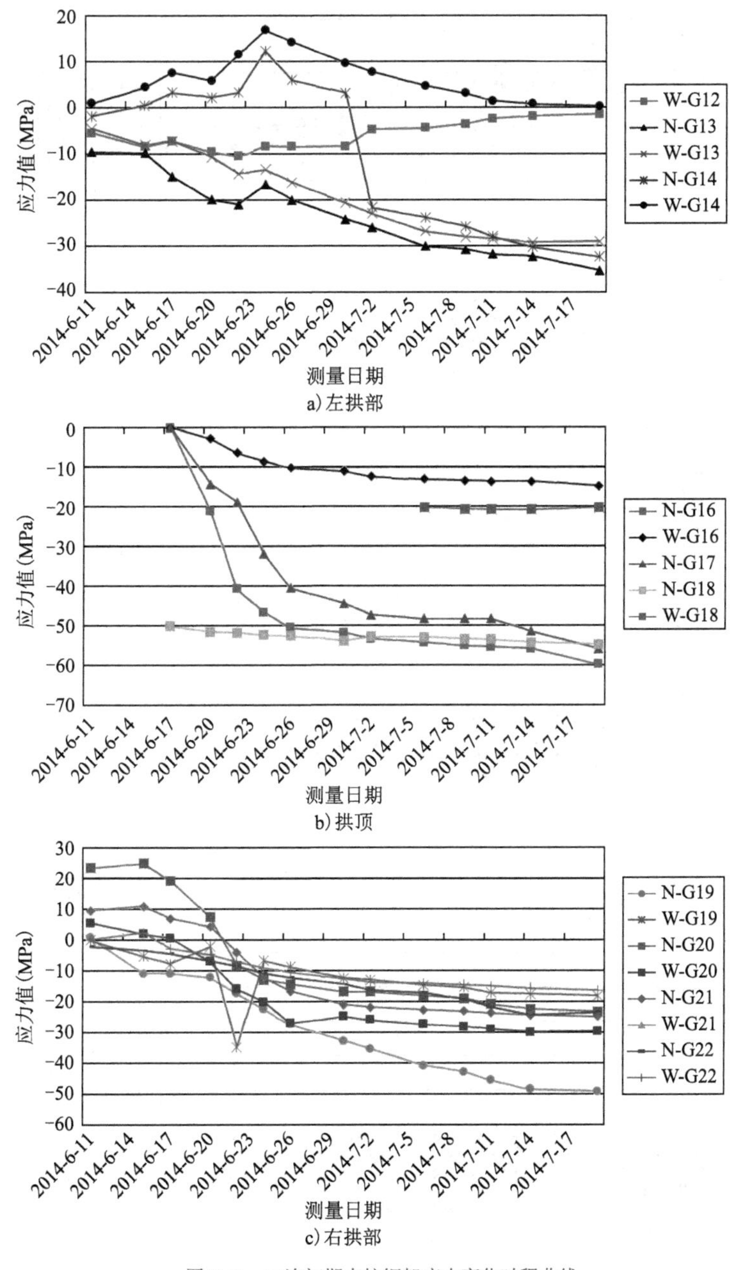


图 7-63　二次初期支护钢架应力变化时程曲线

从图 7-63 中可以看出，格栅钢架在整个施工过程中，总体受力处于压应力增加、拉应力减小的过程，内、外侧传感器最终状态基本表现为受压，尤其是右拱部（编号 19 ～ 22）各个传感器数据有较好的一致性，且量值集中 -15 ～ -30 MPa。相比之下，左拱部以及拱顶的内外侧传感器有较为明显的差值，即有相对较大的弯矩作用。所有传感器测得数据均在 -30 ～ +60MPa 之间，小于钢材屈服强度。

（4）二次初期支护拱部 C30 喷射混凝土应力

与格栅钢架应力数据分析同理，这里分为左拱部、拱顶、右拱部分别绘制不同测点的数据变化时程曲线，如图 7-64 所示，图中数据已经将所测混凝土应变换算为应力。

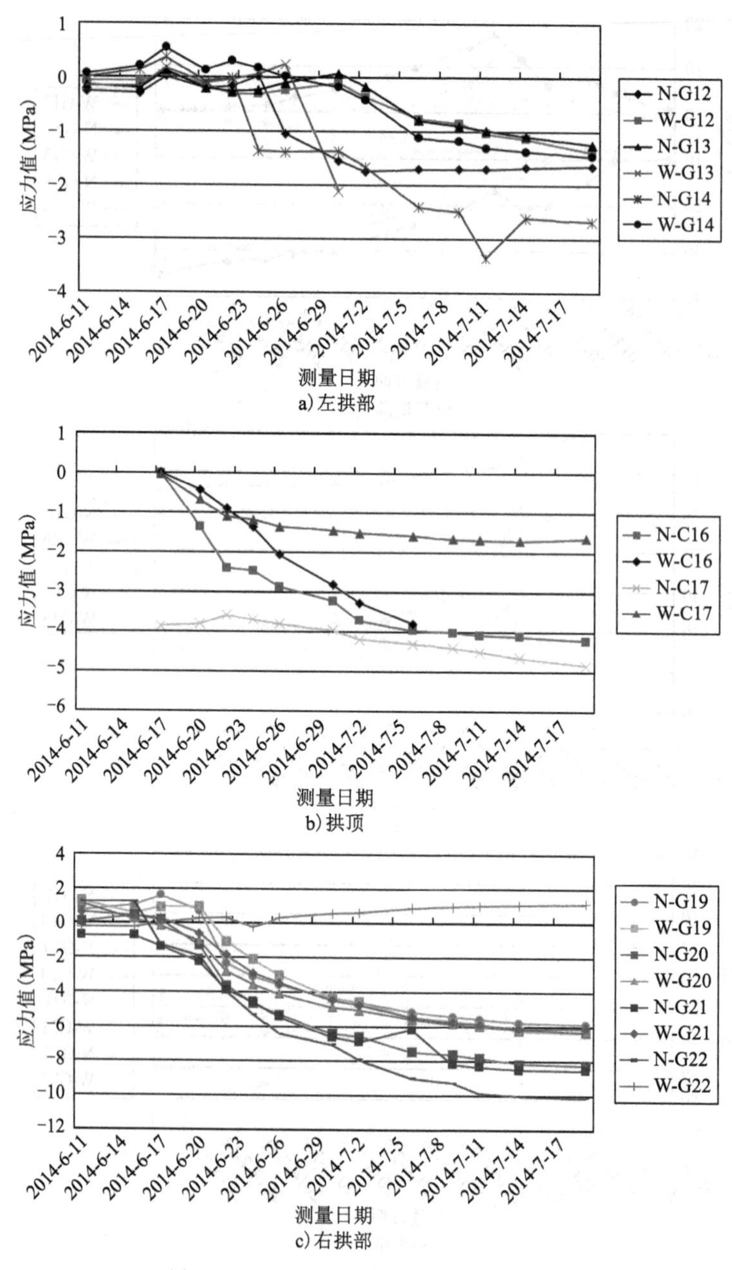


a) 左拱部

b) 拱顶

c) 右拱部

图 7-64　二次初期支护混凝土应力变化时程曲线

从图 7-64 中可以看出，二次初期支护混凝土应力在左拱部有一个波动过程，最终趋向于压应力增加，在右拱部各个传感器表现较为一致，是一个渐进增加压应力过程。在量值上，最大压应力不超过 10MPa，小于混凝土抗压强度设计值。

综合分析一次初期支护和二次初期支护的应力状态可以发现，两者均未出现应力超过材料屈服强度或者是设计强度的情况，是安全可靠的。

(5)二次衬砌钢筋应力

分为左拱部、拱顶、右拱部、仰拱分别绘制不同测点的数据变化时程曲线，如图 7-65 所示。

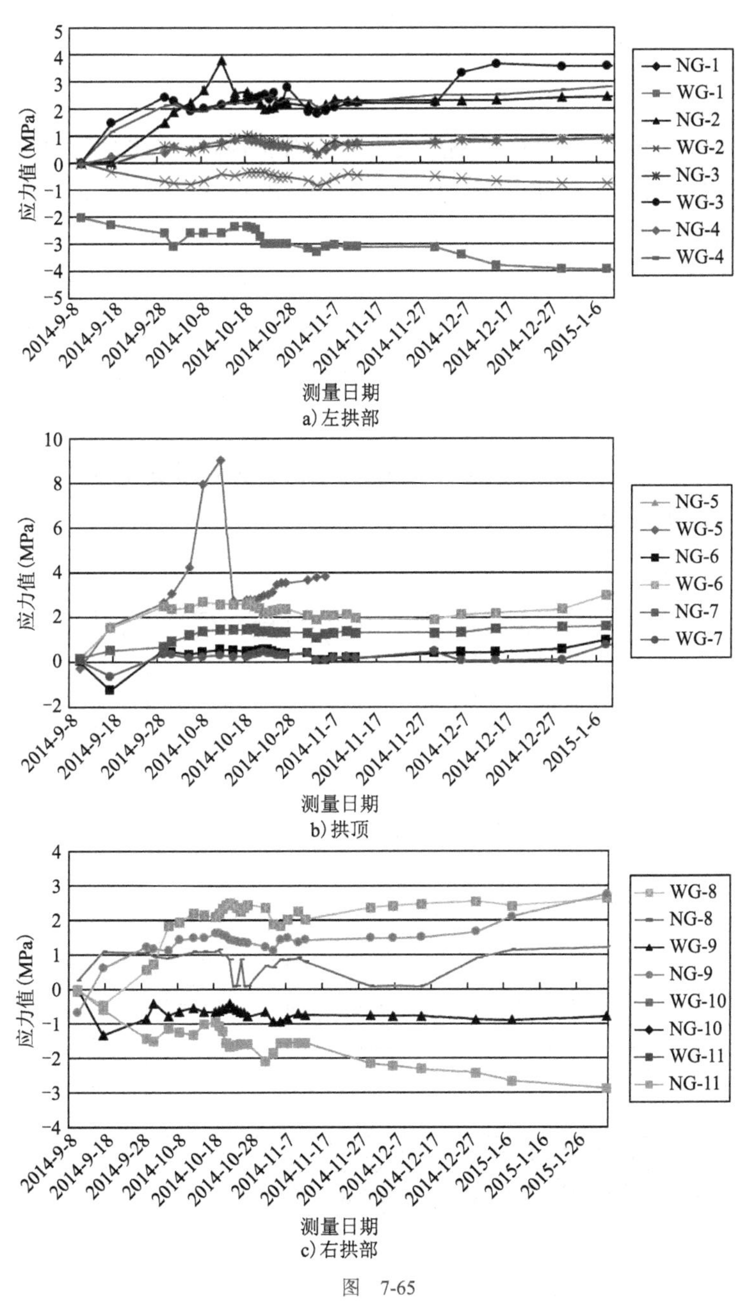


图 7-65

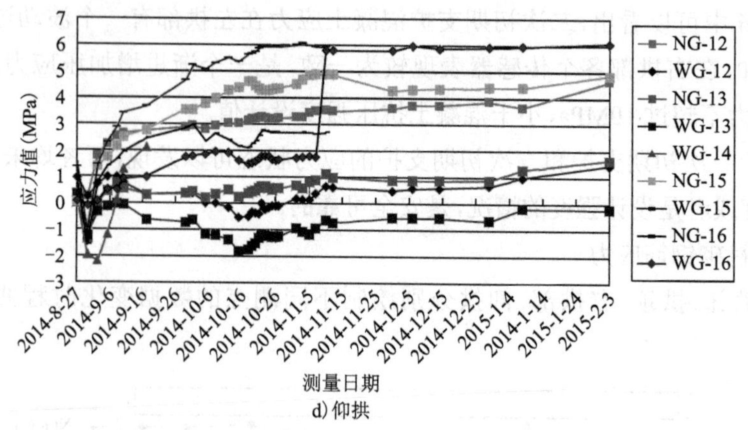


d) 仰拱

图 7-65　二次衬砌钢筋应力变化时程曲线

从图 7-65 中可以看出，二次衬砌钢筋受力有正有负，除在二次衬砌混凝土浇筑完成后的初期，内外侧钢筋应力有一个快速增加（或受拉或受压）过程，后期均较为稳定。从量值上来看，应力绝对值基本不超 6MPa，这与强大的初期支护和超前支护有关，直接作用于二次衬砌的荷载很小，也符合二次衬砌初期基本不受力的假设，实测二次衬砌钢筋最大应力远小于钢筋抗拉强度设计值。从不同部位的测试数据来看，仰拱的受力相对较大，且有相对较明显的拉应力出现，即有相对较大的弯矩作用；而拱顶部位，实测应力相对较小。

（6）二次衬砌 C35 模筑混凝土应力

分为左拱部、拱顶、右拱部、仰拱分别绘制不同测点的数据变化时程曲线，如图 7-66 所示，图中数据已将所测混凝土应变换算为应力。

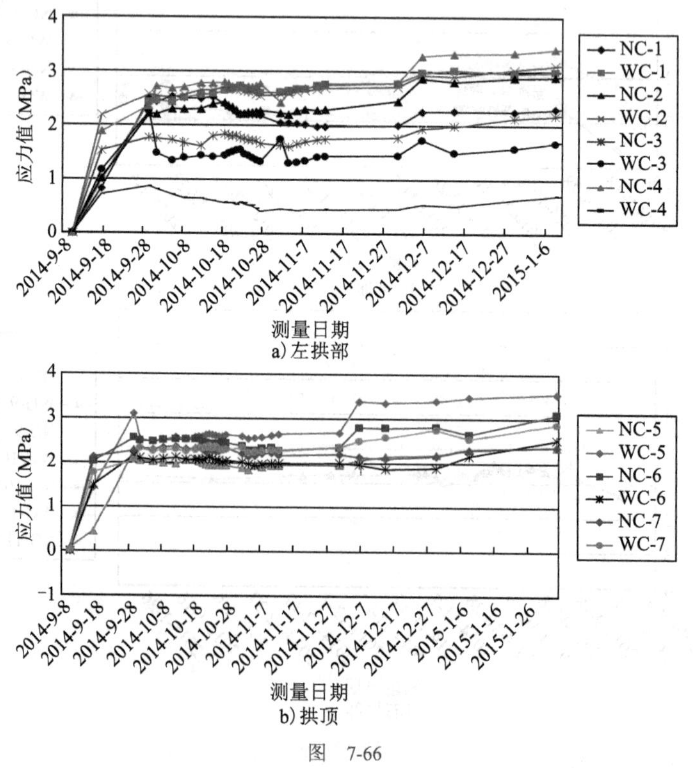


a) 左拱部

b) 拱顶

图　7-66

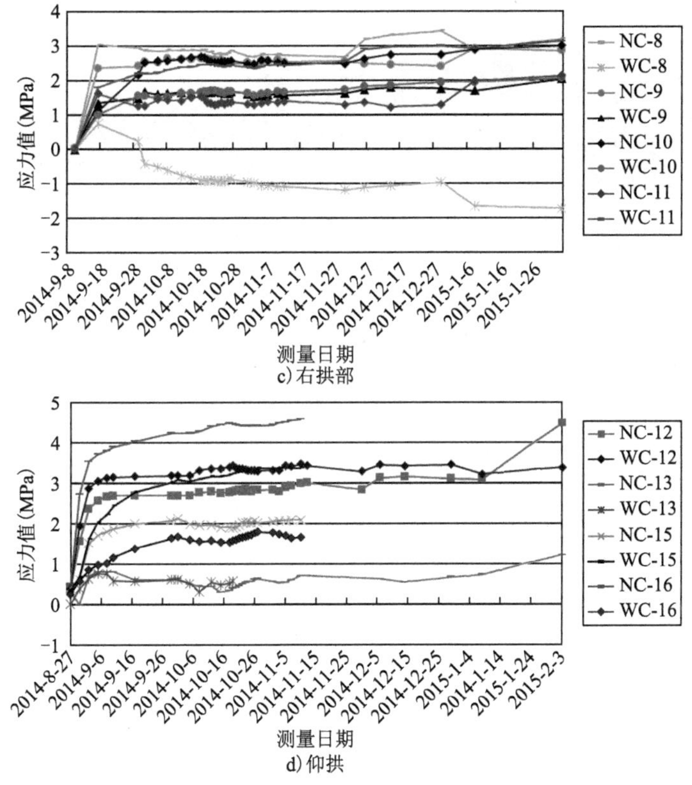


图 7-66 二次衬砌混凝土应力变化时程曲线

从图 7-66 中可以看出，二次衬砌混凝土应力在安装后初期，即二次衬砌混凝土浇筑完成后的初期，内外侧应力均有一个向受拉发展的趋势（从数值上看就是一个朝正值方向发展），而后逐渐趋于稳定。这种二次衬砌在浇筑后短期内表现为受拉趋势的监测结果在以往也有遇到，可能与大体积混凝土的硬化干缩有关，且未受较大外荷载所致。

与钢筋数据不同的是，混凝土趋于稳定后的数值基本为正值，处于 0 ～ +5MPa 之间。说明二次衬砌初期或者说在浇筑养护二次衬砌时，应注意干缩防裂，同时也说明在实测时间范围内，二次衬砌未受明显外荷载。

从不同部位的量值来看，仰拱应力相对较大，其余左拱部、拱顶、右拱部无明显差别，但拱顶的内外侧传感器数据表现较为一致(数据集中)。

# 第8章
# 结论及推广应用

*Construction Technology of Super Large Section Tunnel in Shallow-buried Soft Ground*

## 8.1 结　　论

随着在软弱围岩中修建特大断面隧道概率的增多，现行设计规范和可供直接借鉴的经验已无法满足需求，尤其是对于开挖断面超过 300m² 以上的特大断面隧道。就目前的实际工程实践来看，针对不同地质条件下的特大断面隧道，创新性地研发新型施工工法，对于隧道安全、经济、快速施工具有重要的"战略"作用。赣龙铁路扩能改造工程新考塘隧道出口段由于联络线进入隧道，形成"双线 + 联络线"的超大渐变断面隧道格局，其最大开挖跨度达到 30.26m，开挖面积达到 396m²，且位于浅埋富水全风化花岗岩软弱地层，在此困难的地质条件下修建如此大断面隧道，对设计和施工提出了极富挑战性课题。在此背景下，以新考塘隧道为工程依托，开展浅埋软弱地层超大断面隧道修建技术研究，主要形成以下创新性成果。

（1）首次提出适用于浅埋软弱地层超大断面隧道施工的 DWEA 工法。DWEA［靴型大边墙（Dilated Wall）+ 加劲拱（Enhanced Arch）］工法是在软弱基底中通过扩大隧道支护墙脚形成靴型大边墙（Dilated Wall），为上部结构提供稳定基础，同时强化与仰拱的连接。采用双层初期支护复合的加劲拱部结构（Enhanced Arch），减小拱部拆撑带来的受力结构体系转换风险，满足拆撑后的超大跨无内撑结构受力要求，防止拱部失稳。在拆撑后的超大跨无内撑结构支护下，大刀阔斧地开挖剩余部分。

该工法着重强调先墙后拱、稳定扩大基础、强化拱部等特点，具体体现在"靴型大边墙、双层初期支护、纵横向刚柔结合式立体超前支护体系"三个方面。该工法可以有效控制施工期围岩的竖向、横向、纵向位移。减小拱部拆除临时支撑带来的受力结构体系转换风险，减少临时支撑的使用，降低施工成本，同时实现大型机械化作业，提高施工效率。总体上实现安全、经济、快速施工。

（2）提出了纵横向刚柔结合式立体超前预支护体系。该支护体系包括四个部分：①在隧道拱部拱顶采用“纵向刚性 $\phi$180 大管棚 + 横向双层柔性 $\phi$500 水平旋喷桩”；②侧壁导洞洞顶采用“$\phi$42 小管棚 + $\phi$500 水平旋喷桩”；③掌子面拱部采用 $\phi$500 水平旋喷超前加固；④掌子面核心土部分采用玻纤锚管超前加固。

拱顶采用的“纵向刚性 $\phi$180 大管棚 + 横向双层柔性 $\phi$500 水平旋喷桩”复合超前预支护设计，通过管棚弥补水平旋喷结构抗拉不足的缺陷，强化了纵向支护梁效应，横向为受压拱作用，空间上表现为梁拱结构。实现纵横向刚柔结合式立体超前支护。

（3）提出了指导特大断面隧道设计、施工的理论方法。①提出并形成过程相关性设计方法，传统状态设计方法无法满足特大断面隧道设计要求，“过程相关性设计”基于每一施工步的力学响应，更符合工程实际，提升了隧道设计水平；②形成拆除临时支撑风险识别与控制方法，建立拆撑力学模型，分别分析临时竖撑轴力，地层反力、初期支护厚度等因素对拆撑风险的影响规律，并采用改善地层反力和双层初期支护方式有效控制了拆撑风险；③提出支护时间和支护刚度耦合作用的围岩压力分配规律，综合分析本工程的一次初期支护和二次初期支护的分担荷载比率约为 77∶23，是施作时间和相对刚度共同作用的结果。

（4）形成了适合软弱围岩特大变截面隧道的施工技术。通过试验得到了适合软弱围岩的高压水平旋喷参数，旋喷压力 35MPa，转速 12r/min，拔速 25cm/min，钻孔深度 40m。研发制造了“由主、副门架组成的超大体量、可变截面二次衬砌台车”，即以加宽 4m 段台车作为主骨架衬砌台车，其余加宽段分别配以不同宽度的钢桁架以满足净空的变化要求。开发应用了“防水板台车与二次衬砌台车的一体化”技术，既节约了材料，也解决了防水板工作平台的行走问题，还拉近了二次衬砌与掌子面之间的距离。

## 8.2 推广应用

本著作形成的研究成果，成功解决了在全风化花岗岩浅埋富水地层中修建超大变断面隧道（最大开挖断面超过 300$m^2$）面临的关键技术难题，是一项重大技术突破。伴随着我国高速铁路的发展，研究所取的一系列技术和相关理论必将在越来越多的工程中得到推广应用，且本著作的研究方法与研究模式本身亦可为今后遇到不同地质条件不同隧道形式的技术难题时提供研发思路借鉴，必将给今后国内外类似工程施工带来良好的经济、社会、环境效益。

研究成果在西成（西安—成都）客运专线得到推广应用。由于增设青川站变更设计，在黄家梁隧道 DK441+229 ～ DK441+399，DK441+626 ～ DK441+794 段共 338m，以及岩边里隧道 DK443+774 ～ DK443+974，DK444+066 ～ DK444+233 段共 367m，由于青川站上下行到发线的接入，形成变断面大跨度隧道结构，如图 8-1 所示。

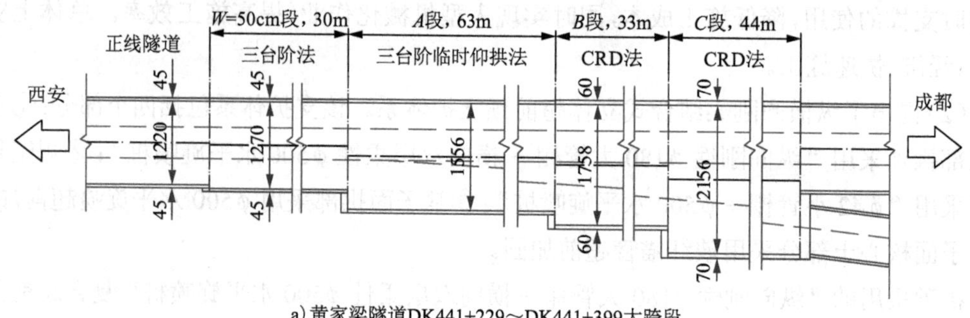


a) 黄家梁隧道DK441+229～DK441+399大跨段

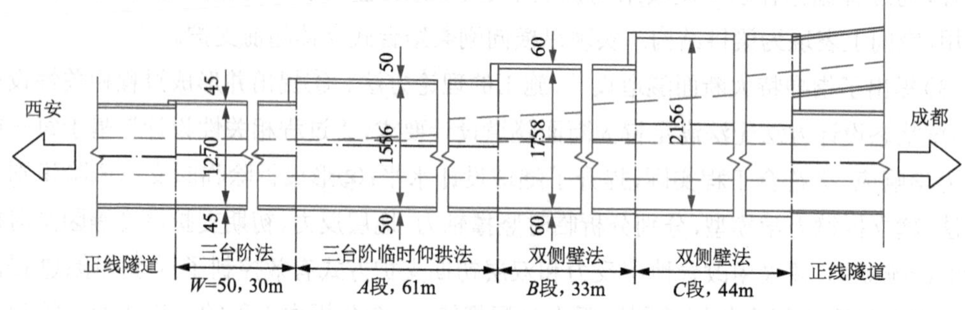


b) 黄家梁隧道DK441+626～DK441+794大跨段

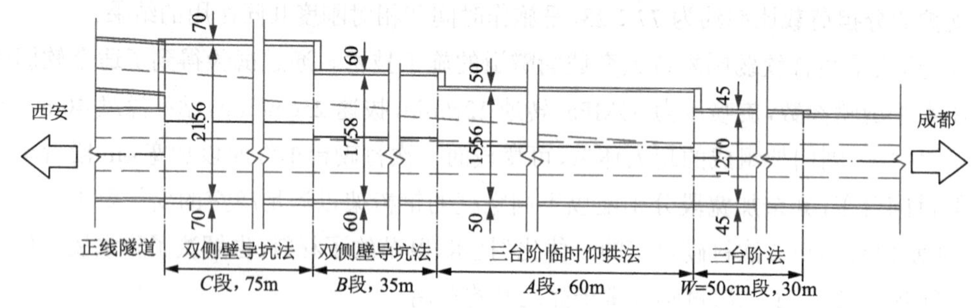


c) 岩边里隧道DK443+774～DK443+974大跨段

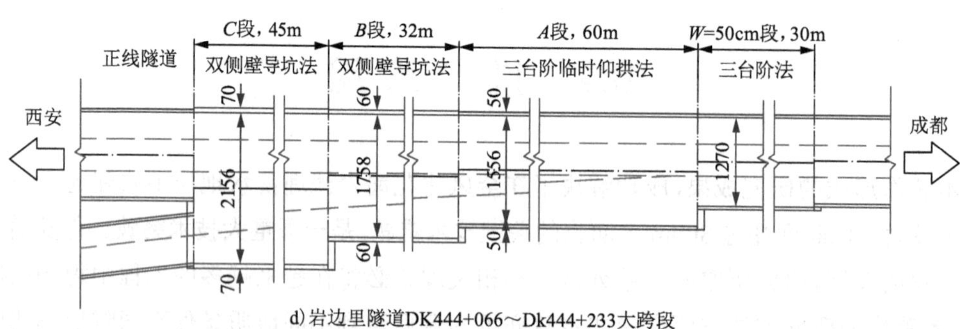


d) 岩边里隧道DK444+066～Dk444+233大跨段

图 8-1　研究成果在西成（西安—成都）客专推广应用（尺寸单位：m）

最大开挖跨度达 24.13m，最大开挖面积 315.47m$^2$，涉及的工法有三台阶法、三台阶临时仰拱法、CRD 法、双侧壁导坑法等，具体工法分段设置如下：

（1）黄家梁隧道 DK441+229 ～ DK441+399 大跨段：跨度从小到大分别为 *W*=50cm 段三台阶法，*A* 段三台阶临时仰拱法，*B* 段 CRD 法，*C* 段 CRD 法。

（2）黄家梁隧道 DK441+626 ～ DK441+794 大跨段：跨度从小到大分别为 $W$=50cm 段三台阶法，$A$ 段三台阶临时仰拱法，$B$ 段双侧壁导坑法，$C$ 段双侧壁导坑法。

（3）岩边里隧道 DK443+774 ～ DK443+974 大跨段：跨度从小到大分别为 $W$=50 段三台阶法，$A$ 段三台阶临时仰拱法，$B$ 段双侧壁导坑法，$C$ 段双侧壁导坑法。

（4）岩边里隧道 DK444+066 ～ DK444+233 大跨段：跨度从小到大分别为 $W$=50 段三台阶法，$A$ 段三台阶临时仰拱法，$B$ 段双侧壁导坑法，$C$ 段双侧壁导坑法。

# 参考文献 REFERENCES


[1] 中铁第四勘察设计院集团有限公司，等．全风化花岗岩浅埋富水地层超大断面隧道修建技术 [R]. 武汉，2016.

[2] 关宝树．隧道工程设计要点集 [M]. 北京：人民交通出版社，2003.

[3] 关宝树，国兆林．隧道及地下工程 [M]. 成都：西南交通大学出版社，2000.

[4] 关宝树，赵勇．软弱围岩隧道施工技术 [M]. 北京：人民交通出版社，2011.

[5] 王梦恕，等．中国隧道及地下工程修建技术 [M]. 北京：人民交通出版社，2010.

[6] 洪开荣．我国隧道及地下工程发展现状与展望 [J]. 隧道建设，2015，35（02）：95-107.

[7]《中国公路学报》编辑部．中国隧道工程学术研究综述•2015[J]. 中国公路学报，2015，28（05）：1-65.

[8] 蒋树屏．中国公路隧道数据统计 [J]. 隧道建设，2017，37（05）：643-644.

[9] 曲海锋．扁平特大断面公路隧道荷载模式及应用研究 [D]. 上海：同济大学，2007.

[10] 安永林．偏压隧道围岩压力分布规律理论研究 [J]. 湖南科技大学学报（自然科学版），2011，26（4）：47-50.

[11] 黄灵强．水下超大断面隧道衬砌施工新技术 [J]. 隧道建设，2013，33（1）：54-58.

[12] 朱维申，李术才，白世伟，等．施工过程力学原理的若干发展和工程实例分析 [J]. 岩石力学与工程学报，2003，22（10）：1586-1591.

[13] 田中裕治，吴晓铭．大断面公路隧道的设计与施工：东名线改建三车道隧道采用中壁施工法 [J]. 现代隧道技术，1990（2）：14-23.

[14] 张俊儒，欧小强，郑强，等．超大断面隧道在双层初期支护下的拆撑安全性研究 [J]. 现代隧道技术，2018，55（06）：108-116.

[15] 洪军．全风化花岗岩地层超大变断面隧道拱墙衬砌施工关键技术研究 [J]. 路基工程，2018（04）：212-216.

[16] 洪军，张俊儒．全风化花岗岩地层特大断面隧道施工过程支护受力分析 [J]. 隧道建设，2016，36（07）：787-792.

[17] 龚彦峰，张俊儒，徐向东，等．全风化花岗岩富水地层超大断面隧道设计技术 [J]. 铁道工程学报，2015，32（10）：79-85+92.

[18] 刘丙兴．水平旋喷桩联合大管棚在软岩超大跨隧道施工中的应用 [J]. 低碳世界，2017

（25）：231-233.

[19] 张群健 . 新考塘隧道超大断面施工技术 [J]. 贵州大学学报（自然科学版），2015，32（02）：124-128.

[20] 洪军，郭海满，张俊儒，等 . 新考塘隧道出口三线渐变段结构选型与施工工法研究 [J]. 隧道建设，2016，36（08）：953-959.

[21] 曹继伟 . 大跨度山岭隧道围岩与支护结构稳定性的数值模拟分析 [D]. 大连：大连理工大学，2003.

[22] 黄成造，严宗雪 . 龙头山双洞八车道公路隧道的设计与施工 [J]. 铁道建筑，2007（01）：52-54.

[23] 宫成兵，张武祥，杨彦民 . 大断面单洞四车道龙头山公路隧道结构设计与施工方案探讨 [J]. 公路隧道，2004（4）：1-6.

[24] 廖文 . 城市立交隧道小净距分岔部位施工技术 [J]. 现代隧道技术，2006，43（4）：44-49.

[25] 王云龙，谭忠盛 . 浅埋大断面隧道下穿楼群施工爆破控制 [J]. 北京交通大学学报，2012，36（4）：19-23.

[26] 王者超，李术才，陈卫忠 . 分岔隧道变形监测与施工对策研究 [J]. 岩土力学，2007，28（4）：785-789.

[27] 张庆松，李术才，李利平，等 . 分岔隧道大拱段围岩稳定性监控与爆破振动效应分析 [J]. 岩石力学与工程学报，2008，27（7）：1462-1468.

[28] 马富奎，刘涛，李利平 . 浅埋大跨隧道施工力学响应模拟与监测分析 [J]. 岩土力学，2006（s1）：339-343.

[29] 陈陆军 . 典型高速公路隧道扩建方案及施工力学行为研究 [D]. 成都：西南交通大学，2013.

[30] 胡居义，黄伦海 . 原位扩建隧道围岩变形及力学特性研究 [J]. 公路交通技术，2011（6）：83-87.

[31] 苏江川 . 罗汉山双向八车道连拱隧道结构设计研究 [J]. 现代隧道技术，2009，46（1）：22-28.

[32] 徐前卫，丁文其，朱合华，等 . 超大断面隧道软弱围岩卸荷渐进破坏特性研究 [J]. 土木工程学报，2017（1）：104-114.

[33] 曲海锋 . 扁平特大断面隧道修筑及研究概述 [J]. 隧道建设，2009，29（2）：166-171.

[34] 陈卫忠，王辉，田洪铭 . 浅埋破碎岩体中大跨隧道断面高跨比优化研究 [J]. 岩石力学与工程学报，2011，30（7）：1389-1395.

[35] 谢东武 . 特大断面大跨隧道断面形式与支护参数优化 [D]. 上海：同济大学，2007.

[36] 张兆杰 . 软弱围岩浅埋超大跨金州隧道施工全过程数值模拟 [J]. 公路隧道，2008（2）：1-4.

[37] 蒋坤，夏才初，卞跃威 . 节理岩体中双向八车道小净距隧道施工方案优化分析 [J]. 岩

土力学，2012，33（3）：841-847.

［38］邓应祥．瑞士鲁费伦隧道的改建［J］. 现代隧道技术，1997（1）：57-59.

［39］李元福．关村坝隧道改扩建施工技术［J］. 铁道建筑技术，1996（4）：22-26.

［40］刘挺，徐学深．复杂条件下城市隧道改建设计［J］. 隧道建设（中英文），2012，32（4）：523-530.

［41］陈陆军．典型高速公路隧道扩建方案及施工力学行为研究［D］. 成都：西南交通大学，2013.

［42］陈七林．金鸡山隧道拓宽改造方案研究［J］. 隧道建设，2011，31（5）：577-582.

［43］丁浩，李勇，程崇国，等．拍盘分岔式特长隧道土建工程设计［J］. 公路交通技术，2009（06）：102-105.

［44］赵岩．大断面隧道施工过程荷载释放规律研究［D］. 济南：山东大学，2011.

［45］赵勇，李术才，赵岩，等．超大断面隧道开挖围岩荷载释放过程的模型试验研究［J］. 岩石力学与工程学报，2012，31（S2）：3821-3830.

［46］李利平，李术才，赵勇，等 超大断面隧道软弱破碎围岩渐进破坏过程三维地质力学模型试验研究［J］. 岩石力学与工程学报，2012，31（3）.

［47］Filippini Raffaele，Kovári Kalman，Rossi Francesco. Construction of a cavern under an autobahn embankment for the Ceneri Base Tunnel［J］. Geomechanics and Tunnelling，2012，Vol.5（2），pp.175-185.

［48］铁道部工程管理中心．隧道设计与施工——岩土控制变形分析法（ADECO-RS）［M］. 中铁西南科学研究院有限公司，译．北京：中国铁道出版社．2011.

［49］肖广智，魏祥龙．意大利岩土控制变形（ADECO-RS）工法简介［J］. 现代隧道技术，2007，44（3）：11-15.

［50］Fulvio Tonon. Sequential Excavation，NATM and ADECO：What They Have in Common and How They Differ［J］. Tunnelling and Underground Space Technology，2010，25（3）：245-265.

［51］石钰锋．浅覆软弱围岩隧道超前预支护作用机理及工程应用研究［D］. 长沙：中南大学，2014.

［52］P P Oreste，D Dias. Stabilisation of the Excavation Face in Shallow Tunnels Using Fibreglass Dowels［J］. Rock Mechanics And Rock Engineering，2012，45（4）：499-517.

［53］H Wong，V Trompille，D Dias. Extrusion analysis of a bolt-reinforced tunnel face with finite ground-bolt bond strength［J］. Canadian Geotechnical Journal，2004，41（2）：326-341.

［54］Salvador Senent，Rafael Jimenez. A tunnel face failure mechanism for layered ground，considering the possibility of partial collapse［J］. Tunneling and Underground Space Technology，2015，47：182-192.

[55] Bin Li, Y Hong, Bo Gao, et al. Numerical parametric study on stability and deformation of tunnel face reinforced with face bolts[J]. Tunnelling and Underground Space Technology, 2015, 47: 73-80.

[56] Aksoy C O, Onargan T. The role of umbrella arch and face bolt as deformation preventing support system in preventing building damages. Tunneling and Underground Space Technology. 2010, Vol. 25(5): 553-559.

[57] 张金福．水平旋喷桩在江门隧道浅埋软弱富水围岩加固中的应用研究[D]. 成都：西南交通大学，2012.

[58] 雷春洁．超前支护在浅埋及软弱围岩隧道施工中的应用[J]. 铁道建筑，2009，(6)：37-39.

[59] 雷小朋．水平旋喷桩预支护作用机理及效果的研究[D]. 西安：西安科技大学，2009.

[60] 刘卫．预加固对软弱围岩隧道掌子面稳定性的影响研究[D]. 北京：北京交通大学，2013.

[61] 贾金青，王海涛，涂兵雄，等．管棚力学行为的解析分析与现场测试[J]. 岩土力学，2010，31(6)：1858-1864.

[62] 孙星亮，徐文明，姚铁军．国内外水平旋喷注菜加固技术应用发展概况[J]. 世界隧道．2000，(6)：42-47.

[63] 孙星亮，王海珍．水平旋喷固结体力学性能试验及分析[J]. 岩石力学与工程学报，2003，22(10)：1695-1698.

[64] 刘勇，孙星亮，等．水平旋喷预支护技术在铁路隧道中的应用[J]. 岩石力学与工程学报，2002，21(6)：905-909.

[65] 刘晓曦，韩跃．水平旋喷桩在软弱土质隧道施工中的应用[J]. 世界隧道，2000，(2)：63-65.

[66] 柳建国，张慧乐，张慧东，等．水平旋喷拱棚新工艺与载荷试验研究[J]. 岩土工程学报，2011，33(6)：921-927.

[67] 张慧乐，张慧东，王述红，等．水平旋喷拱棚结构的承载特性及机理研究[J]. 土木工程学报，2012，45(8)：131-139.

[68] 唐亮．水平旋喷注浆超前加固机理及在隧道工程中的应用[D]. 北京：北京交通大学，2007.

[69] 刘钟，柳建国，张义，等．隧道全方位高压喷射注浆拱棚超前支护新技术[J]. 岩石力学与工程学报，2009，28(1)：59-65.

[70] 黎中银．水平高压旋喷工法在预加固工程中的应用研究[D]. 北京：中国地质大学(北京)，2009.

[71] Singh B, Viladkar M N, Samadhiya N K. A semi-empirical method for the design of support systems in under ground openings[J]. Tunnelling and Underground Space Technolgy. 1995, 10(3): 375-383.

[72] Jong H S, Yong K C, Oh Y K, et al. Model testing for pipe-reinforced tunnel heading in a granular soil[J]. Tunnelling and Underground Space Technology, 2008, 23(3): 241-250.
[73] G Anagnostou, P Perazzelli. Analysis method and design charts for bolt reinforcement of the tunnel face in cohesive-frictional soils[J]. Tunneling and Underground Space Technology, 2015, 47: 162-181.
[74] Eliane Ibrahima, Abdul-Hamid Soubra, Guilhem Mollon, et al. Three-dimensional face stability analysis of pressurized tunnels driven in a multilayered purely frictional medium[J]. Tunnelling and Underground Space Technology, 2015, 49: 18-34.
[75] Ahmed M, Iskander M. Evaluation of tunnel face stability by transparent soil models. Tunnelling and Underground Space Technology. 2012, 27: 101-110.
[76] Galli G, Grimaldi A, Leonardi A. Three-dimensional modelling of tunnel excavation and lining[J]. Computers and Geotechnics, 2004, 31(3): 171-183.
[77] Volkmann G, Schubert W. Optimization of excavation and support in pipe roof supported tunnel sections[C]. In Proceedings of the 32nd ITA-AITES World Tunneling Congress, Seoul, 2006.
[78] Nikbakhtan B, Osanloo M. Effect of grout pressure and grout flow on soil physical and mechanical properties in jet grouting operations[J]. International Journal of Rock Mechanics & Mining Sciences, 2009, 46: 498-505.
[79] Coulter S, Martin C D. Effect of jet-grout on surface settlements above the Aeschertunnel, Switzerland[J]. Tunnelling and Underground Space Technology, 2006, 21: 542-553.
[80] Christian P, Roman L, Lothar M, et al. Optimization of jet-grouted support in NATM tunnelling[J]. International Journal for Numerical and Analytical Methods in Geomechanics, 2004, 28: 781-796.
[81] 于海龙 . 四车道公路隧道断面形状和施工方法研究 [D]. 成都：西南交通大学 . 2006.5.
[82] 师金锋，张应龙 . 超大断面隧道围岩的稳定性分析 [J]. 地下空间与工程学报，2005，1(2)：227-230.
[83] 郑颖人，朱合华，方正昌，等 . 地下工程围岩稳定分析与设计理论 [M]. 北京：人民交通出版社 . 2012.
[84] 朱永全 . 隧道稳定性位移判别准则 [J]. 中国铁道科学，2001，22(6)：80-83.
[85] 谢东武 . 特大断面大跨隧道断面形式与支护参数优化 [D]. 上海：同济大学，2007.
[86] 李园园 . 大跨度隧道施工力学响应及地表沉陷预计 [D]. 长沙：中南大学，2008.
[87] 吴崔鹏 . 大断面隧道施工过程数值分析 [D]. 西安：长安大学，2009.
[88] 周丁恒，曹力桥，马永峰，等 . 四车道特大断面大跨度隧道施工中支护体系力学性态研究 [J]. 岩石力学与工程学报，2010，29(1)：140-148.
[89] 周丁恒，曲海锋，蔡永昌，等 . 特大断面大跨度隧道围岩变形的现场试验研究 [J]. 岩

石力学与工程学报，2009，28（9）：1773-1782.
[90] 严宗雪．大断面隧道施工的应力路径与空间效应研究[D]. 广州：华南理工大学，2011.
[91] 康富中，贺少辉，张琦，等．深埋超大跨单拱隧道开挖与支护参数优化研究[J]. 铁道工程学报，2012，07：47-52.
[92] 朱维申，李术才，白世伟，等．施工过程力学原理的若干发展和工程实例分析[J]. 岩石力学与工程学报，2003，22（10）：1586-1591.
[93] 曾小清，孙钧，曹志远．隧道工程施工过程中的力学分析[J]. 同济大学学报（自然科学版），1998，05：512-515.
[94] 宋曙光，李术才，李利平，等．超大断面隧道软弱破碎围岩台阶法施工过程力学效应规律研究[J]. 隧道建设，2011，S1：170-175.
[95] 吉小明，谭文．浅埋暗挖大跨隧道中的施工力学原理与施工技术研究[J]. 隧道建设，2010，S1：94-99.
[96] Evert Hoek. Big tunnels in bad rock[J]. Journal of Geotechnical and Geoenvironmental Engineering. 2001，127（9）：726-740.
[97] 刘宗建．超大断面突变小断面施工技术研究[D]. 重庆：重庆交通大学，2013.
[98] 向俊宇．大跨度隧道监控量测及动态反馈信息化施工技术研究[D]. 长沙：中南大学，2008.
[99] 夏才初，潘国荣．土木工程监测技术[M]. 北京：中国建筑工业出版社．2001.